U0178555

数学的语言

化无形为可见

The Language of Mathematics

Making the Invisible Visible

Keith Devlin

［美］齐斯 • 德福林　著

洪万生　洪赞天　苏意雯　英家铭　译

广西师范大学出版社

· 桂林 ·

著作权合同登记号桂图登字:20-2012-075号

图书在版编目(CIP)数据

数学的语言: 化无形为可见 /(美)齐斯·德福林著;洪万生等译.—2版.—桂林:广西师范大学出版社,2022.2(2022.9重印)
书名原文:The Language of Mathematics: Making the Invisible Visible
ISBN 978-7-5598-2880-4

Ⅰ.①数…　Ⅱ.①齐…②洪…　Ⅲ.①数学-普及读物
Ⅳ.①O1-49

中国版本图书馆CIP数据核字(2020)第096341号

数学的语言:化无形为可见
SHUXUE DE YUYAN : HUA WUXING WEI KEJIAN

出 品 人:刘广汉
责任编辑:刘孝霞　吕解颐
装帧设计:王鸣豪

广西师范大学出版社出版发行
(广西桂林市五里店路9号　　邮政编码:541004
网址:http://www.bbtpress.com)
出版人:黄轩庄
全国新华书店经销
销售热线:021-65200318　021-31260822-898
山东韵杰文化科技有限公司印刷
(山东省淄博市桓台县桓台大道西首　邮政编码:256401)
开本:690 mm×960 mm　1/16
印张:23.5　　字数:347千字
2022年2月第2版　　2022年9月第2次印刷
定价:56.00元

前 言

本书试图阐释数学的本质,内容兼顾历史发展与它目前的广度。它不是一本教导读者“如何”(how to)去做数学的著作,而是一本“有关”(about)数学知识活动的论述,它将数学形容成人类文化一个丰富而生动的成分。它意在面向一般读者,而且不预设任何数学知识或能力。

本书源自较早的一本收入弗里曼科学美国人图书馆(W. H. Freeman's Scientific American Library)丛书的著作,名为“数学: 模式的科学”(*Mathematics: The Science of Patterns*,后称弗里曼版)。那本书是为了一般称为“有科学素养”(scientifically literate)的受众而写,后来也被证明是该丛书中最成功的一本。我在与该计划的主编考伯(Jonathan Cobb)交换意见时,兴起了为更广大受众写一本“副产品”(spin-off)的念头。这本新书将不会如那一套丛书一样,拥有光鲜亮丽的插图以及一大堆全彩的照片。它的目标毋宁说是按照更大读者群可以接受的一种形式,述说本质上相同的一个故事: 数学是有关模式(pattern)的鉴别与研究的故事(正如它的前一本一样,本书也将显示对数学家而言,究竟什么可算是“模式”)。在此,请注意,我并非只是谈论壁纸“图案”或衬衫上的“图样”——尽管那些图案或图样中的许多东西,最后都会符合有趣的数学性质。

除了彻底重写文本的大部分材料以适合更标准的“科普书籍”形式之外,我也利用这一形式改变之便利,增加了额外的两章:其中之一是有关机会的模式,另一个则是有关(物理)宇宙的模式。我原本打算将这两个单元纳入弗里曼版中,不过,因该丛书形式限制了篇幅而无法如愿。

费尔南多·古维亚(Fernando Gouvea)、多瑞丝·夏兹施耐德(Doris Schattschneider)以及肯尼斯·米勒(Kenneth Millett)提供了弗里曼版原稿的全部或部分评论,而且,他们颇有帮助的忠告无疑将见诸这本新书之中。隆·欧罗文(Ron Olowin)对第八章提供了有益的反馈。而这一章连同第七章,则是本书全新的材料。苏珊·莫兰(Susan Moran)是弗里曼版非常尽职的文字编辑,诺玛·罗彻(Norma Roche)则是这本新书的文字编辑。

在历史上,几乎所有的数学家领袖都是男性,而这也反映在本书中,女性角色近乎完全缺席。我希望那些日子永远消逝。为了反映今日的现实环境,本书同时交互使用“他”与“她”作为通用的第三人称代名词。

目 录

序曲　何谓数学

一切都不只是数字

何谓数学？随机向人们提问，你可能获得的答案是，“数学是有关数字的 1
一种学问”。如果继续追问他们所谓的学问是哪一种，你或许可以诱导他们提出譬如“那是一种有关数字的科学”之描述。不过，这大概是你可以得到的最多的信息。而这一种有关数学的描述，在大约两千五百年前，就已经不再正确了。

在这样严重的误导之下，你所随机抽样的人们无法体会数学研究是一种兴旺且无所不在的活动，或是接受数学经常相当程度地贯穿我们日常生活与社会大部分活动的看法。这毫不令人意外。

事实上，“何谓数学”这个问题的答案，在人类发展历史过程中，已经数度更易了。

到公元前500年左右，数学的确是有关数字（number）的一种学问。这是古埃及和古巴比伦时期的数学。在这些文明中，数学所包括的，几乎都以算术

(arithmetic)为主。它大部分属功利取向，而且充满了“食谱”的特色(譬如，“对一个数字这样做、那样做，你将会得到答案”)。

从大约公元前500年到公元300年的这一时期，是希腊数学的时代。古希腊的数学家主要关心几何学(geometry)。诚然，他们按几何方式，将数字视
2 为线段长之度量，而当他们发现有数字缺乏对应的线段长时，有关数字的研究就停顿下来了。对于希腊人而言，由于他们强调几何学，所以，数学不只研究数字，而且也是有关形状(shape)的学问。

事实上，幸亏有希腊人现身，数学才进入研究领域，而不再只是度量、计算和会计等技巧的大杂烩。希腊人对于数学不只存功利取向，他们视数学为一种知性探索，其中包含了美学与宗教成分。泰勒斯(Thales)引进了如下想法：数学上精确陈述的断言(assertion)，都可以被一个形式的论证(formal argument)逻辑地证明出来。这一创新标志着定理(theorem)——数学的基石——的诞生。对希腊人而言，这一进程在欧几里得(Euclid)《几何原本》(*Elements*)出版时攀上了巅峰。这一部西方数学经典，在历史上因流传度仅次于《圣经》而闻名于世。

运动中的数学

一直到17世纪中叶，英国的艾萨克·牛顿(Isaac Newton)和德国的戈特弗里德·威廉·莱布尼茨(Gottfried Wilhelm Leibniz)各自独立发明微积分之前，数学的整体本质未曾有过根本的变革，或者说几乎没有任何显著的进展。从本质上来说，微积分是研究运动(motion)和变化(change)的一门学问。在此之前的数学大都局限于计算、度量和形状描述的静态议题上。现在，引进了处理运动和变化的技巧之后，数学家终于可以研究行星的运行、地球的落体运动、机械装置的运作、液体的流动、气体的扩散、电力和磁力等物理力、飞行、动植物的生长、流行病的传染、利润的波动等。在牛顿和莱布尼茨之后，数学变成了研究数字、形状、运动、变化以及空间的一门学问。

大部分涉及微积分的初始问题都导向物理的研究；事实上，该时期很多伟

大的数学家也被视为物理学家。不过,从大约18世纪中叶之后,当数学家着手了解微积分为人类带来的巨大力量背后是什么时,他们对于数学本身的兴趣与日俱增,而不再只是关注数学应用而已。因此,当今日一大部分纯数学被发展的时候,古希腊形式证明的传统卷土重来掌握了优势。到19世纪末,数学已经成为有关数字、形状、运动、变化、空间以及研究数学的工具的一门学问。

发生在20世纪的数学活动之爆发相当戏剧化。在1900那一年,世界上 3
所有的数学知识可以全部装入大约八十部书籍之中。而在今日,数学将必须有十万部书籍才能容纳。这种非比寻常的成长,不只源自一个世纪以来数学的增进,也因为许多新的分支已纷纷涌现。在1900年,数学可以被视为包括了大约十二个主题:算术、几何、微积分等。至于今日,60到70之间的不同范畴,将是一个合理的数字。某些主题,譬如代数和拓扑学(topology),已经被细分为不同的子领域;至于其他主题,譬如复杂理论(complexity theory)或动态系统理论(dynamical systems theory),则是全新的研究领域。

模式的科学

基于数学活动如此迅速成长这一事实,对于“何谓数学”这个问题,一时之间唯一的简单答案,好像就是有一点愚昧地说:“那是数学家赖以维生的东西。”一种特定的研究之所以被归类为数学,并不是基于什么被研究,反倒是基于它如何被研究,也就是说,基于被使用的方法论。在最近大约三十年间,一个为大部分数学家所同意的有关数学的定义,才终于出现了:数学是研究模式的科学(science of patterns)。数学家的所作所为,就是去检视抽象的模式——数值模式、形状的模式、运动的模式、行为的模式、全国人口的投票模式、重复机会事件(repeating chance events)的模式等。这些模式可以是真实存在或想象的、视觉性或心智性的、静态或动态的、定性或定量的、纯粹功利或有点超乎娱乐趣味的。它们可以源自我们周遭的世界、源自空间和时间的深度,或者源自人类心灵的内部运作。不同种类的模式当然引出不同的数学分支,譬如说：

- 算术与数论研究数字与计算模式。
- 几何学研究形状模式。
- 微积分允许我们处理运动模式。
- 逻辑学研究推论模式。
- 概率论处理机会模式。
- 拓扑学研究邻近(closeness)与位置(position)模式。

4 本书将运用八个主题，涵盖计算模式、推论与沟通模式、运动与变化模式、形状模式、对称与规则模式、位置模式、机会模式，以及宇宙的基本模式，以传递现代定义的数学的一些信息。虽然略去了数学的一些主要领域，它仍为当代数学为何提供了一个不错的全面解答。每一个主题的处理，尽管只是在纯描述的层次，却一点也不肤浅。

现代数学有一个甚至对不经意的观察者而言都属显然的趋向，那就是抽象符号的使用：代数表现式、形式复杂的公式，以及几何图形。数学家对抽象符号的依赖，恰好反映了他所研究的模式的抽象本质。

实在(reality)的不同面向需要对应不同的描述(description)形式。譬如，研究土地的地势或是向某人描述在一个陌生的小镇找路的最恰当方法，就是画一张地图，相比之下，文字内容就远不及此。依此类推，在蓝图中，以线条作图是标示一栋建筑物的构图的最恰当的方法。至于记谱法(musical notation)，则或许是实际演奏这支曲子之外，传递音乐的最恰当方法。

就各种抽象的、“形式的”模式与抽象的结构而言，描述与分析的最恰当手段就是数学，即利用数学符号、概念与程序。比方说，代数中的象征性符号(symbolic notation)，就是描述加法与乘法这种一般运算性质的最佳手段。以加法的交换律为例，它可以写成如下文字：

当两个数相加时，它们的顺序并不重要。

不过，它通常写成如下的符号形式：

$$m + n = n + m。$$

这样就呈现了多数数学模式的复杂性与抽象程度。要是我们使用象征性符号以外的东西来描述,那将是一种令人望而却步的烦琐。因此,数学的发展已经涉及抽象符号稳定增加的运用了。

进步之符号

在数学史上,可辨识的代数符号初次有系统地使用,似乎是从丢番图
(Diophantus)开始的。他在大约公元 250 年住在亚历山大城(Alexandria)。他 5
的论著《算术》(*Arithmetic*)(见图 0.1)——仅存原先十三卷中的六卷——通常被视为第一本"代数教科书"。丢番图使用特殊的符号去代表一个方程式中的未知数,及未知数之乘幂;同时,他也运用了表示减与相等的符号。

DIOPHANTI
ALEXANDRINI
ARITHMETICORVM
LIBRI SEX,
ET DE NVMERIS MVLTANGVLIS
LIBER VNVS.
CVM COMMENTARIIS C. G. BACHETI V. C.
& obseruationibus D. P. de FERMAT Senatoris Tolosani.
Accessit Doctrinæ Analyticæ inuentum nouum, collectum ex varijs eiusdem D. de FERMAT Epistolis.

TOLOSÆ,
Excudebat BERNARDVS BOSC, è Regione Collegij Societatis Iesu.
M. DC. LXX.

图0.1　丢番图《算术》17 世纪拉丁文译本的书名页

在今日,数学书籍总是到处充斥着符号;但是,数学符号并不等于数学,其情况就如同记谱法并不等于音乐一样(见图 0.2)。乐谱的一页呈现一段音乐;当乐谱上的音符被唱出来或者被乐器演奏时,你才可以得到音乐本身。也就是说,在它的表演中,音乐变得有了生命,并且成为我们经验的一部分。对于数学来说也是一样,书页上的符号只不过是数学的一种表现(representation)。要是让一位有素

图 0.2　正如数学，音乐也有一种抽象的符号，用以呈现抽象结构

养的表演者（譬如，受过数学训练的某人）来读的话，印刷页上的符号就拥有生命——正如同抽象的交响曲一样，数学在读者的心灵之中存活与呼吸。

6 数学与音乐有这么多的相似性，两者都有各自抽象的符号，并且都为各自的抽象法则所支配，所以如果说很多（或许大多数）数学家也拥有音乐天分，那是一点也不令人惊讶的。

事实上，对于大部分已绵延两千五百年之久的西方文明来说，从古希腊人开始，数学与音乐就被视为一体之两面：两者都被认为是对宇宙秩序提供洞见的学科。只有在 17 世纪科学方法兴起之后，这二者才开始分道扬镳。

不过，尽管它们的密切联系有悠久的历史，数学与音乐却直到最近才被发现有一个非常显著的差异。虽然只有少数受过很好音乐训练的人才可以读懂乐谱，并且在心灵之中听到这段音乐，但如果同一段音乐由一位有素养的音乐家来演奏，那么，任何人只要拥有聆听的感官能力，也将能够欣赏。无须专业训练，任何人都将有能力享受音乐表演。

然而，对于数学的大部分历史而言，欣赏数学的唯一方法，就是去“视读”（sight-read）其中的符号。尽管数学的结构与类型一点一滴反映了人类心灵的结构并与之产生共鸣，好比音乐的结构与模式一样，但人类却并未发展出一双

耳朵的数学等价物体。数学只能利用“心灵的眼睛”(eyes of the mind)而得到 7
“观看”。这种情况就好比某人即便缺乏听觉能力,但只要能够“视读”记谱法,他仍将可以欣赏音乐的模式与调谐的乐音。

不过,由于近年来电子计算机与视频技术的发展,在某种程度上,数学变得更容易让门外汉(the untrained)亲近。在训练有素的使用者手上,计算机可以用来“操弄”(perform)数学,而且其结果也可以展示成为屏幕上所有人都可见得到的形式。虽然目前只有一小部分数学容许这样的视觉“操弄”,然而,我们已经有能力多少传递一点数学的美与调谐给门外汉,而这些当然是数学家研究数学时,所“看到”以及所经验到的。

当看到即发现到

有时候,计算机图形学(computer graphics)对于数学家、对于让门外汉一瞥数学的内在世界一事而言,可以发挥极大的功用。例如,复杂动力系统(complex dynamical systems)起源于20世纪20年代法国数学家皮埃尔·法图(Pierre Fatou)与加斯顿·朱利亚(Gaston Julia)的研究,但是,一直到20世纪70年代晚期和20世纪80年代早期,计算机图形学快速发展,本华·曼德博(Benoit Mandelbrot)及其他数学家才得以看到法图和朱利亚曾经研究过的结构。源于这个研究所的这些极美丽的图形,已经变成一种本身具有意义的艺术形式。为了纪念这个领域的两位开拓者,某些这类结构现在被称为朱利亚集合(Julia sets)(见图0.3)。

由计算机图形学的利用促使深刻的数学发现的另一个例子,出现在1983 8
年。当时,数学家戴维·霍夫曼(David Hoffman)和威廉·密克斯三世(William Meeks Ⅲ)发现了一个全新的最小曲面。一个最小曲面是一种无限的肥皂薄膜的数学等价物。真实的皂膜沿着一个框架展开,总是形成一个占有尽可能小的面积的曲面。数学家所考虑的,是延展到无限的皂膜抽象模拟。这样的曲面已经被研究了两百多年,不过,直到霍夫曼与密克斯发现这个全新的曲面之前,只有三个这样的曲面为人所知。今日,由于计算机视觉技术的成

图 0.3　朱利亚集合

熟,数学家已经发现了许多这样的曲面。有关最小曲面的性质,较多是由比较传统的数学手段如代数与微积分所确立。然而,正如霍夫曼与密克斯所证明的,计算机图形学可以为数学家提供一种寻求那些传统手段正确组合所需的直观经验。

缺乏代数符号,数学的大部分将不可能存在。这个议题当然相当深刻,因为它与人类的认知能力息息相关。认识抽象概念与用适当语言表现它们之发展,真的是一体两面。

用以代表抽象对象(entity)的符号,像是字母、文字或图像一类,其使用的确是亦步亦趋地跟随着对象之为对象本身(entity as an entity)的认识。譬如说,用以表示数字(number)七的数码(numeral)"7",需要以数字七被视为一个对象为前提;同理,用以表示一个任意整数的字母 m 需要以整数的概念(concept)被认识到为前提。有了符号,思考与操弄概念成为可能。

由于数学程序的(procedural)、计算的(computational)面向受到重视,以致数学的上述这种语言的(linguistic)面向经常被忽略,特别是在我们的现代文化之中。的确,我们经常听到有人抱怨说,若非全都是抽象符号,数学将会简单多了。这十分像是在说,要是运用更简单的语言书写,莎士比亚的著作阅读起来就容易得多了。

令人感伤的是，数学的抽象层次以及因之而来，应付那种抽象符号的必然需求，表示了数学的许多部分，或许是大部分，将永远对非数学家隐藏。而且，甚至于比较容易亲近的部分——在许多书籍（本书即其中之一）中被描述的部分——可能只是被模糊地浏览，至于它们的内在美，则被锁在视线之外。尽管如此，这不该让我们这些看来好像被赋予能力去欣赏那种内在美的人，不试着向他人传播我们所体验到的某些意义——简单、精确与纯粹，以及赋予数学模式美学价值的那份优雅。 9

隐藏在符号中的美

在出版于1940年的《一个数学家的辩白》（*A Mathematician's Apology*）中，杰出的英国数学家哈代（G. H. Hardy）描述道：

> 数学家的模式，就好比画家的或诗人的一样，必须是美的；理念就像色彩或文字一样，必须按和谐的方式安排在一起。美是第一个试炼；在这个世界上，丑陋的数学没有永远的栖身之所……我们可能很难定义数学的美，然而，它就像其他种类的美之真实一样——我们或许无法完全知晓所谓一篇美的诗是什么意思，但是，当我们得读一篇时，那并不会妨碍我们认识它。

哈代所指涉的美，在很多情况下，都是一种高度抽象的内在美，抽象形式与逻辑结构的一种美，一种只可以被那些受过充分数学训练的人所观察与欣赏的美。根据英国著名数学家兼哲学家伯特兰·罗素（Bertrand Russell）的看法，它是一种“冷冽与朴实无华的”美。在出版于1918年的《神秘主义与逻辑》（*Mysticism and Logic*）中，罗素写道：

> 如果对数学加以正确考察，我们会发现，它所包括的不只是真理，还有至高无上的美——一种冷冽与朴实无华的美，就像雕刻的美

> 一样，不必诉诸我们较弱本性的任一部分，无须绘画与音乐的奢华装饰，却还是具有庄严的纯粹，以及只有伟大的艺术才能表现的一种冷酷的完美。

数学这种模式的科学，是看待世界——包括我们所居住的物理的、生物的与社会学的世界，以及我们的心灵与思维所属的内在世界——的一种方式。数学的最大成功无疑已经表现在物理领域，其中，这个学科已经正确地被指涉为同时是（自然）科学的皇后与仆人。不过，作为完全的人类的创造，数学的研究最终将成为人文本身（humanity itself）的研究。这是因为没有任何一个构成数学基层的对象存在于物理世界之中，像数字、点、线与面、曲面、几何图形、函数等，都是些只存在于人类集体心灵（humanity's collective mind）之中的纯粹抽象物。数学证明的确定性以及数学真理的恒久本性，都是数学家在人类心灵与物理世界中所掌握的模式之深层、根本状态的反映。

10 在有关诸天（heavens）的研究支配着科学思想的时代，伽利略（Galileo）曾说过：

> 自然这部大书只能被那些通晓其中叙述语言的人所阅读。这种语言正是数学。

一种类似的令人注目的论调出现在非常晚近的时代中。当有关原子内部运作的研究占据了一整个世代许多科学家的心灵时，剑桥物理学家约翰·鲍金霍恩（John Polkinhorne）在1986年写下：

> 数学是打开物理宇宙之锁的那一把抽象钥匙。

在今日这一被信息、沟通和计算所支配的时代，数学正在寻找新的锁来开启。我们生命的任何面向已经很少不受数学影响，唯程度多寡不一而已，因为抽象的模式正是思想、沟通、社会乃至于生命的本质。

让不可见变成可见

我们已经利用“数学是模式的科学”这一口号来回答“何谓数学?”这一疑问。有关数学,还有另一个根本的问题,能以一个吸引人的短语来回答:“数学做什么用?”我的意思是说,当你应用数学来研究某些现象时,数学真正带给你的是什么? 这一问题的答案是,“数学让不可见变成可见”(Mathematics makes the invisible visible)。

接下来,请允许我举一些例子,以便说明我这个答案的意义。

要是没有数学,你将无从理解,是什么东西让一架巨型喷气式飞机浮在空气中。正如我们都知道的,大型金属物体如果没有东西支撑,根本无法停留在空中。但是,当你注视一架喷气式客机飞过你的头顶时,你看不到任何支撑物。是数学让我们“看到”令飞机飘浮高处的是什么。在本例中,让你“看到”那些不可见的支撑物的,是一个在 18 世纪早期被数学家丹尼尔 · 伯努利(Daniel Bernoulli)发现的方程式。

当我正在讨论飞行主题时,是什么原因促使飞行器以外的物体一被我们松开便坠地? 你回答:“是重力。”然而这只不过是给它一个名字,这无助于我们理解它。它仍然是不可见的。我们也可以称它是一种“魔术”。为了理解重力,你必须“看到”它。那正是牛顿在 17 世纪利用他的运动和力学方程式所做的事。牛顿的数学帮助我们“看到”那些让地球绕着太阳旋转,以及造成苹果从树上坠地的不可见之力。

伯努利方程式与牛顿方程式这两者都使用了微积分。微积分之所以行得 11
通,乃是因为它让无穷小量(the infinitesimally small)变为可见。而那是让不可见变成可见的另一个例子。

此处还有一个例子: 在我们能够将太空飞行器送往外层空间的两千年前,希腊数学家埃拉托色尼(Eratosthenes)使用数学证明地球是圆的。事实上,他计算地球的直径,从而计算它的曲率,精确度高达 99%。

今日,经由发现宇宙是否弯曲,我们算是得以重复埃拉托色尼的功绩了。

使用数学与威力强大的望远镜，我们可以“看到”宇宙的外层空间。根据一些天文学家的研究成果，我们将可以看得够远，甚至可以侦测空间的任何曲率，并且度量我们所发现的任何曲率。

只要获知空间曲率，我们就可以使用数学看到未来宇宙终结的那一天。使用数学，我们已经可以看到遥远的过去，将宇宙在所谓大爆炸的开天辟地那不可见的瞬间，变成可以见得到。

回到此刻的地球，你又如何“看到”：究竟是什么使得一场美式足球的图像与声响，奇迹似的同步出现在与比赛场地一镇之隔的电视屏幕上？一个答案是，这些影像与声响是由无线电波——我们称之为电磁辐射的特例——所传递。不过，就像重力的例子一样，那个答案只是给这个现象一个名字，它并不能帮助我们“看到”它。为了“看到”无线电波，你必须使用数学。19 世纪所发现的麦克斯韦方程组(Maxwell’s equations)，让那些不可见的无线电波，变得可以让我们见到。

在此，有一些我们可以经由数学“看到”的人为模式：

- 亚里士多德企图使用数学去“看”我们认定为音乐的不可见的声音模式。
- 他还试图使用数学描述一出戏剧表演的不可见结构。
- 在 20 世纪 50 年代，语言学家诺姆·乔姆斯基(Noam Chomsky)使用数学去“看”并描述我们认定为文法语句的不可见的、抽象的文本模式。于是，他将语言学从人类学一个相当晦涩的分支，转变成为一门蓬勃发展的数理科学。

最后，使用数学，我们可以展望未来：

- 概率论与数理统计学让我们预测选举的结果，且往往有着出色的准确率。
12 - 我们使用微积分预测明日的天气。
- 市场分析师企图使用各种数学理论预测股票市场的行为。
- 保险公司使用统计学与概率论去预测来年一场事故发生的可能性，从而据以设定他们的保费。

当时代引领我们展望未来时,数学允许我们将另外一些不可见——亦即尚未发生之事——变为可见。当然,我们的视界并不完美,预测失准在所难免,不过,要是没有数学,我们甚至连差劲地展望未来都不可能。

不可见的宇宙

今日,我们生活在一个技术型的社会(technological society)。当我们环顾四周,在地球表面上,已经愈来愈少有地方见不到我们的技术带来的产品:高楼、桥梁、电线、电话线、路上的汽车、天上的飞行器等。沟通曾经需要物理的近距离,今日我们大部分的沟通则是由数学作为媒介,沿着电线或光纤,或者经由以太网(Ethernet),按数字形式来传递。电子计算机——机械执行数学(运算)——不只是我们的桌面计算机而已,它们存在于每一个事物之中,从微波炉到汽车,从儿童玩具到电子心脏定调器,等等。数学——基于统计学的形式——决定我们将食用哪些食物,将购买哪些产品,将看到哪些电视节目,以及将投票给哪些政客。正如工业(革命)时代的社会燃烧煤炭以启动引擎,在今日信息时代,我们所燃烧的主要燃料,则是数学。

还有,在过去半个世纪内,随着数学的角色变得愈来愈重要,数学也愈来愈隐身在我们的视界之外,构成一个支撑我们的不可见宇宙。正如我们的一举一动都受制于自然的不可见之力(譬如重力),我们现在生活在一个由数学创造,并且由不可见的数学定律支配的不可见宇宙。

本书将带领你踏上不可见的宇宙之旅。它将对你展示:我们如何使用数学,去看它不可见结构的某些部分。在这趟旅程中,你可能发现你所遭遇的世界显得怪异而陌生,就像那些遥远的土地一样。然而,所有的陌生感,并非来自我们将要旅行的一个遥远的宇宙,而是我们所居住的宇宙。

第一章　数字为何靠得住

你可以依赖它们

13 数字——这里指的是整数——源于对我们周围世界模式的认知：比如，“一”(oneness)的模式、“二”(twoness)的模式、“三”(threeness)的模式等。要识别出我们称为“三”的模式，就得分辨出三个苹果、三个孩童、三只足球，以及三块石头这些事物中有什么共通点。在展示一些不同物品的集合——三颗苹果、三只鞋子、三副手套和三台玩具卡车——之后，一位家长可能会这样问一个小孩：“你看得出来有什么共通点吗？”1,2,3 这些计数数(counting numbers)就是用来捕捉和形容这些模式的方法。这些被数字捕捉的模式，以及用来形容它们的数字，都是抽象的。

在了解数字概念是世界上某些模式的抽象概念之后，另一种模式便立即产生了，那就是一种数字的数学模式。这些数字的顺序是 1,2,3,…，每个后继的数字都会比上一个数字大 1。

目前还有许多数学家在探讨更深入的数字模式，像是偶数和奇数的模式、是质数或是合数、是否为完全平方数、是否为各式各样方程式的解等。我们称这种数字模式的研究为数论(number theory)。

现今,小孩子在五岁以前就会做了

在西方文化里,典型的五岁以下小孩所达成的认知跳跃(cognitive leap), 14
可是人类花了几千年才达成的:小孩学会了数字这个概念。他或她可以理解五个苹果、五只橘子、五个孩童、五片饼干和有五个成员的摇滚乐团等,这些集合之间有什么共通点。而这个叫作“五”(fiveness)的共通点呢,也被数字5所捕捉或概括(encapsulated),是一个孩子永远无法看到、听到、感觉到、闻到以及尝到的抽象对象(abstract entity),但是,在他或她的一生中,它却会是个无法磨灭的存在。的确,在大多数人的日常生活中,数字扮演的就是这种角色,因为平凡的数字1,2,3,…对我们来说,的确是要比圣母峰或者泰姬陵来得更熟悉一些。

计数数这个概念的产生,是识别出“一个给定的集合里成员的数目”这个模式的最后一步。这个模式是完全抽象的——抽象到几乎只能用这些抽象的数字来讨论它们。试着不用“25”这个数字来解释一个有二十五个物品的集合,我们发现这很难。(一个较小的集合,可以用你的手指来表达:比如,五个物品的集合能用一只手指着另外一只张开的手的五只手指头,并说“这么多”来表达。)

接受抽象性对人类的心智来说,并不是一件简单的差事。如果可以选择的话,人们会在实体和抽象之间选择前者。的确,心理学和人类学的研究成果显示,理解抽象这个能力并不是我们与生俱来的,而是在我们的学习过程中,通常是在极为困难的情况之下获得的。

举例来说,依据认知心理学家让·皮亚杰(Jean Piaget)的研究,“体积”(volume)这个抽象的概念并不是人天生就有,而是幼小时习得的。即使看到一个细长的玻璃杯和一个粗短的玻璃杯里的液体互相倒入彼此,幼小的孩童仍无法理解这两个玻璃杯的体积是相同的。在很长一段时间中,他们都会认为液体的数量有所改变,而细长杯子的体积要比粗短杯子的体积来得大。

抽象数字这个概念看起来也是经由学习得来的。小孩子似乎也是在学会数数之后才懂得这个概念。而“数字这个概念并非天生就有”的证据,就是通过研究和现代社会隔离并演化的文化而得来的。

举例来说,当一个斯里兰卡的维达(Vedda)部落男子想要计算椰子数量的时候,他会收集一堆树枝并给每个椰子分配一根。他在每次新加一根的时候,会说:“这是一个。”但是,如果问他有几个的时候,他只会指着那一堆树枝,并说:“就这么多。”这些部落成员的确有一种数数的方法,但是,在绝对没有抽象数目的情况下,他们只能运用这种明确的实体树枝来“计算”。

这位维达部落男子使用的计算系统,是从非常早的时代传下来的,即利用一个集合的物品——比如,树枝或小石头——用与树枝或小石头配对的方式来“计算”另外一个集合的成员。

一种符记(token)的进展

和计算有关的最早人造物品是有刻痕的骨头,现今发现的这些骨头中,有些甚至早至公元前35000年。至少在某些情况里,这些骨头是拿来作太阴历之用,也就是说,每一个刻痕即代表每一次看到月亮的时候。这种一对一的计算方式,类似的例子在史前社会层出不穷:小石头和贝壳在早期非洲王国里,被拿来作人口统计用,而可可豆、玉米粒、小麦粒和米粒,在新世界则被当作筹码使用。

当然,这类系统因为明显缺乏特异性而有所不足。一个刻痕、小石头或贝壳的集合只代表了一个数量,而非被量化物品的种类,因此无法作为长期保存数据的方法。第一个解决这个问题的计算系统是在现今的中东,范围大约从叙利亚到伊朗,一个被称为新月沃土(Fertile Crescent)的地区发现的。

在20世纪70年代和20世纪80年代初,德州大学奥斯汀分校(University of Texas at Austin)的人类学家丹尼斯·施曼特-巴塞瑞特(Denise Schmandt-Besserat)针对中东各个考古发掘场所挖出来的黏土工艺品,进行了详细的研究。在每个地点,除了各种常见的黏土壶、砖块和人偶之外,施曼特-巴塞瑞特也留意到一群小型、细致的雕刻品,每个一到三厘米长的泥土制品:球体、圆盘、圆锥体、四面体、卵形体、圆柱、三角形、长方形等(见图 1.1)。这些物品最早的在公元前 8000 年就已出现,大约是人们开始发展农业,需要计划收获季节,并且储存以后要用到的谷物的时期。

组织化的农业需要记录自己的库存以及计划和交易的方法。这些由施曼特-巴塞瑞特所研究的泥土制品,看起来正是为了这个目的而制造,其各种不同形体,即用来代表经过计算的各种物品。举例来说,有证据指出,一个圆柱 17
代表的是一只动物,圆锥和球体则分别代表两种常见的谷类测量单位(大概是一配克〔peck,约 9 升〕和一蒲式耳〔bushel,约 36 升〕),一个圆形碟子则代表一群牲畜。除了给每个人的所有物提供方便、具体的记录之外,借由这些符记的物理操弄(physical manipulation),这些泥土制品还可以拿来作计划和交易之用。

到了大约公元前 6000 年的时候,使用泥土符记(clay tokens)的习惯,已经扩散至整个区域了。泥土符记的本质要到大约公元前 3000 年才出现改变,因为苏美尔人渐趋复杂的社会构造——以城市的发展、苏美尔寺庙建筑的崛起,以及组织化政府的发展为特征——需要更多形状更精巧的符记。这些新型的符记拥有更多的形状,包括长菱形、弯曲圈状以及抛物线等,上面还布满了刻印。在普通的符记仍继续使用于农业的计算时,这些较复杂的符记似乎是用来代表如衣服、金属制品、油罐和面包等这些人造的物品。

抽象数字的一大突破时机,就在这时候慢慢出现了。在大约公元前 3300 年到公元前 3250 年之间,因为官僚政府发展的关系,两种储存黏土形符记的方式愈来愈普及了。那些有刻印、更精巧的符记会在打洞后,由一条线串连到一个椭圆形的黏土框架上,而这个框架也会标上记号用来表示该账目的特性。普通的符记——直径约五到七厘米的空心小球——被放在黏土容器中,而这些容器一样也会标上记号表示特性。这一串的符记和封印的黏土容器,都是用来代表账目或者合约的。

当然,封印的黏土容器有个明显的缺点:如果要检查内容物,就得打破该

图 1.1　像这些在伊朗的苏萨（Susa）出土的黏土工艺品，在新月沃土的组织化农业系统中，被用以帮助会计业务

上图：复杂的符记在上一列中从左到右依序代表一匹羊、一单位的特殊油（?）、一单位的金属、一种服装；在下一列中，由左至右则依序是另一种服装、一种未知商品，以及蜂蜜的一个度量。所有这些都出现在约公元前 3300 年

中图：一个符记容器及与所藏符记对应的标记，约公元前 3300 年

下图：一块被铭刻的泥板展示谷物的账目，约公元前 3100 年

容器。因此,苏美尔的会计人员发展出一种习惯,即在封印符记之前,将其压印在容器柔软的外表上,由此,在外壁上便留下了内容物的记录。

但是,既然已经将封印的内容物记录在表面上,符记本身就变得极为多余:所有的必要信息都已压印在容器外壁了。符记本身可以被完全抛弃,而这在几个世代之后也的确发生了。结果就是黏土刻写板(clay tablet)的诞生:上面的压印,即是用来记录之前用符记表现的工作。以现在的专有术语来解释,我们可以说,苏美尔的会计人员已经以书写的数码(numeral)取代实体的计数方法了。

从认知的观点来看,苏美尔人没有立即从实体符记进展到刻写板,是很有趣 18
的。有很长一段时间,这些黏土容器还是画蛇添足地容纳着那些已在其外壁上压印的符记。这些符记被认为代表着谷物或绵羊等的数量;容器外壁上的压印则被认为并不代表现实世界的数量,而是代表容器内的符记。需要花这么久的时间才能理解这些符记是多余的,这个事实指出:从实体符记(physical token)进化成抽象表征(abstract representation),是相当大的认知发展。

当然,光是采纳符号来代表谷物的数量,并不等同于我们现今熟悉的对数字概念的鲜明认知;在这之中,数目被认为是“东西”,是“抽象的对象”。我们无法明察人类到底是在什么时候学到这个概念的,就像我们无法准确地指出一个幼童何时达成类似的认知发展。我们可以确定的是,自从黏土符记被舍弃之后,苏美尔人的社会是依赖“一”“二”“三”等概念的,因为他们的刻写板上就是这么表示的。

符号的进步

像苏美尔人这样,有某种可以书写的数字系统(numbering system),并拿该系统来计算是一回事;理解数字的概念然后探讨这些数目的特性——也就是说,发展数字的科学——可就完全是另外一回事了。这个要发展到很后期,当人们开始进行我们现在归类为科学的智性研究时才出现。

有关数学设计的使用,以及对该设计里相关对象的鲜明认知,两者的区别就拿熟悉的观察结果——当一组计数数在加或乘的时候,前后顺序是无关紧要的——来解说吧(从现在开始,当我谈到计数数时,我会用今日的术语自然数〔natural number〕来称呼)。使用现在的代数术语,这一原则可以将这两种交换律以一种简单、易读的方式来呈现:

$$m+n=n+m,\quad m\times n=n\times m。$$

在这两条定律之中,符号 m 和 n 可以被当成任意的两个自然数。不过,使用这些符号和使用这些定律写下特定的例子,还是不太一样。举例来说:

$$3+8=8+3,\quad 3\times 8=8\times 3。$$

19 第二个例子是有关两个特别数字的相加和相乘之观察。这个步骤需要我们拥有处理个别抽象数字——至少要知道抽象数 3 和 8——的能力,而这也是早期埃及人和巴比伦人会做的典型观察。不过,这和交换律不一样,并不需要一个成熟发展的抽象数字概念。

到了大约公元前 2000 年,埃及人和巴比伦人都已经发展了原始的数字系统(primitive numeral systems),并注意到三角形、金字塔等形状的各种几何特性。他们的确"知道"相加和相乘的双方是可以交换的,因为他们了解这一操作的两种模式,也毫无疑问常在他们的日常计算中使用交换性。但是,在他们的书写之中,当描写要如何使用一种特定的计算方式时,他们并没有使用像 m 和 n 这种代数的符号。他们反而是引用特定的数字,虽然在很多例子里,这些数字很明显地只是被选来作为举例之用,并可以用任何数字替代。

举例来说,在所谓的《莫斯科纸草文件》(*Moscow Papyrus*)——一份大约公元前 1850 年写下的埃及文件里,出现了下列计算一个特定截头方锥(也就是方锥尖顶被与底部平行的平面截掉——见图 1.2)的方法:

> 如图所示:一个截头方锥高 6 底 4 顶 2。你要平方这 4,得到 16。你要将 4 加倍,得到 8。你要平方这 2,得到 4。你要相加这 16,8 和 4,得到 28。你要将 6 分出 1/3,得到 2。你要拿两次 28,得到 56。看啊,它的确是 56。你会发现这是对的。

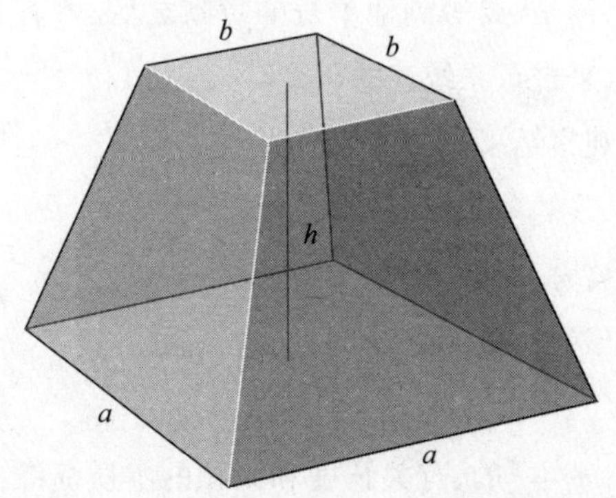

图 1.2 一个截头方锥体

虽然这些指示是被以特定的尺寸大小给出的，但是，只有当读者可以自由地将 20

这些数以任何适当的数替代时，它们才有明显意义。以现代的符号来看，这个结果可以运用代数公式来表示：如果这截头方锥的底边边长是 a，顶部边长是 b，高是 h，那么，它的体积公式就是：

$$V=(1/3)h(a^2+ab+b^2)。$$

察觉并开始使用一个特定的模式，与形式化该模式并赋予其科学分析，是不一样的。举例来说，交换律表示自然数在相加和相乘时会出现的某些模式，而且，还是以非常清楚的方式来表达这些模式。借由使用代数不定元（algebraic indeterminates），如 m 与 n 这些代表任意自然数的对象，来形式化这些定律，我们便会将焦点放在这个模式上，而不是在相加或相乘本身之上。

抽象数字的一般概念，和这些相加相乘的行为法则（behavioral rules），要等到公元前 600 年希腊数学的时代，才开始有人体会到。

很长一段时间都是希腊人的天下

我们无法明确知道抽象数学第一次出现是在什么时候，不过，如果得挑一个时间和地点，那可能性最高的，应该就是公元前 600 年的希腊，当米利都的泰勒斯进行几何研究时。泰勒斯经商旅行的时候，无疑听闻了许多已知的涉及度量的几何想法,但是,要等到他本身的贡献之后,才有人尝试将这些几何想法视为一种主题,来进行系统性的研究。

泰勒斯已知的观察结果比如以下两例:

> 一个圆会被它任何一条直径一分为二。
>
> 相似三角形的边会成比例。

并证明要如何从更"基本"的、有关长度和面积的本质演绎出来。这个数学证明的想法,成为后来数学的基石。

数学证明概念最有名的一位早期拥护者,就是大约活在公元前570年到公元前500年之间的希腊学者毕达哥拉斯(Pythagoras)。我们并不了解他的
21 一生,因为他和他的追随者将他们自己隐蔽在谜团之中,认为他们的数学研究是巫术的一种。我们相信毕达哥拉斯在公元前580到公元前560年间于爱琴海的萨摩斯岛上诞生,并且在埃及和巴比伦求学过。经过许多年的流浪之后,他应该是在克罗顿(Croton)这个位于意大利南部的繁荣的希腊拓垦地安定下来。他在那里创立的学校注重数论(arithmetica)、音乐(harmonica)、几何(geometria)和占星(astrologia)的教习,这种知识上的四重领域在中世纪被称为四学科(quadrivium)。连同三学科(trivium)的逻辑、文法和修辞一起,这七个"文艺学科"是每一个受过教育的人士一定要研读的必要课程。

一些真正严密的数学,混合在毕达哥拉斯的哲学思辨和神秘命数论之中,包括有名的勾股定理(Pythagorean theorem)。如图1.3所示,这个定理说明在任何直角三角形里,斜边的平方会等于其他两边的平方和。这个定理在两方面非常卓越。首先,毕氏学派有能力看出三角形边的平方的关系,他们观察到所有直角三角形都有这一个规则化的模式。再来,他们针对这个模式所提出的严密证明,对于所有直角三角形的确都适用。

希腊数学家对抽象模式的主要兴趣是关于几何的——形状、角度、长度和面积的模式。的确,除了自然数之外,希腊人对数目的想法实质上建基于几何学,而这些数目只被当作长度和面积的度量而已。希腊人所有关于角度、长度

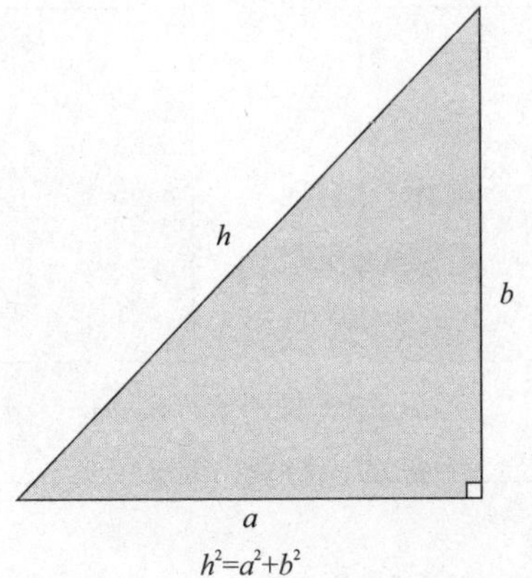

图 1.3　勾股定理阐述直角三角形斜边（h）长度与其他两边（a 和 b）长度的关系

和面积的认识——在今日会以整数和分数表示的答案——是以和另一个角度、 22
长度或面积相比的方式呈现的。正是因为专注于比(ratio),他们才给出了今日术语有理数(rational number)的定义,也就是,一个整数比另一个整数的商数。

希腊人发现了各种今日学生所熟知的代数等式,比如说:

$$(a+b)^2=a^2+2ab+b^2,$$
$$(a-b)^2=a^2-2ab+b^2。$$

同样地,这些都被以几何术语来思考,好比对面积加减的观察。举例来说,在欧几里得的《几何原本》(之后会提到更多)中,前面第一个代数等式的叙述如下:

> 命题Ⅱ.4. 如果一条直线随机被切割,整条线的平方会等于各线段的平方与这些线段组成的长方形的面积之两倍。

这个命题可以用图 1.4 左边的图解来说明。

在这个图解中,大正方形的面积 $=(a+b)^2=$ 正方形 A 的面积加正方形 B
的面积加长方形 C 的面积加长方形 D 的面积 $=a^2+b^2+ab+ab=a^2+2ab+$ 23
b^2。第二个等式是从右边的图解导出来的,里面的边是以不同的方法命名的。

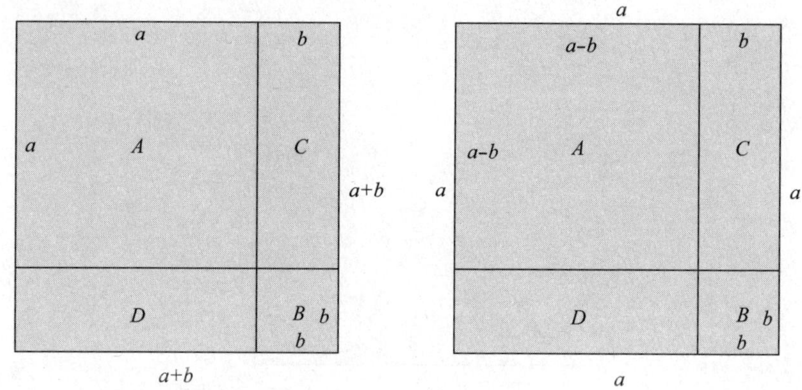

图 1.4　这些图解说明希腊人对于代数等式 $(a+b)^2$（左图）与 $(a-b)^2$（右图）的几何推演

在这个图形之中，正方形 A 的面积 $=(a-b)^2=$ 大正方形的面积减掉长方形 C 和正方形 B 的面积再减掉长方形 D 和正方形 B 的面积，再加上正方形 B 的面积（因为该区被减过两次，两个长方形各减一次，所以这里要加回来）$=a^2-ab-ab+b^2$。

顺带一提，希腊的数字系统（number system）并不包含负数。的确，负数要等到 18 世纪才被广泛使用。

勾股定理在今日可以利用下列代数等式表示：

$$h^2=a^2+b^2,$$

其中 h 是直角三角形的斜边长，a 和 b 即其他两边的长。不过，希腊人是以纯几何的观点理解并证明了这个定理的，就如同图 1.5 所示，它是有关一个给定直角三角形三个边上的正方形面积的计算。

发现致命缺陷

24 在将他们的发现形式化为图形的比较时，希腊人做了个看起来似乎无害的假设。以现代的术语来说，他们假设任何长度或面积都是有理数。当最后发现此信仰是错误的时候，希腊数学一直无法从这个巨大冲击中完全恢复。

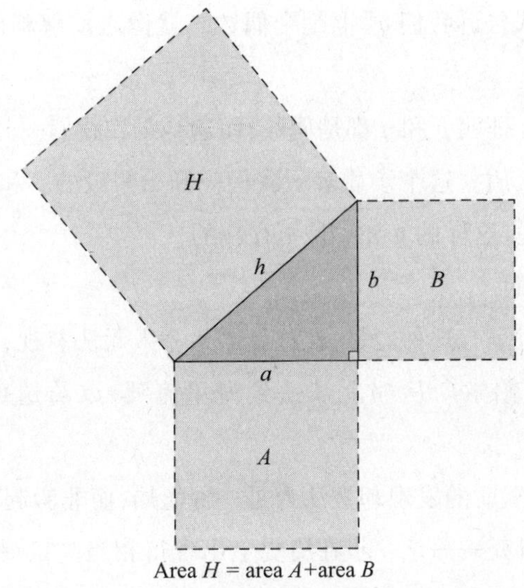

图 1.5　希腊人运用直角三角形三个边上的正方形面积，几何地理解勾股定理。运用面积概念，本定理表示：$H = A + B$

这个发现一般归功于毕氏学派的一位年轻数学家希帕索斯（Hippasus）。他证明了正方形的对角线无法和它的边相比较——以今日术语来说，有理数边长的正方形，其对角线不会是有理数。很讽刺地，这证明需要仰赖勾股定理。

假设一个正方形的边长是 1，那么依照勾股定理，其对角线的长度就是$\sqrt{2}$（2 的平方根）。但是，用一个相当简单，甚至非常优雅的逻辑推理，就可以证明不会有整数 p 和 q，使得 p/q 会等于$\sqrt{2}$。$\sqrt{2}$这个数现代数学家称之为无理数（irrational number）。下面，就是那个简单却优雅的证明。

一开始假设，和我以上所说的相反，存在自然数 p 和 q 使得 $p/q = \sqrt{2}$。如果 p 和 q 有任何共同的因数，我们就可以将它们消去，所以，我们可以假设这一步骤已经做过了，因此，p 和 q 没有共同的因数。

将$\sqrt{2} = p/q$ 两边平方，会得到 $2 = p^2/q^2$，可以改写成 $p^2 = 2q^2$。这个等式告诉我们 p^2 是个偶数。然后，所有的偶数平方都会是偶数，奇数的平方都会是奇数。因此，由于 p^2 是偶数，p 就一定是偶数。再来呢，p 可以写成 $p = 2r$（r 可以是任何自然数）。将 $p = 2r$ 代入 $p^2 = 2q^2$ 会得到 $4r^2 = 2q^2$，并可以简化成

$2r^2 = q^2$。这个等式告诉我们 q^2 也是个偶数。就像之前解释的 p 一样,q 也是个偶数。

现在我们已经证明 p 和 q 都是偶数,而这结果和我们一开始假设的 p 和 q 没有共同因数相矛盾。这个矛盾表示我们一开始假设的 p 和 q 都是自然数是错误的。简单来说,这样的 p 和 q 是不存在的。

而这就是证明!

数学的证明就是有这种力量,让这新结果令人无法忽视,即便有些广为流传的记述声称,希帕索斯从船上被丢到海里淹死,以防这可怕的消息泄漏出去。

25 不幸地,希帕索斯的发现却被认为是一种僵局,而非激起一种比有理数更为丰富的数字之研究——这一步在历史上出现得相当晚,有赖于“实数”(real number)的发展。从那之后,希腊人就倾向于将数的研究看成是不同于几何的研究,而且他们有关数字最令人惊艳的发现,大都无关长度或面积的度量,而是关乎自然数。有关自然数首度的系统研究,通常被认为出自欧几里得,他大约生活在公元前 350 年到公元前 300 年之间的某个时期。

在此看看欧几里得

在泰勒斯与毕达哥拉斯以及欧几里得各领风骚的时代之间,希腊数学基于苏格拉底、柏拉图、亚里士多德,以及欧多克索斯(Eudoxus,约公元前 408—前 355)的研究成果,而获得了可观的进展。欧多克索斯正是在柏拉图创立的雅典学院(Athens Academy)进行研究工作。在那里,除了其他成就外,他发展出一种“比例论”(theory of proportions),帮助希腊人部分地规避希帕索斯的发现所造成的某些问题。欧几里得于约公元前 330 年在亚历山大城的新学术中心长驻之前,也因曾就读柏拉图的学院而闻名。

当欧几里得在亚历山大图书馆——今日大学的前身——工作时,他写就了卷帙浩繁的十三册《几何原本》。实质上,这是一部对希腊数学到当时为止的概要,包括了平面与立体几何,以及有关数论的 465 个命题。尽管某些结论是他自己的，不过，他最伟大的贡献乃在于数学被呈现出的那种系统样态。

自从被写就之后，几个世纪内，《几何原本》已经有超过两千种版本问世。而且，尽管存有一些逻辑瑕疵，它仍然是数学方法的杰出代表，其中我们开始于一些基本假设的精确陈述，而且只接受那些由这些假设所证明的结论为事实。

《几何原本》第一到六册专注于平面几何学，而第十一到十三册则处理立体几何学问题，我们将在本书第四章讨论这两部分的内容。至于第十册，则提出所谓“不可公度几何量”（incommensurable magnitude）的研究。若翻译成现代术语，本册将会是有关无理数的研究。而正是在第七到九册，欧几里得呈现了他在今日被称为数论研究的成果。由自然数所陈列的一个显著模式就是， 26
它们是一个接着另一个排序。然而，数论检视了在自然数中找到的更深刻的数学模式。

质数条件中的数字

欧几里得以 22 个基本定义作为《几何原本》第七册的开场，其中包括：偶数就是可以分成两个相同整数的数，而奇数则不行。更深入地说，一个质数（以现代术语来说）是一个除了 1 和本身之外，没有整数因数的自然数。举例来说，在数目 1 到 20 之间，2，3，5，7，11，13，17，19 都是质数。大于 1 的非质数我们称之为合数（composite number）。因此，4，6，8，9，10，12，14，15，16，18，20 都是 1 到 20 之间的合数。

在欧几里得所证明的基本结论之中，与质数有关的如下：

- 如果一个质数 p 整除一个乘积 mn，那么，p 至少可以整除 m 或 n 这两个数中的一个。
- 每个大于 1 的自然数不是质数就是质数的乘积，这种乘积是唯一的，除了乘积中各个质数被写出来的顺序可能不同。
- 质数有无限多个。

上述的第二个原理非常重要，因而普遍被称为算术基本原理（fundamental theorem of arithmetic）。放在一起看，前两个原理告诉我们，质数就像是物理学家的原子一样，因为它们是其他自然数可以建造在其上的最基本原料，而此处所示的是乘法的情况。举例来说：

$$328\,152 = 2 \times 2 \times 2 \times 3 \times 11 \times 11 \times 113,$$

这里的每个数 2,3,11,113 都是质数；它们被称为 328 152 的质因数（prime factors）。$2 \times 2 \times 2 \times 3 \times 11 \times 11 \times 113$ 这个乘积被称为 328 152 的质数分解（prime decomposition）。正如运用原子构造一样，了解一个给定数的质数分解知识后，数学家可以说出这个数的许多数学性质。

第三条原理——“质数有无限多个”——可能会让曾花过时间列举质数的任何人感到意外。虽然质数在前一百多个自然数之中数量非常丰富，但是之后，
27 它们在慢慢减少，而且，我们也无法从观察证据（observational evidence）中确认它们是否会完全消失。举例来说，在 2 到 20 之间有 8 个质数，但是，在 102 到 120 之间却只有 4 个。再进一步，在 2 101 到 2 200 的 100 个数字里面只有 10 个质数，而从 10 000 001 到 10 000 100 的 100 个数字里，更是只有 2 个质数。

质数的量阶（Prime order）

一个可以精准看出质数逐渐减少的方法，就是考察所谓的质数密度函数（prime density function），它可以给出给定数目以下的所有质数（所占）之比例。要得到指定数 N 以下的质数密度，可将小于 N 的质数个数称为 $\pi(N)$，然后将它除以 N。在 $N=100$ 的例子里，这个答案是 0.168，也就是说，在 100 以内的数，6 个数里大约会有 1 个质数。但是，当 $N = 1\,000\,000$ 的时候，这个比例会降到 0.078，也就是大约 13 个数里，会有 1 个质数。而当 $N = 100\,000\,000$ 的时候，该比例是 0.058，即大约 17 个里面有 1 个。在 N 增加的同时，这个递减仍将继续。

N	$\pi(N)$	$\pi(N)/N$
1 000	168	0.168
10 000	1 229	0.123

(续表)

N	$\pi(N)$	$\pi(N)/N$
100 000	9 592	0.096
1 000 000	78 498	0.078
10 000 000	664 579	0.066
100 000 000	5 761 455	0.058

然而,尽管 $\pi(N)/N$ 这个比一直稳定降低,质数却没有完全消失。欧几里得对于这个事实的证明,直到今天仍被认为是个优雅逻辑的非凡例子。该证明如下。

这个想法试图证明,如果你将质数列为 $p_1, p_2, p_3, \cdots$ 的数列,那么,这个列表将会是无止境的。为了证明这点,假设你已经列出直到某个质数 p_n 的所有质数,然后,你会发现永远会有另一个质数可以加到这个列表内:此例说明这个列表永无止境。

欧几里得这个巧妙的想法,就是要检视如下数字:

$$P = p_1 \times p_2 \times \cdots \times p_n + 1,$$

其中 $p_1, \cdots, p_n$ 都是到目前为止列出的质数。如果 P 是质数的话,那么,P 就是
个比所有质数 $p_1, \cdots, p_n$ 还要大的质数,因此该列表可以继续下去(P 可能不是 28
p_n 之后直接的下一个质数,所以,你不会取 P 等于 p_{n+1}。但是,如果 P 是质数,那我们就明确知道在 p_n 之后一定存在一个质数)。

另一方面,如果 P 不是质数,那么,P 就一定可以被某一个质数整除。可是 $p_1, \cdots, p_n$ 这些质数没有一个可以整除 P;如果真的进行这项除法,那么,就会得到 1 这个余数——而这个“1”就是一开始为了假设 P 这一数值所加上去的。因此,P 如果不是质数,就一定可以被 $p_1, \cdots, p_n$ 以外(也因此会大于这个列表)的质数整除。因此,就一定会有一个比 $p_1, \cdots, p_n$ 都要大的质数,所以,这数列可以继续下去。

我们在观察以下数字 P 的时候,可以发现一件有趣的事情:

$$P = p_1 \times p_2 \times \cdots \times p_n + 1。$$

在欧几里得的证明里面，我们不知道 P 本身到底是不是质数。这个证明使用了两种论证，其中一个在 P 是质数的时候成立，另外一个，则在 P 不是质数的时候成立。最关键的问题是，它是否永远是此或彼。

P 的前几个数值会像这样：

$$P_1 = 2 + 1 = 3,$$

$$P_2 = 2 \times 3 + 1 = 7,$$

$$P_3 = 2 \times 3 \times 5 + 1 = 31,$$

$$P_4 = 2 \times 3 \times 5 \times 7 + 1 = 211,$$

$$P_5 = 2 \times 3 \times 5 \times 7 \times 11 + 1 = 2\,311,$$

这些都是质数。可是，接下来的三个数值并不是质数：

$$P_6 = 59 \times 509,$$

$$P_7 = 19 \times 97 \times 277,$$

$$P_8 = 347 \times 27\,953。$$

我们无法得知 P_n 这数值对于无限多的 n 值来说是否都是质数，我们也无法得知对于无限多的 P_n 这数值是否为合数（当然，这两个选择之中有一个一定是真的。大多数数学家会猜测这两者事实上都是真的）。

回到质数密度函数 $\pi(N)/N$ 上，一个明显的问题就是，是否有一种因 N 增大使得密集度递减的模式。

这里的确没有一个简单的模式。不管你选的数多大，你总是会找到两个或以上的质数串联在一起的群组，当然也会有一大串没有质数的时候。除此之外，这些小串和没有质数的地带，看起来像是随机发生的。

29 事实上，质数的分布并不是毫无秩序。不过，一直到 19 世纪中期，我们才对此有了确定性的认识。1850 年，俄国数学家帕夫努提·切比雪夫（Pafnuti Chebychef）设法证明了在任意数 N 和它的两倍数 $2N$ 之间，我们都可以找到至少一个质数。因此，质数在分布上，的确是有某种秩序存在的。

后来我们发现,质数的分布的确有相当强的规律性,只是得更努力才发现得了。1896 年,法国的雅克·哈达玛(Jacques Hadamard)和比利时的迪拉·维里·普森(Charles de la Vallée Poussin)分别证明了当 N 增加的时候,质数的密度$\pi(N)/N$ 会愈来愈接近数值 $1/\ln N$($\ln$ 是自然对数函数,我们会在第三章讨论)。这个结论今天我们称之为质数定理(prime number theorem)。它在作为计数和计算基础的自然数,以及处理实数和微积分(见第三章)的自然对数函数之间,提供了一个值得注意的连接。

在这个证明出现的一个世纪之前,十四岁的数学天才卡尔·弗里德里希·高斯(Karl Friedrich Gauss)曾经猜想过质数定理的存在。高斯的成就非常伟大,值得我们花一整节来讨论。

天才儿童

1777 年卡尔·弗里德里希·高斯(图 1.6)诞生于德国的布伦瑞克(Brunswick),从非常年轻的时候,他就展现出极高的数学天分。有故事流传说,他在三岁时,就能够掌管他父亲的生意账目。读小学的时候,他因为发现了一个模式,而回避掉一个冗长的计算,让他的老师不知所措。

高斯的老师要求全班同学将 1 到 100 之间的所有数字求和。据推测,老

图 1.6　卡尔·弗里德里希·高斯(1777—1855)

师的目的是让学生们多花点时间在这个题目上,以便他可以专心做点别的事情。遗憾的是,高斯很快就发现如下的快捷解答方式。

将求和算式写下两次,一次以升序,一次以降序,有如下列:

$$1+2+3+\cdots+98+99+100,$$

$$100+99+98+\cdots+3+2+1。$$

接着将两个算式上下一一对应相加,得到

$$101+101+101+\cdots+101+101+101,$$

30 刚好 100 个 101,因此,这两个算式之和就是 $100\times101=10\ 100$。因为这个乘积是原始总和的两倍,所以将其除以 2,就会得到高斯的老师需要的答案,也就是 5 050。

高斯的方法对于任何数字 n 都有效,而不是只有 100 以内的数字而已。一般来说,如果将 1 到 n 的求和算式以上升和下降的顺序各写一次,然后将两行加起来,就会得到 n 个 $n+1$,也就是总数会等于 $n(n+1)$。将这总和除以 2 就是答案:

$$1+2+3+\cdots+n=n(n+1)/2。$$

这个公式为我们展示了一个普遍的模式,高斯观察到的只是这个模式的一个个案。

有趣的是,以上这个公式的右边也是一个几何模式(geometric pattern)。形式 $n(n+1)/2$ 里的数称为三角形数(triangular numbers),因为这些数(目)的点刚好可以排成正三角形。图 1.7 显示出前五个三角形数 1,3,6,10 和 15。

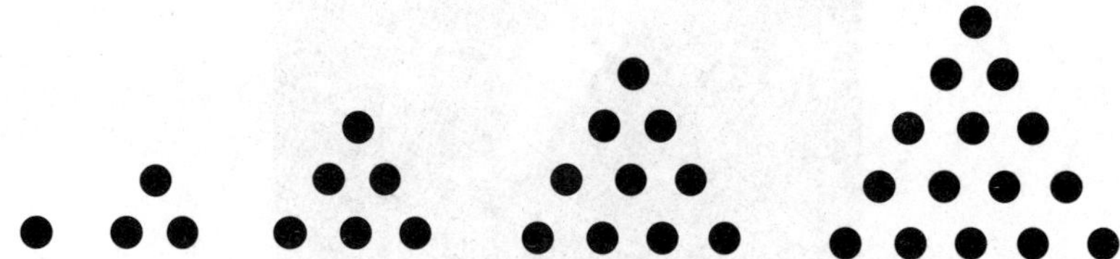

图 1.7　数目 1,3,6,10,15,…成为三角形数,因为它们给出可以排成正三角形的点之数目

高斯的时钟算术

1801 年,当高斯还只有 24 岁的时候,他写下了一本被称为《算术研究》 31
(*Disquisitiones Arithmeticae*)的著作,直到今天,它还是史上最有影响力的数学书籍之一。其中,高斯提到的一个主题就是有限算术的想法。

当你使用一个周期性循环并重新开始的计算系统时,你就会得到有限算术。举例来说,当你计算时间的时候,你会说出第 1 小时、第 2 小时、第 3 小时等,但是,当数到 12 的时候,你就会重新从 1,2,3 等开始。同样地,计算分钟也是从 1 数到 60 然后重新开始。这个方式使用有限算术来表达时间,因而有时候它会被称为"时钟算术"(clock arithmetic)。数学家通常将其称为模算术(modular arithmetic)。

要将这个我们都很熟悉的计算分钟和小时的概念转变成严肃的数学问题,高斯发现他必须稍加改变从 0 开始计数。利用高斯的版本,我们计算小时就会是 0,1,2,直到 11,然后重新从 0 开始;分钟一样是始于 0,1,2,直到 59,然后又回到 0。

在做了这个小改变之后,高斯开始研究这类数字系统的算术。这些结果通常都很简单,有时候也挺令人吃惊的。举例来说,在钟点算术(hours arithmetic)里,如果 2 和 3 相加会等于 5(2 点钟之后的 3 个小时是 5 点钟),如果 7 和 6 相加会得到 1(7 点钟之后的 6 个小时是 1 点钟)。这个我们都再熟悉不过了。但是,如果用标准的算术符号来书写,第二个算式看起来就很奇怪了:

$$2+3=5, \quad 7+6=1。$$

在分钟算术(minutes arithmetic)的例子里,整点 45 分过后的 0 分钟还是整点 45 分,整点 48 分过后的 12 分钟,即是整点之后的 0 分钟。这两组关系用算式表达会得到如下结果:

$$45+0=45, \quad 48+12=0。$$

虽然看起来很奇怪，但是高斯将“时钟算术”写成这样却是非常聪明的。结果发现，寻常算术（ordinary arithmetic）的所有规则，对于有限算术来说也都适用，此即数学模式从一个领域跳到另一领域仍然适用的一个经典例子（在这个例子里，是从寻常算术跳到有限算术）。

为了防止在有限算术里混淆寻常算术中的加法和乘法，高斯将等号以“≡”代替，并说这一关系并不是相等，而是同余（congruence）。因此，上面前
32 两个算术结果就可以写成：

$$2+3\equiv 5,\quad 7+6\equiv 1。$$

一开始的两个数字，也就是例子里的 12 或 60，即被称为这种算术的模数（modulus）。显然，12 或 60 这两个数字没什么特别的；它们只是我们谈论时间时熟悉的数值而已。对于任意自然数 n，都会有一个对应的有限算术，即模数 n 的模算术（modular arithmetic of modulus n），里面的数字是 $0,1,2,\cdots,n-1$，并且在相加或相乘的时候，要去掉所有 n 的整倍数。

上面我并没有列举任何相乘的例子，因为我们从来不拿一天里的小时或是时间做乘法。不过，从数学的观点来说模数的相乘，是非常有道理的。与相加一样，你用寻常的方法执行乘法，但是，要去掉模数 n 的所有倍数。因此，以 7 来举例的话：

$$2\times 3\equiv 6,\quad 3\times 5\equiv 1。$$

高斯的同余概念在数学中常常被使用，有时候还会同时用到许多不同的模数。当这种情况发生时，为了要记录每次用到的模数，数学家通常会将这类同余写成这样：

$$a\equiv b\pmod n。$$

在这里，n 是与这个特别的同余相关的模数。这个表示方法读作“对模数 n，a 与 b 同余”。

对于任何模数，相加、相减和相乘的步骤都是简单而易懂的（我在上面并没有描述过相减，但是步骤应该挺明显的：以时钟算术来解释的话，相减就是

逆着计算时间)。不过相除的话问题会比较大:有时候可以除,有时候却不行。

举例来说,模数是 12 的时候,你能以 5 除 7,答案会是 11:

$$7/5 \equiv 11 \pmod{12}。$$

要检查是否正确,只要将答案乘以 5,便会得到:

$$7 \equiv 5 \times 11 \pmod{12}。$$

即答案正确,因为从 55 里去掉 12 的最大整倍数会得到余数 7。不过,在模数
为 12 的情况下,无法以 6 除任何数,6 本身除外。举例来说,我们无法用 6 除 33
5。一个能够清楚解释为何不行的途径,就是如果用 6 来乘 1 到 11 里的任何数,答案都会是一个偶数,因此对模数 12,它不能与 5 同余。

然而,在模数 n 是质数的情况下,相除永远都是可行的。因此,当模数为质数时,对应的模算术具有使用在有理数或实数上时的寻常算术的一切熟悉性质;以数学家的语言来说,即一个体(field)。(体在本书第二章中“现代世纪的黎明”一节里将再次出现。)我们这里又出现了一个新模式:链接质数和模算术里执行除法的模式。这也给我们带来了质数的模式,以及史上最伟大的业余数学家:皮埃尔·费马(Pierre de Fermat)。

伟大的门外汉

从 1601 到 1665 年住在法国的费马(图 1.8),是土伦(Toulouse)省议会里的一位律师。他到三十几岁时才开始接触数学,并将它当作自己的嗜好。这还真不是个普通的嗜好呢。举例来说,除了在数论里指出许多非常重要的发现之外,他还在勒内·笛卡尔(René Descartes)(使用代数来解决几何问题的先驱)之前,研发出一种代数几何学的方法。费马还和布莱士·帕斯卡(Blaise Pascal)一同发现了概率论(probability theory),并且为几年后在莱布尼茨和牛顿手中发扬光大的微分学的发展,奠定了许多基础。这几项都是非常重要的成就。不过,费马最著名的,还是在自然数里寻找模式(通常是和质数有关的

图 1.8　皮埃尔·费马,“伟大的门外汉”(1601—1665)

模式)的神奇能力。事实上,他不只找到这些模式,在大部分的情况下,他都可以确定地证明他的观察是正确的。

身为一位业余的数学家,费马只出版了少许的研究成果。他的许多成就都是在他人的著作里被提到的。他在写信这方面补足了出版方面的不足,因为他和欧洲最好的一些数学家保持着定期的通信。

一个例子就是,在 1640 年写的一封信里面,费马观察到若 a 是任意的自然数,且 p 是无法整除 a 的质数,那么,p 一定整除 $a^{p-1}-1$。

举例来说,假设 $a=8$、$p=5$。因为 5 无法整除 8,那么,按照费马的观察,5
一定可以整除 8^4-1。如果我们将这个数字算出来,会得到 $8^4-1=4\,095$,然
34 后可以很快地注意到这个数字果然可以被 5 整除。同样地,19 也可以整除
$145^{18}-1$,虽然在这里大多数人都不太会想用直接计算,来确认答案是否正确。

虽然第一眼看起来不太明显,但是,费马的这个观察,不仅在数学上,且在

其他应用(其中包括某种数据加密系统的设计和一些纸牌的把戏)上,都有很多重要的结论。事实上,该结论常常突然现身,以至于数学家给了它一个名字:费马小定理(Fermat's little theorem)。今天,我们已经知道许多关于这个定理非常巧妙的证明,但是,没有人知道费马本人是如何证明的。就如他的习惯一样,他将自己的方法隐藏起来,只将答案列出,作为给别人的挑战。他这个"小定理"要等到 1736 年,伟大的瑞士数学家莱昂哈德·欧拉(Leonhard Euler)终于出来接受挑战时,才有一个完整的证明。

费马小定理能以模算术的形式重写成下面这样。假设 p 是个质数,然后 a 35
是 1 到包含 $p-1$ 之间的任何数,那么

$$a^{p-1} \equiv 1 \pmod p。$$

取 $a=2$,那么,对任何大于 2 的质数 p,

$$2^{p-1} \equiv 1 \pmod p。$$

结果呢,假设一个数字 p,如果以上的同余不成立,那么,p 就不可能是个质数。这个观察提供了我将要示范的一个有效方法,用以判定一个给定的数是否为质数。

质数测试(Taking the prime test)

测试一个数字 N 是否为质数的最明显方法,就是看它有没有质因数。要如此做,我们可能必须要试验将 N 除以所有不大于$\sqrt{N}$的质数。(我们不需要试验大于$\sqrt{N}$的质数,因为如果 N 有质因数,那它绝不可能比$\sqrt{N}$还要大。)对于比较小的数来说,这是一个合理的方法。用一台强力的计算机,对于不超过 10 位数的任何数字,这种计算几乎都能瞬间结束。举例来说,如果 N 有 10 位数,$\sqrt{N}$会有 5 位数,也因此会小于 100 000。因此,和第 28 ~ 29 页的表格比较,会有少于 10 000 个质数需要给 N 试除(trial-divide)。这对目前可以在一秒内计算超过十亿次算术的现代计算机来说,根本就是小儿科。但是,计算一个 20

位数的数字,就算是最强力的计算机也需要至少两个小时,然后,一个 50 位数的数字可能会需要百亿年来计算。当然,我们可能会很幸运地在前期就碰到一个质因数;但是,问题会在当 N 是质数的时候出现,因为在此情况下我们必须要测试不大于$\sqrt{N}$的所有质因数才算证明完成。

因此,以试除来测试一个数是否为质数,对于 20 位数以上的数字是不可行的。不过,在质数里面寻找模式,数学家就能想出其他方法,去确认一个给定数字是否为质数。费马小定理就提供了一种方法。利用费马小定理来测试一个给定数 p 是否为质数,我们就在模数 p 算术(mod p arithmetic)中计算 2^{p-1}。如果答案是 1 以外的任何自然数,我们就知道 p 绝不可能是质数。但是,当答案真的是 1 的时候呢?很遗憾,我们无法确认 p 一定是质数。问题就在于,虽然在 p 为质数的时候,$2^{p-1} \equiv 1 \pmod{p}$,但还是有些非质数(nonprimes)$p$ 可以使该算式成立。这种数字最小的是 341,即 11 和 31 的乘积。

36 在这个方法里,如果 341 是少数几个特例的话还堪用,毕竟我们可以检查 p 是否就是其中比较尴尬的那几个数字。不过不幸的是,这种尴尬的数字有无限多个。因此,费马小定理只能用来检查一个给定的数字是否为合数:如果同余式 $2^{p-1} \equiv 1 \pmod{p}$ 不成立,那么,p 一定是合数。另一方面,如果同余式成立,那 p 可能是质数,也可能不是。如果觉得运气不错的话,我们可以赌一赌并假设该数字就是个质数,毕竟此命题为真的可能性不低。对于 $2^{p-1} \equiv 1 \pmod{p}$ 的合数 p 算是非常罕见的;在 1 000 以下的只有两个——也就是 341 和 561——然后,在 1 000 000 以下的也只有 245 个。但是,因为有无限多个这种稀有的数字,以数学方式来说,硬要说 p 是个质数并不可靠,离数学的确定性更有一段不小的距离。

因此,由于 $2^{p-1} \equiv 1 \pmod{p}$ 出现的不确定性,费马小定理无法提供一个测试数字是否为质数的完全可靠的方法。1986 年,数学家阿德曼(L. M. Adleman)、鲁梅利(R. S. Rumely)、柯亨(H. Cohen)、伦斯特拉(H. W. Lenstra)和波莫伦斯(C. Pomerance)找到了消除这个不确定性的方法。以费马小定理为基础,他们研发出后来成为今日最好的一个测试数字是否为质数的一般方法。如果在一台超快的计算机上实际执行这个称为 ARCLP 的测试，一个 20 位数的数字，只需要 10 秒以内的时间，一个 50 位数的数字，也只需要 15 秒以内的时间，就可以计算完毕。

ARCLP 测试完全可靠。它被称为“普遍用途”，因为它可以使用在任何数字 N 上面。一些质数的测试已经被发明用来检查特定形式的数，比如说对 b 和 n，形如 b^n+1 这种数字。在如此特殊的例子中，它可能可以处理连 ARCLP 测试都无法处理的天文数字。

保　密

在数学之外，找出大的质数由于被发现可用来为不安全的频道加密，如用在电话线路或无线电发射上，而受到瞩目。这里将会大致说明如何操作。

使用一台快速的计算机和类似 ARCLP 测试的这种质数测试，就可以轻松找到两个约 75 位数的质数。计算机也可以将这两个质数相乘，而得到一个 150 位数的合数。现在，假设我们将这个 150 位数的数字拿给一个陌生人，并要求他找出它的质因数。就算我们告诉他这个数字是两个非常大的质数的乘 37
积，他不管用什么计算机，找出正确答案的概率还是微乎其微。因为测试一个 150 位数的数字是否为质数虽然可能只要几秒钟，但是，即便使用最快的计算机，利用已知最好的分解方法，仍需要非常久的时间——一年，甚至十年或一百年——来分解这种大小数字的质因数。

分解大的数字虽然很困难，但却不是因为数学家没有想出聪明的方法才如此。的确，这几年来一些用来分解大数字的极巧妙方法已经被发明出来了。使用今日最强大的计算机，分解一个 80 位数的数字，只要几个小时就能计算完成。因为用试除这种原始的方法，来演算一个 50 位数的数字，可能就需要花费几十亿年，这已经算是一种成就了。不过，虽然最好的质数测试可以计算 1 000 位数的数字，却没有任何已知的分解方法，可以处理这种等级的计算，而且，有些证据显示可能真的没有这种方法存在：分解从本质上来讲，可能是比测试一个数字是否为质数还要困难许多的计算工作。

数学家之所以钻研这种可以证明为质数的数字大小，与可以被分解的数字大小之间的不同的方法，就是为了设计出一种已知最安全的“公开密钥”（public key）密码系统。

这是一种用来加密信息的现代典型密码系统，好让信息可以在不安全的电子传输频道里传送，如图 1.9 中所示。这个系统的基本构成要素是两个计算机程序，一个叫编码机，一个叫译码机。因为密码系统的设计是个高度专业和费时的工作，要为每个顾客都设计一套不同的程序，是不切实际的，而且或许不安全。因此，基本的编码和译码程序通常都是现成的，好让任何人都可以购买。发件人和收件人的安全，是以一组用来译码和编码的数字密钥（numerical key）来达成的。这个数字密钥通常会是一个超过 100 位数的数字。这个系统的安全必须仰赖这个数字的保密。也因为这个原因，这类系统的用户通常会定期更改密钥。

这里明显的问题就是密钥的分配。一方人要怎么将钥匙送给另一方呢？将它由该系统应该保全的电子通信传送，是绝对不可能的。的确，最安全的方法就是将钥匙由一个信任的信差直接拿给对方。这个策略在只有两方人马的
38 时候有效，但是，如果要在世界上所有的银行和贸易公司之间建立安全的通信，却完全无法实行。在这个金融机构和企业的世界里，任何银行或企业都能够和任意一方联络，也许只是片刻的通知，并确信他们的交易安全无虞，是很重要的。

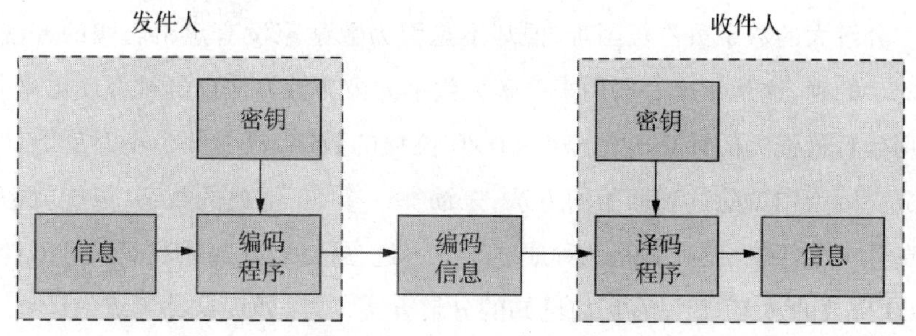

图 1.9 一个典型的密码系统

为了达成这个需求,1975 年,数学家威特菲尔德·迪菲(Whitfield Diffie)和马丁·海尔曼(Martin Hellman)提出公开密钥加密系统(PKS)这个想法。在 PKS 里,每个可能的信息接收者(任何想使用这个系统的人)使用提供的软件,用以生成的密钥不是一支而是两支,也就是编码钥和译码钥。编码钥会被公开在在线的目录里(现在,许多人会在他们全球信息网的首页里提供自己的公开密钥)。任何想寄信息给个人 A 的人只要找到 A 的编码密钥,使用该密钥编码信息,将信息寄出就可以了。之后,A 只要使用自己没和任何人透漏的译码密钥即可。

虽然基本的想法很简单,但实际上设计这种系统可完全是另一回事。迪菲和海尔曼一开始提出的系统,并没有他们想象中的那么安全,不过,不久后,另一个由罗纳德·李维斯特(Ronald Rivest)、阿迪·萨莫尔(Adi Shamir)和伦纳德·阿德曼(Leonard Adleman)所设计的方法,就更为安全坚固许多。这个称为 RSA 的系统,现在正被国际金融界广泛使用(特制的 RSA 计算机芯片可供人购买)。这里稍微提一下 RSA 系统如何运作:

每个公开密钥系统的设计者都会碰到的问题是,编码过程需要将信息伪装到没有译码密钥就无法解读的程度。但是,因为这一系统的本质——任何的加密系统都一样——就是授权的收件人可以解开编码过后的信息,如此一来,这两支钥匙在数学上一定会有关联。的确,收件人的程序和译码密钥会完全地解开发件人的程序和编码密钥,因此,只要一个人知道加密系统如何运 39
作,那么,理论上可以从编码密钥上得知译码密钥是什么(如今,任何想这么做的人都可以找到相关信息)。

这里的手法是,要确保虽然理论上可以从公开的编码密钥上得知译码密钥,但是,实际操作上几乎是不可能的。以 RSA 系统为例,收件人的译码密钥包含了一对大型的质数(比如,各 75 位数),而公开的编码密钥则包含这两个质数的乘积。信息的编码会(多多少少地)对应到两个 75 位数质数的相乘;解码也会(一样多多少少地)对应到这个 150 位数的乘积之分解。这个任务以现在的知识与技术来说,基本上是不可能的(精确的编码和译码过程会牵扯到费马小定理的延拓)。

易猜难证

由于我们都熟悉正整数,亦即自然数,而且因为它们如此简单,以至于极易发现其中的模式。不过,那些对所有自然数都成立的模式经常极难被证明。尤其是,多年来数学家已经提出的有关质数的许多简单猜想,直到今日仍然无解,尽管它具有显而易见的简单性。

哥德巴赫猜想(Goldbach conjecture)就是其中一例。它首先出现于 1742 年哥德巴赫(Christian Goldbach)致欧拉的一封信中。这一猜想指出:每一个大于 2 的偶数都可以写成两个质数的和。试着计算一下,即可显露这对于前几个偶数的确成立:$4=2+2, 6=3+3, 8=3+5, 10=5+5, 12=5+7$,等等。而计算机的搜寻已经核证了符合这一结论的数至少到十亿之多。然而,尽管它的简单性如此明了,到今日为止,这一猜想是真或假,还是无法确定。

另一个无人能够回答的简单问题,就是双生质数(twin primes)问题:存在有无穷多个双生质数吗,这种质数就是彼此相差 2 的两个质数,譬如 3 和 5、11 和 13、17 和 19,或者找大一点的,1 000 000 000 061 和 1 000 000 000 063?

还有一个未解决的问题,最早是由费马同时代的法国僧侣马林·梅森(Marin Mersenne)所提出的。他在 1644 年出版的著作《论物理数学》(*Cogitata Physica-Mathematica*)中叙述说,数字

$$M_n=2^n-1$$

40 对于 $n=2,3,5,7,13,17,19,31,67,127,257$ 都是质数,但是对于其他小于 257 的 n 值都是合数。没有人知道他如何得到这个结论,但是,他的猜测虽未中亦不远矣。台式计算机问世之后,我们终于可以检查梅森的主张,而在 1947 年时,发现了他只有五个错误:M_{67} 和 M_{257} 不是质数,而 M_{61}、M_{89}、M_{107} 是质数。

以 M_n 形式写成的数今天被称为梅森数(字)(Mersenne number)。计算前几个梅森数,可能会让人以为当 n 是质数时,M_n 都是质数:

$$M_2=2^2-1=3, \quad M_3=2^3-1=7,$$

$$M_5 = 2^5 - 1 = 31, \quad M_7 = 2^7 - 1 = 127。$$

这些都是质数。不过,之后这一模式就不成立了,因为 $M_{11} = 2\,047 = 23 \times 89$。在那之后,接着的梅森质数是 M_{31},M_{61},M_{89},M_{107} 和 M_{127}。

这里的例子得到的是刚好相反的结论:只有当 n 是质数的时候,M_n 才会是质数。要证明这个断言只需要用到一点初等代数学。因此,在寻找梅森质数时,只要看看 n 本身是质数的梅森数 M_n 即可。

另外一个因为数值证据可见而使得许多人都曾经想要做的猜测就是,当 n 本身是梅森质数时,M_n 也是个质数。这个模式直到梅森质数 $M_{13} = 8\,191$ 之前都成立,不过,$M_{8\,191}$ 这个 2 466 位数则是个合数。

寻找梅森质数的任务,因为有了一个简单、可靠以及计算上能高效率确认一个梅森数是否为质数的方法,而变得简单了许多。它被称为鲁卡-列马测试(Lucas-Lehmer test),根基于费马小定理。和 ARCLP 测试的不同之处在于,鲁卡-列马测试只对梅森数有效。另一方面,在 ARCLP 测试只能计算大约 1 000 位数左右的数字时,鲁卡-列马测试已经可以用来计算一个几乎百万位数的梅森数是否为质数:$M_{3\,021\,377}$。

这个巨大的梅森数在 1998 年被一位加州的十九岁数学爱好者罗兰德·克拉克森(Roland Clarkson)证实为质数。克拉克森利用一个从全球信息网上下载,并在自家计算机上执行的程序一路算到有记录的书籍里面。他的质数刚好有 909 526 位数,是第 37 个被发现的梅森质数。

一个几乎一百万位数的数字到底有多大呢?老实写出来的话,它可以填满一本 500 页的平装书,可以延伸将近 2.5 千米;每天讲 8 小时的话,需要一个月的时间才能说完。

克拉克森的计算机花了两个星期才完成证明这个数字是质数的计算。为 41
了确保计算是正确的,克拉克森请资深质数猎人戴维·斯洛文斯基(David Slowinski)检查答案。为克雷研究机构(Cray Research)工作的斯洛文斯基,是发现质数位数的前纪录保持人,他使用 Cray T90 超级计算机来重复该计算。

克拉克森是四千多位愿意利用他们计算机的空余时间来寻找梅森质数的

爱好者之一,也是 GIMPS,亦即因特网梅森质数大搜索(Great Internet Mersenne Prime Search)的成员之一。GIMPS 是由住在佛罗里达州奥兰多的程序设计师乔治·沃特曼(George Woltman)所策划推动的全球计划,他也是撰写和提供软件的人。寻找破纪录的质数先前都是超级计算机独占的领域,但是,在几千台个别的计算机上执行这一程序,甚至有可能超越世界上最强大的超级计算机。

沃特曼在 1996 年早期发起 GIMPS,也迅速地吸引到大量的爱好者。从小学到高中的老师都曾使用 GIMPS 让学生们对数学感兴趣。英特尔公司现在更会在发布每个 Pentium Ⅱ 和 Pentium Pro 芯片之前使用该程序来测试。

克拉克森的发现是 GIMPS 的第三个成功例子。在 1996 年 11 月,GIMPS 的法国成员乔尔·阿蒙加(Joel Armengaud)找到破世界纪录的梅森质数 $M_{1\,398\,269}$,接着,1997 年英国的戈登·斯彭斯(Gordon Spence)更以 $M_{2\,976\,221}$ 超越了前者。

我们不知道梅森质数是否有无限多个。

费马大定理

关于数字,除了我们刚刚提到的问题之外,还有许多可以简单说明,却难以解答的问题。毫无疑问,最有名的非费马大定理莫属。费马大定理和勾股定理在数学里应该是最有名的两个定理。但是,要等到 1994 年,在经过逾三百年的努力之后,人们才证明费马大定理是成立的。由当时声称已经成功证明的费马所提出,这个定理所以得名,乃是因为它是费马数学著述中最后没有被发现证明过程的结论。

这个故事起自 1670 年,也就是费马死后五年。他的儿子塞缪尔(Samuel)整理父亲的笔记和信件,想要将它们出版。在这些文件中,他找到一本丢番图的《算术》,由克劳德·巴谢(Claude Bachet)编辑,并且是在原本的希腊原文之
42 外增加了拉丁文翻译的 1621 年版。就是这个版本使得丢番图的研究得到欧洲数学家的注意,而从费马在空白地方写下的各个评论来看,这个伟大的法国业余数学爱好者,是由研读这位公元 3 世纪的大师而发展出对数论的兴趣的。

费马在众多空白页里留下的评论之中,有四十八个复杂、时而重要的观察结果,而塞缪尔则决定要出版一个新版本的《算术》,其中包括他父亲的所有笔记作为附录。在塞缪尔称为“丢番图之考察”(Observations on Diophantus)的父亲评论里第二则,是费马写在《算术》第二卷问题 8 旁边的内容。

问题 8 问道:“给定一个平方数,将它写为其他两个平方数之和。”以代数来表示,这个问题是说: 对于任何数 z,找出其他两个数 x 和 y 让

$$z^2 = x^2 + y^2。$$

费马的笔记如下:

> 另一方面,一个立方无法写成两个立方的和,四次方也无法写成两个四次方的和,甚至任何乘幂大于二的次方数,都无法写成其他两个同样乘幂的次方数之和。我想到了一个卓越非凡的证明,只是这个空白处太小,我写不下。

将这段文字写成现代算式,费马声称的就是在

$$z^n = x^n + y^n$$

这个等式里,在 n 大于 2 的情况之下没有整数解(数学家会忽略当其中一个未知数为 0 时的情况)。

也因此这个传说一直延续到 1994 年的下半年,其中数学家一个接一个,不管是职业的还是业余的,都企图提出证明——也许是费马真的发现的那一个。事实上,费马一开始可能就想错,并在之后发现自己的错误。毕竟,他的空白页笔记本来就不是要拿来出版用的,所以,他在自己的逻辑里找到错误的时候,也不会特地回去将笔记消除掉。当然,当该证明终于获得时,它使用到很多(多到我必须要在此书的后半,才能给你们该证明的概略)费马时代还未知的数学知识。

但是,不管费马是否真的找到了证明,这故事真是令人无法抗拒: 一位 17
世纪的业余数学家声称解开了一个在后来三百年间,世界上无数个最好的数 43

学专家尚无法解开的问题。如果再加上费马大多数的声明都正确无误这一事实,以及该陈述本身简单到连孩童都了解的程度,费马大定理会如此有名,也就毫不令人意外了。许多颁给第一个找出证明的人的奖金,更是加强了它的吸引力:1816 年,法国科学院(French Academy)提供了金牌和奖金;1908 年哥廷根的皇家科学院(Royal Academy of Science in Göttingen)更提供了另一笔称为沃尔夫斯凯尔奖(Wolfskell Prize)的奖金(在 1997 年终于颁出的时候,价值约五万美金)。

就是难以证明这一点,使得该定理迅速成名。事实上,费马大定理在数学上或者是每日的生活之中,都没有什么延伸的结果。在写下空白页笔记时,费马只是单纯地观察到,一个对二次方成立的特殊数值模式对更高次方不成立而已,这种兴趣纯粹只是学术性的。如果该议题被迅速证实,那么,他的观察也就不过是之后教科书里的补充说明罢了。

不过,如果这问题早期就被解答出来,那么,数学世界可能不会像现在这么丰富,因为为了解决这个问题的许多尝试,又带出了更多数学概念和技巧的发展,而这些对于数学的重要性,远比费马大定理本身来得重要。当证明终于被英国的安德鲁·怀尔斯(Andrew Wiles)完成时,它只是一系列非凡新成果开创的全新领域中,一个"简单的结论"。

费马的传说开始

正如前述,在丢番图的《算术》里,一切事情的开端就是要找到等式

$$z^2 = x^2 + y^2$$

的整数解。这个问题很明显和勾股定理有关,可以运用几何方式改写:所有直角三角形的边长都有可能是整数吗?

对于这个问题,众所周知的一个答案,就是三个一组的 $x=3, y=4, z=5$:

$$3^2 + 4^2 = 5^2。$$

44 这个答案早在古老的埃及就被知道了。事实上,有人声称远在公元前 2000 年

的埃及建筑师利用了“有边长3,4,5的三角形是直角三角形”此一事实,来建造建筑物里的直角。根据这个声称,他们会先将12截一样长的绳子绑成一个圈。然后,将一个结放在想构筑直角的地方,他们会将绳子拉紧,形成一个两边长分别为三和四等分的三角形,如图1.10。这样得到的三角形一定就是直角三角形,他们也就得到了想要的直角。

事实上,这个手法并不是勾股定理的应用,而是它的逆命题:如果一个三角形的边符合等式

$$h^2 = a^2 + b^2,$$

那么,和边长 h 相对的边即是一个直角。这是《几何原本》里的命题Ⅰ.48。勾股定理本身是命题Ⅰ.47。

那么,“3,4,5”是唯一的解答吗?我们很快就能发现当然不是。在找到一个解答之后,很快地就会得到一系列无穷多的答案,因为我们可以将第一个解答的三个数字乘以任何一个数字,得到的答案也会是另一个解答。因此,从“3,4,5”的解答,我们可以得到 $x=6, y=8, z=10$ 和 $x=9, y=12, z=15$ 等这些答案。

我们可以透过寻找和这三个数没有公因数的方式,来排除这种从旧答案计算出新解的无聊方法。这类的解我们通常称为原始解(primitive solutions)。

假设我们只允许原始解,那会有“3,4,5”以外的答案吗?同样地,答案也
是众所皆知的:三个一组的 $x=5, y=12, z=13$ 就是一组原始解,$x=8, y=15$, 45
$z=17$ 是另外一组。

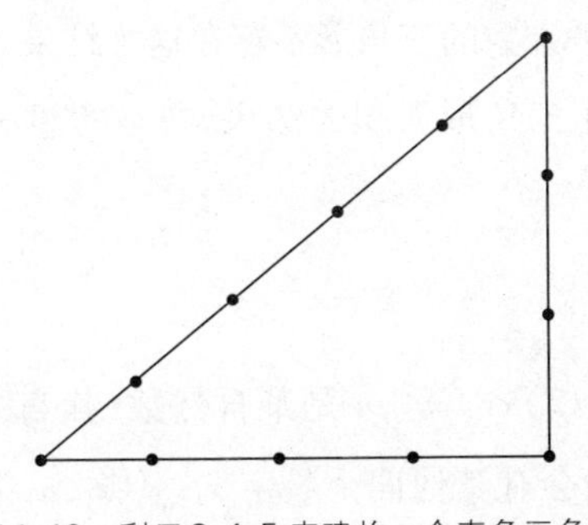

图1.10 利用3,4,5来建构一个直角三角形

事实上,原始解有无限多,而欧几里得的《几何原本》里,就以所有原始解的一个精确的模式形式,彻底地解决了这个问题。公式

$$x = 2st, \quad y = s^2 - t^2, \quad z = s^2 + t^2,$$

即可以产生原等式的所有原始解,而 s 和 t 在所有自然数中变化,并使得:

1. $s > t$。
2. s 和 t 没有公因数。
3. s 和 t 里其中一个是偶数,另外一个是奇数。

除此之外,任何原始解都会是某个数值 s 和 t 的上述形式。

回到费马大定理,的确有些证据显示针对 $n = 4$ 的情况,费马做过有效的证明。也就是说,费马有可能证明了下列方程式

$$z^4 = x^4 + y^4$$

没有整数解。在"大定理"的论证过程中,少有地保留了一段费马对以下论据的完整证明:边长都是整数的直角三角形的面积,不可能是一个整数的平方。从这一巧妙论证的结果,费马能够推演下列方程式

$$z^4 = x^4 + y^4$$

不可能有整数解,而且,我们也可以合理假设他是特别为了推演自己的"大定理",而建立了面积为平方数的三角形不存在这个结果。

为了要建立他关于三角形面积的结果,费马的想法是证明:如果有自然数 x, y, z 使

$$z^2 = x^2 + y^2。$$

然后,额外假设如果 $(1/2)xy = u^2$, u 是某自然数(换言之,如果三角形的面积是个平方数),那么,就会有其他四个数字 x_1, y_1, z_1, u_1 彼此满足同样关系,而且 $z_1 < z$。

那么,我们就可以应用同样的论证,来产生四个新数字 x_2, y_2, z_2, u_2,也一样彼此满足同样关系,同时 $z_2 < z_1$。

而这个过程可以无止境地继续下去。尤其,我们会得到无尽序列的自然 46
数 $z, z_1, z_2, z_3, \cdots$,使得

$$z > z_1 > z_2 > z_3 > \cdots。$$

但是,这样的无尽序列是不可能的:这个序列迟早会降到 1,然后它就会停止。也因此不可能有 x, y, z 这种特质的数字,这也是费马想证明的一点。

基于明显的理由,这个证明的方法被称为费马无限下降法(Fermat's method of infinite descent)。它和现今的数学归纳法密切相关,是一种用来确认与自然数有关的许多模式的有力方法,我会在下一节里略为概述。

在指数 $n = 4$ 的例子已经被建立的情况下,数学家们很快就注意到如果费马大定理对所有质指数都成立的话,那么,对于所有指数也都会成立。因此,大定理的证明者将要面对的问题,就是任意质指数的情况。

第一个在这个方向取得进展的人是欧拉。在 1753 年,他声称已证明出 $n = 3$ 的结果。虽然他出版的证明里有一个基本的错误,我们还是将此成果归功给他。欧拉证明的问题,就是它必须仰赖一个在论证过程中所做的有关因式分解的特定假设。虽然这个假设在 $n = 3$ 时确实可以被证明,但是,和欧拉的假设刚好相反,并非对所有的质指数该假设都成立。事实上,正是这种细微却无效的假设,拖累了之后许多人证明费马大定理的企图。

1825 年,彼得·古斯塔夫·勒热纳·狄利克雷(Peter Gustav Lejeune Dirichlet)和阿德利昂·玛利·勒让德(Adrien-Marie Legendre)以延伸欧拉论证的方式,证明了指数 $n = 5$ 时的费马大定理成立(他们的版本回避了欧拉碰到的因式分解陷阱)。

接着,在 1839 年,加百列·拉梅(Gabriel Lamé)也是使用一样的方法证明了当 $n = 7$ 的结果。到这个阶段,论证已经变得更加错综复杂,要解开下一个 $n = 11$ 的例子,看起来更是毫无希望可言(即便有这种零碎的进步也不可能解开这整个问题就是了)。

为了更进一步,我们需要发现证明里面会出现的某种一般模式,一种突破既有框架以便看到整体的方法。德国数学家恩斯特·库默尔(Ernst Kummer)在1847年便是这么做的。

库默尔察觉到某些质数会显现出一种他称之为规律性(regularity)的模
47 式,可以帮助完成费马大定理欧拉型的证明。凭借这种规律性的新特性,库默尔成功地证明了费马大定理对于所有是规律质数(regular prime)的指数 n 都成立。在小于100的质数里,只有37、59和67不是规律的,因此库默尔一口气证明了大于2而小于36的所有指数,以及除了37、59和67以外,小于100的质指数,都能使费马大定理成立。

有许多不同却完全等价的方法,可用来鉴定到底规律指数是什么,但是,它们全都会牵扯到一些相当先进的数学概念,所以,我在这里不会给出任何定义。我只会单纯地说,到了20世纪80年代末期,计算机在寻找到4 000 000时,显示大部分的质数都是有规律的。除此之外,比4 000 000小的非规律质数(nonregular prime),看起来也会满足一个类似规律性却没那么有力的特性。故而,这还是蕴含了费马大定理对这些指数的成立。因此,在20世纪90年代初期,费马大定理对于4 000 000以内的所有指数都成立。

这里我们得暂时和费马大定理告别。我们会在第六章时回来继续讨论它,我也会说一个在1983年完成的令人惊异的发现,那毫无疑问是继库默尔之后最重大的进展。我也会描述一些在1986到1994年间发生,让人意想不到而且非常戏剧化的事件,为费马大定理这个历经逾三百年的传说画下句点。至于暂缓说明这两个发展的理由——真的是几章之后呢——是因为其本身就是鲜明的例子,说明数学乃是寻找和研究模式的学问。1983年的发现和1986到1994年间的事件,皆是由于研究本质非常不同的模式——不是数字模式,而是形状和位置的模式,以及按根本方式涉及无限的模式——而出现的。

骨牌效应

在结束本章之前,让我先完成之前答应的事情,也就是来谈一谈数学归纳法。（还记得在检视费马无限下降法〔第 49 页〕时，我提到过费马的聪明手法和归纳有关。）

数学归纳法是数学家兵工厂中最有力的武器之一。它让我们能仅凭两件证据，就推断出一个模式对所有自然数都成立。想想这个生产率：只要证明两个成果，就可以推演出和无限多个自然数有关的结论。

我们能以一种称为“骨牌论证”的方式，直觉性地欣赏这个方法。假设我
们将骨牌站立竖直一列。使 $P(n)$ 成为“第 n 个骨牌倒下来”的缩写。现在，让 48
我试图说服大家，在特定的情况下，整列的骨牌都会倒下：也就是 $P(n)$ 对于所有 n 都成立。

首先，我会说每个骨牌放置的距离都是够近的，因此，如果一个倒下了，它就一定会撞倒下一个。以我们的缩写来表示，我会说假设 $P(n)$ 对于任何 n 都成立，那么，$P(n+1)$ 也成立。这是第一条信息。

再来呢，我会说第一个骨牌被撞倒了。以我们的缩写来表示，我会说 $P(1)$ 成立。这是第二条信息。

以这两条信息为基础，我们可以明确地推导出整列的骨牌都会倒下。也就是说，我们可以推断 $P(n)$ 对所有 n 都成立（因为每个骨牌都会被前一个撞倒，接着也会撞倒下一个，见图 1.11）。

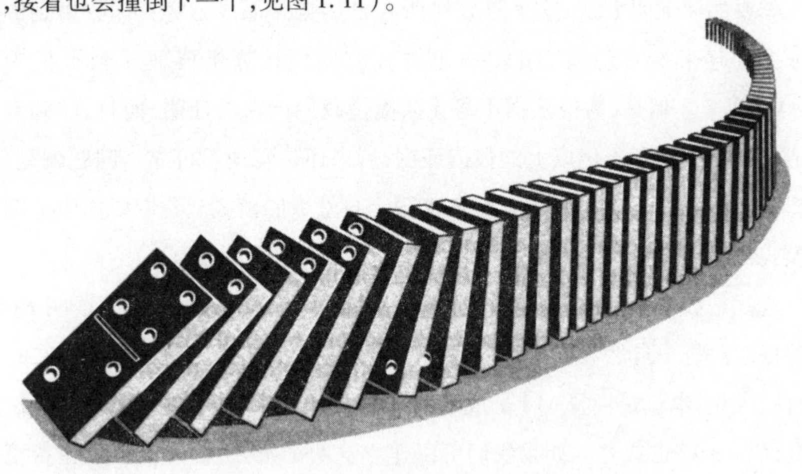

图 1.11　推倒骨牌：数学归纳法证明背后的理念

当然，在现实生活中，这一列骨牌是有限的。但是，一模一样的想法在一个更抽象的环境之下，也是可行的；也就是说，缩写 $P(n)$ 会涉及其他的事件，对所有自然数 n 都成立，而不只是骨牌倒下而已。一般的想法是这样的。

假设你注意到一个姑且称为 P 的模式，对所有自然数 n 都成立。举例来说，也许在相加更多更大的奇数时，你注意到前 n 个奇数的和似乎都是 n^2：

$$1+3=4=2^2,$$
$$1+3+5=9=3^2,$$
$$1+3+5+7=16=4^2,$$
$$1+3+5+7+9=25=5^2,$$
$$1+3+5+7+9+11=36=6^2,$$

等等。

49 你合理怀疑这个模式会永远继续下去；也就是说，你怀疑对于每个自然数 n，以下的等式会成立：

$$1+3+5+\cdots+(2n-1)=n^2,$$

我们称这个特定的等式为 $P(n)$。

你要如何证明 $P(n)$ 这个等式对所有自然数 n 都成立呢？你收集到的数值证据看起来挺有说服力的——也许我们使用计算机核证 n 到十亿为止 $P(n)$ 都成立。但是，数值证据本身无法提供我们严密的证明，而且，的确有几个情况其中虽然有十亿以上的数值证据，后来还是发现不可靠。问题就是，我们想要核证的模式 P 是个包含全部无限个自然数的模式。我们要如何证明一个模式对无限多个对象都成立呢？想来当然不是逐个检查了。

这就是数学归纳法出场的时候了。就像一列骨牌一样，为了要证明 $P(n)$ 这种特性对每个自然数 n 都成立，我们只要证明两件事：第一，$P(n)$ 在 $n=1$ 的时候成立，也就是说，$P(1)$ 是成立的；第二，假设 $P(n)$ 对任意数 n 也成立，那么，$P(n+1)$ 也成立。如果我们可以建立这两个条件，就可以不用花费更多的力气，断定 $P(n)$ 对所有自然数 n 都成立。

利用归纳法,我们可以明确地核证上面的特定模式 $P(n)$。当 $n=1$ 时,这个等式表示为

$$1=1^2。$$

这结果是极其显然的。现在,假设这等式对一个任意数 n 也成立。(这就像是假设第 n 个骨牌倒下了。)就是说,假设

$$1+3+5+\cdots+(2n-1)=n^2,$$

$(2n-1)$之后的下一个奇数是$(2n+1)$。将这个数字加到这上面等式的两边会得到

$$1+3+5+\cdots+(2n-1)+(2n+1)=n^2+(2n+1),$$

根据初等代数,等式右边的式子可以简化成$(n+1)^2$。因此,我们可以将最后的等式改写成

$$1+3+5+\cdots+(2n-1)+(2n+1)=(n+1)^2,$$

这正是等式 $P(n+1)$。因此,以上的代数论证证明,如果 $P(n)$ 对于某些 n 成
立,那么,$P(n+1)$ 也会成立(也就是说,我刚刚给出的小小代数论证,可以比 50
喻为我展示第 n 个骨牌和第 $n+1$ 个骨牌够接近,以至于能撞倒它)。

因此,由数学归纳法,我们可以断定 $P(n)$ 对所有自然数 n 来说都成立。

这可是真的力量。我们绝对无法逐一核证在下面等式里的所有单一例子:

$$1+3+5+\cdots+(2n-1)=n^2。$$

类似此等式的例子有无限多个。不过,基于以上证明,你可以绝对地知道,每一个这样的等式都是成立的。

因此,归纳法提供给数学家一种建立特定模式对所有自然数 n 都成立的方法,而这将会带我们进入纯数学(这里的“纯数学”和应用数学相对)的真正核心。纯理论的数学家喜欢建立模式。当一位数学家观察到某种特性对前十、前一百,或者前一千个自然数都成立时,他自然会想到的问题是,这个特性

对所有的自然数都成立吗？观察到的这个结果代表一般性的模式吗？任何数量的计算检查都无法回答这个问题——毕竟，就算检查前一百万个例子成立仍然没有实质帮助，如此做只会显示该模式对前一百万个自然数都成立罢了。这类证据可能会加深我们的信心，认为的确有个一般性的模式，但是，却不能构成证明。也许该模式会在数字 1 000 001 时不成立。曾经有许多模式被计算机检查了超过百万个例子，而之后还是在没有检查到的地方，发现该模式并不成立。当然，对于某些应用来说，我们只要知道一个特殊的性质对前五百万个自然数都成立就可以了。如果是这样，那用计算机来检查这前五百万个例子当然是可以的。但是，对纯理论的数学家来说，那并不是数学，只是计算而已。数学是一门寻找“完美”模式的学问。为了建立一个模式，数学家必须找到一个证明。归纳法就是可以提供这种证明的诸多方法之一。

第二章　心智的模式

证明无疑

自希腊数学家泰勒斯以降,在数学中证明已经扮演了核心的角色。正是 51
借由证明,数学家确定哪些叙述(statement)(譬如勾股定理)为真,哪些为假。然而证明究竟是什么呢?比方说,在本书第 25 ~ 26 页,有一个针对$\sqrt{2}$不为有理数——亦即它无法表示为两个整数的比——的"证明"。任何人只要细心地顺着它的讨论,思考每一步骤,必定都会发现它完全令人信服——事实上,它的确证明了$\sqrt{2}$是无理数的断言(assertion)。然而,那个特别的讨论和以特定顺序书写的特别的中文句子,究竟如何形成一个证明呢?

这个论证(argument)固然用到一些简单的代数符号,不过,那并不是整件事的症结所在。想要删除其中所有的代数符号,以语言中的词汇和短句取而代之,将会极为简单,而且,其结果仍然是该断言的一个证明——事实上,它还会是一个同样的证明!语言的选择,无论是符号、言辞,抑或图画语言,可能会影响这个证明的长度,或我们能够理解的难易度,然而,它却不会影响该论证是否构成一个证明。按人文的说法,作为一个证明,意思是说它有能力完全说服任何一位受过充分教育、有智能的理性人,而且那种能力必定涉及与该论证
52 有关的某些抽象模式或抽象结构。那种抽象结构是什么,而我们又可以针对它谈论些什么呢?

甚至,说得更通俗一点,同样可以针对语言本身来提问。证明恰好是诸多能以语言表示的事物之一。究竟本页里帮助身为作者的我传达思想给身为读者的您的那些符号是什么?正如证明的例子,同样的思想可以被本书的外文版本所传达,因此,答案同样地必定无关该页的物理或具体事物,抑或特殊语言的使用,而必定关乎该页出现的事物链接起的抽象结构。这个抽象结构究竟是什么?

为人类所拥有、用来理解与利用的抽象模式,不仅在物理世界中被发现,同时,它还涉及我们的思维,以及与他人的相互沟通。

亚里士多德的逻辑模式

最早有系统地描述证明所涉及之模式的是古希腊人,尤其是亚里士多德。这些努力都被归结于我们今日称为亚氏逻辑(Aristotelian logic)的创造(我们并不完全清楚,这一成果究竟有多少可归给亚里士多德本人,多少该归给他的门徒。每当我使用“亚里士多德”这个名字时,我所指涉的,是亚里士多德与他的门徒)。

根据亚里士多德的看法,一个证明,或是理性的论证(rational argument),或(合乎)逻辑的论证(logical argument),包括了一系列的断言,这些断言中的每一个,都可以按照某些逻辑法则(logical rule),从同一系列中的前面一些断言推演得到。当然,这个描述并非完全正确,因为它未曾提供任何方式让证明可以开始:在一个论证中,第一个断言无法遵循其前之断言,因为在该例中,其前之断言并不存在!不过,任何证明都必须依赖某些起始事实或假设,因此,在列举了那些起始假设或至少其中的部分之后,这个证明系列就可以启动(在实际操作上,起始假设可以是明显的或熟悉的,因而可能不会被特别提及。

在此，我将遵循正规的数学实践，并专注于理想情况，呈现出其中的所有步骤）。

亚里上多德的下一步，就是去描述可用以推得有效结论的逻辑法则。为了处理这个议题，他假设任何一个正确的论证（correct argument）都可以构成具有特殊形式的一系列断言，亦即所谓的主谓命题（subject-predicate proposition）。

一个命题（proposition）只不过是一个非真即假的句子（sentence）。亚里士多德考虑的主谓命题，包括了两个对象——一个主词与归属于它的一个性质 53
（property）或谓词（predicate）。这样的命题例子如下：

> 亚里士多德是一个人。
> 所有的人都会死。
> 某些音乐家喜欢数学。
> 没有猪能飞。

你可能也会怀疑，当亚里士多德假设任何有效论证（valid argument）可以分解成一系列这种极简单的断言形式时，他是否正确。答案是否定的。例如，许多数学证明就无法依此分析，甚至当这样的分析可能时，想确实分解这个论证为几个这类的步骤，仍然极其困难。因此，亚里士多德的分析其实并未创设出一个适用于所有正确论证的抽象结构；相反地，他的分析只应用在某些非常局限的有效论证上。

尽管如此，赋予亚里士多德的工作以恒久历史价值的原因在于，他不仅寻找正确论证中的模式，而且还真的找到了一些。他比任何人有意义地推进理性论证模式（patterns of rational argument）研究早了将近两千年。

亚里士多德为了建构一个正确的证明（使用主谓命题）而辨认出的必须遵循的逻辑法则，称为三段论（syllogisms）。这些是从恰好两个断言推演出一个结论的法则。三段论的一个例子如下：

所有的人都会死。

苏格拉底是一个人。

苏格拉底会死。

其中的理念,在于第三个断言(底线之下)由前两个逻辑推演而得到。在这个简单且非常老套的例子中,这个演绎看来虽然很明显,但是的确正确。使得亚里士多德的贡献如此重要的原因在于,他从这样的例子中,抽象出了一般的模式。

他的第一步骤,是从任一特例抽离得到一个通例(general case)。其中的一般性理念如下:令 S 代表任意主谓命题中的主词,P 代表谓词。在"苏格拉底是一个人"这个命题中,S 代表苏格拉底,P 代表谓词"是一个人"。这个步骤极类似运用代数符号如字母 x,y 和 z 取代数字。不过,符号 S 与 P 所代表的分别是任意的主词与任意的谓词,而不是任意的数字。按这种方式消除殊相(the particular),就搭好了舞台让我们可以检视推论的抽象模式。

54 根据亚里士多德的看法,命题中的谓词可以是肯定或否定,譬如

S 是 P　　或　　S 不是 P。

同时,主词也可以量化(quantified),而表现为下列形式:

所有 S　　或　　某些 S。

这两种主词的量化可以结合两种肯定与否定谓词,而给出总共四种量化的主谓命题:

所有 S 是 P。(*All S is P.*)

所有 S 不是 P。

某些 S 是 P。

某些 S 不是 P。

上述第二个如果改写成下列等价形式

没有 S 是 P。

则更容易阅读，而且更符合文法。如果我们将上述第一个写成复数形式

所有 S 都是 P。(*All S are P.*)

则似乎也更符合文法。不过，这个议题在抽象化过程的下一步就消失了，其中这四个三段论缩写成为下列形式：

SaP：所有 S 是 P。

SeP：没有 S 是 P。

SiP：某些 S 是 P。

SoP：某些 S 不是 P。

这些简式将亚里士多德所寻找的命题之抽象模式，表现得十分清楚。

大部分与三段论有关的研究都专注于刚才叙述的四种量化形式上。表面上看，这些形式看起来会忽略前述的一个例子：苏格拉底是一个人。然而，像这样的例子，其中主词是一个单一的个人，的确还是被包括在内。事实上，他们被包括了两次。如果 S 代表所有"苏格拉底们"的集体，且 P 代表"身为一个人的性质"(the property of being a man)，那么，形式 SaP 或 SiP 就捕捉到了 55
这个特别的命题。此处的要点就是：只有一位苏格拉底，因此，下列所有的表述都等价：

"苏格拉底"，"所有的苏格拉底们"，"某一位苏格拉底"。

在日常用语中，这些例子中似乎只有第一种说法是有意义的。但是，这个抽象过程的整个目的，乃是脱离日常语言，并运用这种语言所表达的抽象模式。

忽略个别的主词，转而专注于主词的集体或种类，衍生了进一步的结果：在一个主谓命题中的主词与谓词也许可以互换。譬如说，*所有的人都会死*可能被改为*所有会死的都是人*。当然，这改变后的版本一般而言都将与原来意义不同，且可能为假甚或没有意义；不过，它仍然拥有与原来相同的抽象结构，也就是说，它们的形式都是：*所有的某些物都是某些物*。就被允许的主谓命题而言，稍早列举的四种建构法则是*可交换的*(commutative)：在每一个之中，

词项 S 与 P 可以互换。

在描述了亚氏论证中可以使用的命题抽象结构之后，下一个步骤就是去分析可以使用这些命题去建构的三段论。在一系列三段论中，有哪些有效的规则可以用来构造正确的论点呢？

三段论包括两个初始命题：三段论的前提，以及根据规则，由这两个前提得出的结论。若 S 与 P 被用以代表结论中的主词与谓词，那么，为了让推论得以发生，必须有某个涉及那两个前提的第三物件（the third entity）。这个添加的对象被称为中间项（the middle term），我将以 M 代表它。兹以下例进行说明：

所有的人都会死。
苏格拉底是一个人。
苏格拉底会死。

若令 S 代表苏格拉底，P 代表“会死”这个谓词，则 M 代表“身为一个人”这个谓词。以符号表示，这个特殊的三段论就有下列形式：

$$\frac{\begin{array}{l} MaP \\ SaM \end{array}}{SaP}$$

56 （第二个前提与结论的写法也可以 i 取代 a）。涉及 M 与 P 的前提被称作大前提（major premise），通常写在第一位；另一个涉及 S 与 M 的前提，则被称作小前提（minor premise），写在第二位。

在将三段论的表现方式标准化之后，接着必然会被提及的明显问题是：究竟有多少可能的三段论？

每一个大前提可以写成两种顺序中的一种，M 置首或 P 置首。同理，对小前提而言，也有两种可能的顺序，S 置首或 M 置首。因此，这些可能的三段论

将会落入四个不同的类别——三段论的四个图式(figure)——之中:

Ⅰ	Ⅱ	Ⅲ	Ⅳ
MP	*PM*	*MP*	*PM*
SM	*SM*	*MS*	*MS*
SP	*SP*	*SP*	*SP*

对每个图式,各命题的主词与谓词之间的间隙可以填上 *a*,*e*,*i* 或 *o* 这四个字母中的任一个,如此总共就给出了 $4 \times 4 \times 4 \times 4 = 256$ 种可能的三段论。

当然,并非所有可能的模式都在逻辑上有效,而亚里士多德的主要贡献之一,就是找到了所有那些有效的模式。在所有 256 种可能的三段论中,亚里士多德列出的有效清单,正好是下列十九种(不过,亚里士多德犯了两个错误。他的列表里有两个对象并没有对应到有效推论,本书下一节将会说明)。

图式Ⅰ: *aaa*,*eae*,*aii*,*eio*
图式Ⅱ: *eae*,*aee*,*eio*,*aoo*
图式Ⅲ: *aai*,*iai*,*aii*,*eao*,*oao*,*eio*
图式Ⅳ: *aai*,*aee*,*iai*,*eao*,*eio*

欧拉如何圈出三段论

欧拉运用简单的几何概念,发明了一种优雅的方法来确认三段论是否有效。这种方法被称为欧拉圆圈法(*method of Euler circles*)。这个概念以三部分重叠的圆圈表示,如图 2.1。标记为 *S* 的圆圈区域代表的是所有 *S* 类的对象,以 *P* 和 *M* 标记的圆圈也相同。用来确认三段论的步骤,就是要看看两个前提对应图示里标号 1 到 7 的各区域,各自代表什么。

要说明这个方法,让我们想想之前碰到的例子,也就是三段论法: 57

MaP
<u>*SaM*</u>
SaP

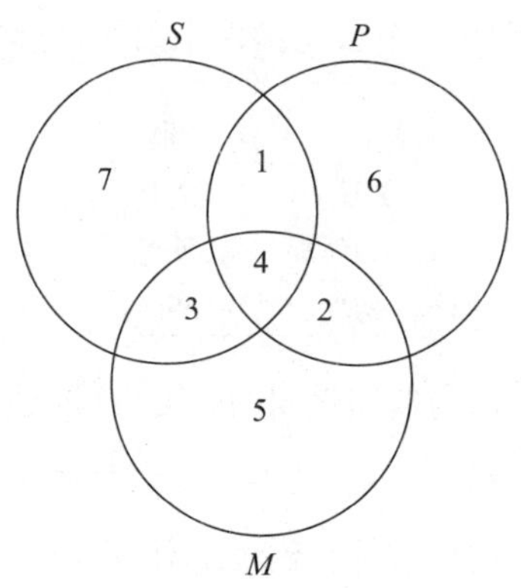

图 2.1　欧拉圆圈

大前提“所有 M 都是 P”表示区域 3 和 5 是空的（所有 M 里面的项目都在 P 里面——也就是说，在标示为 2 和 4 的区域里面）。而小前提“所有 S 都是 M”表示区域 1 和 7 是空的。因此，两个前提结合的效果，就表示区域 1，3，5 和 7 是空的。

现在的目标，就是要构造出一个包含 S 和 P 并且和各区域的数据一致的命题。区域 3 和 7 是空的，因此，在 S 里的任何对象一定会在区域 1 或者区域 4 里，也因此会在 P 里面。换句话说，所有 S 都是 P。而这也证实了这个特定的三段论。

虽然不见得所有的三段论都像这个例子一样容易被分析，但是，其他有效的三段论都可以用这种方式核证。

欧拉圆圈简单易懂，不过，其最卓越之处在于提供了一种关于演绎的几何思考方式。在以上的讨论里，思考模式先是变成了代数模式，然后再变成简单的几何模式。这又一次示范了抽象化数学方法的惊人力量。

我们已经将可能的三段论集体缩小到有效的范围，因此，现在可以更进一步简化亚里士多德的列表，将表内逻辑模式有重复的三段论移除。举例来说，
58 在任何涉及 e 或 i 的命题里，主词和谓词可以在不改变命题的情况下互换，而此种互换都会得到一个逻辑上的重复。当所有多余的模式都被移除之后，就只剩下以下的八个形式：

图式Ⅰ：*aaa*，*eae*，*aii*，*eio*
图式Ⅱ：*aoo*
图式Ⅲ：*aai*，*eao*，*oao*

图式Ⅳ完全消失了。

之前提到过的，亚里士多德列表里的两个无效三段论还存在着。你现在可以看出它们了吗？试着利用欧拉圆圈的方法来检查列表里的每一个论证。如果你找不出这些错误也不用灰心：经过了两千多年这些错误才被曝光。下一节将会解释这些错误如何被修正。解决这议题所花的时间这么久，并不是因为三段论法不受重视。亚里士多德的逻辑论在接下来的几百年间，于人类的学习中获得了崇高的地位。举例来说，在 14 世纪，牛津大学的法令便包含了“不遵从亚里士多德哲学的文学学士和硕士，每有一点分歧就得缴纳五先令的罚款”这样的内容。看吧！

有关思想研究的一种代数进路

自古希腊时代到 19 世纪为止，有关理性论证模式的数学研究，几乎没有进展。亚里士多德之后的第一个重要突破，是英国人乔治·布尔（George Boole）（见图 2.2）登上数学舞台之时发生的，因为他找到了一种将代数学应用于人类推论的方法。

1815 年生于爱尔兰东英吉利（East Anglia）的布尔完成数学的成熟历练之时，恰好是数学家开始理解代数符号可以用来表示数字以外的对象，以及代数方法可以应用在寻常算术之外领域的时候。比如，在 18 世纪末，我们看到了复数算术（一种实数的延拓，我们会在第三章碰到）的发展，以及赫曼·格拉斯曼（Hermann Grassmann）有关向量代数的发展（一个向量就是一个同时具有数量和方向的对象，如速度或力。向量可以同时用几何和代数的方法来研究）。

布尔试图着手建构以代数的方式捕捉想法的模式。尤其是，他寻找一种 59
可以将亚里士多德三段论逻辑化为代数处理的方法。当然，如同我刚刚做的一样，将亚里士多德自己的分析用代数符号表现出来，是再简单不过的事了。

图 2.2　乔治·布尔(1815—1864)

但是,布尔却更进一步:他提供了一种用代数处理逻辑的方式,使用的不只是代数记法,更加入了代数结构。他特别指出如何用他的代数写出等式,以及如何解它们——然后说明这些等式和解答在逻辑的术语里是什么意思。

布尔将他这个杰出的分析发表在 1854 年出版的《思想律则之研究》(*An Investigation of the Laws of Thought on Which are Founded the Mathematical Theories of Logic and Probabilities*)里,通常简称为"思想律则"(*The Laws of Thought*)。这本重要的书奠基于布尔很早之前的一本并不怎么有名的专著《逻辑的数学分析》(*The Mathematical Analysis of Logic*)之上。

《思想律则》的第一章开头写道:

> 以下专著的构思,是要检视心智执行推论运作的基本原则;以计算的符号语言来表示它们,然后,以此为基石建立逻辑的科学,并且构造它的方法。

布尔逻辑的出发点和欧拉圆圈法的概念是一样的，也就是：将命题视为处理对象的类或集合，然后，运用那些集合来进行推论。举例来说，命题“所有 60
的人都会死”可以思考为“所有的人”的类是“都会死（的东西）”的一个子类（或子集合，或者部分）。换句话说，“所有的人”这个类的所有成员，皆是“都会死（的东西）”这个类的成员。不过，布尔并没有在这些类的成员层次上寻找结构，而是集中注意力在类本身，发展一种有关类的“算术”。他的想法既简单又优雅，并在之后得到了极为有力的证实。

首先，以字母来表示对象的任意集体，比如说 x, y, z。将 x 和 y 共有的对象集合写成 xy，然后用 $x+y$ 来表示 x 或 y 或者两者都是的集合（事实上，在定义“相加”的运算时，布尔将 x 和 y 没有共同成员的例子和有重复成员的例子做了区分。现代的处理方法——本书也是如此——通常不会做此区分）。

令 0 代表一个空的集合，并使 1 代表所有对象的集体。因此，等式 $x=0$ 表示 x 没有任何成员。不在 x 里的所有对象的集体即可写成 $1-x$。

布尔观察到他的新集体的“算术”具有以下特性：

$$x+y=y+x \qquad xy=yx$$

$$x+(y+z)=(x+y)+z \qquad x(yz)=(xy)z$$

$$x(y+z)=xy+xz$$

$$x+0=x \qquad 1x=x$$

$$2x=x+x=x \qquad x^2=xx=x$$

前五个等式和寻常算术的特性类似，其中，布尔以字母代表数字：它们是两个交换律，两个结合律，还有一个分配律。

下两个等式指出 0 是个“相加”的等式运算（identity operation）（也就是说，布尔的 0 和数字的 0“行为”是一样的）。然后，1 则是“相乘”的等式运算（亦即，布尔的 1 和数字的 1“行为”是一样的）。

在第一次看到最后两个等式时，会觉得非常怪异——它们对于寻常算术来说，的确是不成立的。它们被称为幂等律（idempotent laws）。

在现在的术语里，任何对象的集体，以及任两种作用于它们的运算（“相乘”和“相加”），并遵守以上所有等式，即称为布尔代数（Boolean algebra）。事实上，刚刚描述的系统并不完全是布尔本人想出来的，尤其是从他处理“相加”
61 的方式来看，他的系统并不包括相加的幂等律。就像数学领域里——甚至各行各业——常常发生的事情一样，任何人都有改进一个好想法的机会；而在这里，布尔的系统接着被修改成我们描述的这样。

布尔的代数式逻辑提供了一种优雅的方法，来研究亚里士多德的三段论。在布尔的系统里，亚里士多德考虑的四种主谓命题可以写成这样：

$$SaP：s(1-p)=0$$
$$SeP：sp=0$$
$$SiP：sp\neq 0$$
$$SoP：s(1-p)\neq 0$$

将三段论法写成这样的好处就是：使用简单的代数，便可以确定哪个是有效的。举例来说，一个三段论证有以下两个前提：

所有的 P 是 M。

没有 M 是 S。

将这些以代数形式写出，我们会得到两个等式：

$$p(1-m)=0,$$
$$ms=0。$$

以寻常代数来看，第一个可以改写成这样：

$$p=pm。$$

然后，互换一下让等式只剩下 p 和 s（结论不得包含中项），我们会发现

$$ps=(pm)s=p(ms)=p0=0。$$

以文字表示则为：

没有 P 是 S。

布尔的逻辑就这么简单。一切事物都被化约成初等代数,只是符号代表的是命题而非数字(就如同格拉斯曼能将有关向量的论证化约成代数一样)。

利用布尔的代数逻辑,亚里士多德原本的三段论里的两个错误终于被发
现了。两个被亚里士多德视为有效的图式,事实上是无效的。它们都在第三 62
个图式 *aai* 和 *eao* 里。

以文字来表示,第一个图式是说:

所有的 M 是 P。

所有的 M 是 S。

某些 S 是 P。

写成代数,它看起来会是这样:

$$m(1-p)=0,$$

$$m(1-s)=0,$$

$$sp\neq 0。$$

于是,问题就成为:第三个等式会从前面两个导出吗?答案是否定的。如果 $m=0$,那前两个等式都成立,不管 s 和 p 代表的是什么。结果是,在两个前提都是真的情况下,结论也有可能是假的,因此,该图式无效。

同样的事情也发生在另外一个亚里士多德错误分类的三段论上。

当 $m\neq 0$ 时,这两个三段论法都行得通,倒是真的。而这无疑也说明了为什么这一错误一千多年来都没被发现。当我们凭借着文字,譬如谓词来思考时,我们自然不会想到其中一个谓词描述的是否为一件不可能的事。但是,当我们只操作简单的代数等式时,检视该项是否为零,不只是自然举动,对数学家来说,甚至是他们的第二天性。

重点是,将逻辑的模式改写成代数的模式并没有改变这些模式的本质,不过却会改变人们思考这些模式的方法。在一个架构底下看起来不自然且困难

的问题，在另一个架构之下可能很自然且简单。在数学以及其他各行各业里，重要的通常都不是你所说的是什么，而是你言说的方式。

研究逻辑的原子进路

布尔的代数系统成功了，而且是非常成功地捕捉到了亚里士多德的三段论逻辑。不过，它的重要性却不只是这样而已。

尽管有着所有内禀的意义，亚里士多德的系统实在是太窄了。虽然许多
63 论证都可以重新改写成一系列的主谓命题，但这通常并不是用来表示论证的最自然的方法。除此之外，许多论证实在无法放到三段论法的模块（syllogistic mold）里面去。

自从布尔大胆地将代数应用到推论的模式上之后，逻辑学家在寻找推理模式时使用的进路变得更为广泛。他们接受任何命题，而非研究和特定命题有关的论证（就像亚里士多德做的一样）。这么做的同时，他们复苏了一种由亚里士多德的竞争对手斯多葛学派（the Stoics）所发展，但已遭遗忘许久的逻辑进路。

在斯多葛派的进路中，你以一些基本、未经过分析的命题作为起点。关于这些命题你唯一了解的是：它们*就是*（are）命题；也就是说，它们的叙述不是真的就是假的（虽然一般来说，你并不知道是哪个）。一些精确限定的规则（概述如下）使你可以将这些基本的命题结合成更为复杂的命题。于是，你将分析包含一系列这些合成命题的论证。

今天我们这个系统将称为*命题逻辑*（propositional logic）。它非常抽象，因为它所找到的逻辑模式完全没有脉络（或上下文）。这个理论完全独立于各种命题所涉及的事。它和物质的分子理论非常相像，也就是说，你将分子视为由不同的原子组成，但是，你不去分析这些原子，而专注于它们如何组合在一起这个问题上。

就像亚里士多德的三段论逻辑一样，命题逻辑同样也有限制太多这个

缺点；不过，毕竟不是所有论证都属这一类。但是无论如何，非常多的论证可以运用命题逻辑来分析。除此之外，利用这一进路所发现的逻辑模式，为数学证明的概念，以及一般的逻辑演绎，提供了相当可观的洞见。因为这一理论独立于各种命题的指涉，所以其中发现的模式，就是纯粹（pure）逻辑的模式。

我们今日用来合并命题以获得更复杂之合成命题的大多数规则，斯多葛派基本上都曾经考虑过（之后，布尔也想到过）。不过，我将在这里提出的描述，考虑了之后许多年几经改善的版本。

我们对于一个命题所知道的唯一事实，就是它非真即假，因此，“真理”（truth）和“假伪”（falsity）这些概念在这个理论里举足轻重，也就一点都不令人意外了。命题被合并时出现的逻辑模式，就是有关真理的模式（pattern of truth）。

举例来说，一种合并命题的方法就是合取（conjunction）的运算：给定命题 p 和 q，建立新命题〔p 且 q〕。例如，*约翰喜欢冰淇淋*以及*玛莉喜欢菠萝*这两个命题的合取，就是复合命题*约翰喜欢冰淇淋和玛莉喜欢菠萝*。 64
一般来说，对于复合命题〔p 且 q〕，我们所能希望知道的事就是，给定 p 和 q 的真假地位（truth status）时，复合命题〔p 且 q〕的真假地位为何。思考一下，就会想到适当的模式。如果 p 和 q 两个都是真的，那么，合取〔p 且 q〕就会是真的；如果 p 和 q 其中一个或两个都是假的，那么，〔p 且 q〕就会是假的。

也许用表格形式来表示这个模式，亦即我们所说的真值表（*truth table*），最为清楚不过。这里有合取和其他三种命题运算，即析取（disjunction）〔p 或 q〕、条件（the conditional）〔$p \rightarrow q$〕，以及否定（negation）〔非 p〕的真值表。

p	q	p且q
T	T	T
T	F	F
F	T	F
F	F	F

p	q	p或q
T	T	T
T	F	T
F	T	T
F	F	F

p	q	$p \to q$
T	T	T
T	F	F
F	T	T
F	F	T

p	非p
T	F
F	T

在这些表里,T 代表的值是“真的”,而 F 代表的值是“假的”。按列来读,每个表指出的,就是复合命题的真值取决于其各自成分的真值。这些表提供了这些逻辑运算的形式定义。

表里面最后的“非 p”是不释自明的,不过,其他的两个则需要解释一下。在我们的日常语言里,“或”这个字有两个意义。它的意义可以是不兼容的,比如说“这扇门是锁着的或不是锁着的”。在这个例子里,这两个可能性里面只有一个是真的。除此之外,它也可以是兼容的,比如说“等一下会下雨或下雪”。在这个例子里,有两者都会发生的可能。在日常沟通里,人们通常要依赖上下文来明白表达自己的想法。但是,在命题逻辑里并没有上下文,只有赤裸裸的真或假而已。因为数学需要无疑义的定义,所以,数学家必须在制定命题逻辑的规则时做出选择,而他们所选择的是兼容性的版本。我们可以在析取的真值表里,看到他们的决定。因为以兼容性的“或”以及其他逻辑运算来表示不兼容的“或”,是一件很简单的事;做出这个特别的决定,并不会造成什么损失。不过,这并非随意决定的选择。数学家选择了兼容性的“或”,是因为
65 它所衍生出的逻辑模式,和我们上一节所叙述的布尔代数非常相似。

没有通用的英文字可以直接对应到条件运算(conditional operation)。它和逻辑蕴含(logical implication)相关,因此,“蕴含”应该是意义上最接近的字。

但是，条件并没有完全捕捉到蕴含的概念。蕴含会牵涉到某些因果关系；如果我说 p 蕴含 q（"若 p，则 q"的另一种说法），你就会了解 p 和 q 之间会有某种联结。但是，命题逻辑的运算完全定义在真理和假伪之上，而这个定义方法对于捕捉蕴含的概念，还是太狭隘了。借由捕捉到两种由蕴含衍生出的有关真理的模式，条件蕴含已尽其所能了：

- 如果 p 蕴含 q，那么，就可以从 p 为真导出 q 为真。
- 如果情况是 p 为真而 q 为假，那么，就不可能有 p 蕴含 q 的情况发生。

这些考虑给出了条件蕴含真值表的前两行。表里所剩下的，即两个 p 是假的例子，是按导出最有用理论的惯例来完成的。这里提供了一个例子，在其中你是被一个数学的模式，而非存在于真实世界里的模式所引导。

因为各式各样的逻辑运算纯粹以它们有关真理的模式来定义，假设两个合成命题在真值表的列对列（row-by-row）上完全相同，那么，这两个复合命题在意图与目的上是相等的。借由真值表之计算，我们可以导出逻辑代数的各种定律。假设符号⊗代表且，符号⊕代表或，一个减法的符号代表否定，你就可以了解这些逻辑连词（logical connectives）分别与算术运算里的"×""+"和"-"相似及不相似的地方。为使其和算术的对比更明显，我这里用 1 代表为真的任何命题（比如说 5 = 5），用 0 代表为假的任何命题（比如说5 = 6）。

$p \otimes q = q \otimes p$	$p \oplus q = q \oplus p$
$p \otimes (q \otimes r) = (p \otimes q) \otimes r$	$p \oplus (q \oplus r) = (p \oplus q) \oplus r$
$p \otimes (q \oplus r) = (p \otimes q) \oplus (p \otimes r)$	$p \oplus (q \otimes r) = (p \oplus q) \otimes (p \oplus r)$
$p \otimes 1 = p$	$p \oplus 1 = 1$
$p \otimes 0 = 0$	$p \oplus 0 = p$
$-(p \otimes q) = (-p) \oplus (-q)$	$-(p \oplus q) = (-p) \otimes (-q)$
$-(-p) = p$	
$p \rightarrow q = (-p) \oplus q$	

66 一个更强大的关系将以上的模式和布尔代数连接在一起。如果 $p \otimes q$ 符合布尔的乘积 pq，$p \oplus q$ 符合布尔的和 $p+q$，$-p$ 符合布尔的 $1-p$；如果 1 和 0 分别符合布尔的 1 和 0，那么，上述除了最后一个之外的所有等式，对于布尔的逻辑都成立。

在所有这些等式里，“相等”并不是名副其实的相等。它只表示两个相关的命题有相同的真值表。特别是，按这个“相等”的意义来看，下列为真：

7 是质数 = 三角形的内角和是 $180°$

因为这个“相等”的特别意义，数学家通常会在类似的等式里，使用一个不同的符号，写成“$\leftrightarrow$”或者是“$\equiv$”，而不是“=”。

附带一提，虽然以上列出来由代数等式表示的许多逻辑性质，都是由斯多葛学派发现的，但是，他们完全没有使用代数符号，而是全以文字书写。正如你可以想象的，这表示他们必须应付很长且实际上无法阅读的句子。这应该就是在布尔指出如何使用代数符号来研究逻辑模式之前，斯多葛式逻辑一直乏人问津的原因。

理性的模式

真实的模式解释了合并命题的规则，但到底是通过什么模式推断出一个命题与另一个命题有关呢？尤其，在命题逻辑中，到底是什么取代了亚里士多德的三段论法？

答案就是斯多葛已知道的，称为肯定前件（*modus ponens*）的简单推论法则，如下：

从 $p \to q$ 且 p，推断 q。

这个法则明确地呼应了条件式（the conditional）对应到蕴含概念的直观。

这里必须强调的是，p 和 q 并不一定是简单、非复合的命题。对于肯定前件来说，这些符号可以代表任何的命题。的确，这些几乎不变的代数符号的使用，遍及命题逻辑内部，代表的是任意的命题，不管是简单的抑或是复合的。

在命题逻辑里，一个证明或有效的演绎，会包含一系列的命题，使得每个
系列里的命题，不是从先前的命题以肯定前件推断出来，就是底蕴于证明的假 67
设之一。证明的过程之中，可使用前节所述的任何逻辑等式，就像是计算过程中可以使用所有算术定律一样。

虽然命题逻辑并没有捕捉到所有类别的推论，甚至所有类别的数学证明，但它还是非常有用。尤其是今日的计算机原理，简单来说就基于一个可以运用命题逻辑来执行演绎的设计。的确，计算机理论的两位伟大先驱，阿兰·图灵(Alan Turing)和约翰·冯·诺伊曼(John von Neumann)都是数学逻辑的专家。

分裂逻辑原子

试图捕捉和数学证明有关的模式，最后一步是由朱塞佩·皮亚诺(Guiseppe Peano)和戈特洛布·弗雷格(Gottlob Frege)在19世纪末提出的。他们的想法是要“分裂逻辑的原子”(split the logical atom)。也就是说，他们要说明如何分解基本命题，其中的命题逻辑采用了未分析的、原子(型)的对象。明确地说，他们在命题逻辑上加入了更多必须依赖命题本质的演绎机制，而不只是真值而已。就某种意义而言，他们的逻辑系统结合了下列两个强项：亚里士多德的进路(其中，演绎法则需要依赖命题的本质)，以及能捕捉到纯粹逻辑演绎模式的命题逻辑。不过，用来产生后来称为*谓词逻辑*(predicate logic)这个新理论的外加法则，却比亚里士多德的三段论法来得更为一般(虽然都包含“所有”和“有些”这些构成三段论法图式基础的概念)。

谓词逻辑没有任何未分析的、原子(型)的命题。所有的命题都被视为由更基本的元素建立。换句话说，在谓词逻辑里，演绎模式的研究后于且奠基于某种用来形成命题的语言模式之研究。

这个逻辑系统所使用的基本元素并不是命题，而是性质，或者是谓词。这

里面最简单的谓词与亚里士多德逻辑里的一样，比如说：

……是人。

……会死。

……是一个亚里士多德。

不过，谓词逻辑允许更复杂的谓词，包含两个或更多的对象，比如说：

……嫁给了……

68 这关系到两个对象（人），或者是

……是……与……的（总）和。

这关系到三个对象（数）。

谓词逻辑延伸了命题逻辑，不过，焦点却从命题转移到句子（专门的术语是公式〔formula〕）上。这个焦点的转移是必需的，因为谓词逻辑允许你构造不见得是真或假的句子，也因此不代表命题。构造法则包含了命题运算“且”“或”“非”，以及条件式（→），和两个量词“全部”及“一些”。和亚里士多德的逻辑一样，“一些”代表的意义是“至少有一个”，比如“*有些偶数是质数*”。另外一个意义相同的词组是*存在有*（there exists），比如说*存在有一个偶数的质数*。

句子构造的实际法则——谓词逻辑的*文法*——很难精准且完全地写下来，但是，接下来的简单例子可以给我们一个大致的概念。

在谓词逻辑里，亚里士多德的命题*所有的人都会死*是如此构造的：

对于所有的 x，如果 x 是个人，那么，x 就会死。

这构造看起来比原来的版本更复杂，而要说的话也的确变多了。不过，好处就是这命题已经被分成它的组成要素，显示出其内在的逻辑构造。这个构造在使用逻辑学家的符号而非英文单词和词组时，会更加显而易见。

首先，逻辑学家会将谓词“x 是个人”简写成式子男人(x)[Man(x)]，以及谓词 x 会死写成会死的(x)[Mortal(x)]。这个符号的改变，有时候可能使得一些简单的事情看起来更复杂且神秘，不过，其初衷的确并非如此，而是要将直接注意力转移到有关的重要模式上。一个谓词的决定性面向，就是它是某个或一些特定对象的真或假。真正算数的是(1)性质和(2)对象，而其他所有东西都是无关的。

因此，命题“亚里士多德是个(男)人”会被写成：

(男)人(亚里士多德)。

命题“亚里士多德不是罗马人”会被写成：

非罗马人(亚里士多德)。

命题“苏珊嫁给比尔”会被写成：

嫁给(苏珊，比尔)。

这种符号强调的重点，是一个谓词对于某些对象是真或假的一般模式： 69

谓词(对象，对象，……)，

非-谓词(对象，对象，……)。

我们可以使用更进一步的两种符号。文字全部(All)或者词组对全部(For all)可以简写成上下相反的字母A：∀。文字一些或者词组存在有可以简写成前后相反的字母 E：∃。使用这种符号，所有的人都会死看起来就像这样：

$$\forall x\text{：男人}(x)\Rightarrow\text{会死的}(x)\text{。}$$

用这种方法写出来，就可以很明显地立刻看出所有逻辑的组成要素，以及其底蕴的逻辑模式：

- 量词∀；
- 谓词，男人与会死的；
- 在谓词之间的逻辑连词，即⇒。

举最后一个例子来说明，命题有个男人没在睡觉可以写成这样：

$$\exists x\text{：男人}(x)\text{与非睡觉}(x)\text{。}$$

虽然命题写成这样，第一次看到它们的任何人，都会感到有点奇怪，但是，逻辑学家却发现这符号非常重要。除此之外，谓词逻辑强大到可以表达所有的数学命题。一个以谓词逻辑书写的定义或命题，看起来可能会令不识此道的人却步。不过，这是因为这种表现方法没有隐藏任何的逻辑结构；你在表式中所看到的复杂度，就是被定义的概念，或者是被表示的命题。

和命题逻辑一样，也存在用来描述谓词逻辑运算代数性质的法则。举例来说，有个法则

$$\text{非}[\forall x: P(x)]\equiv\exists x:\text{非}\ P(x),$$

在这法则里，$P(x)$可以是应用在单一对象的任何谓词，比如说会死的(x)。以中文写出来，这个法则的例子就会是

不是所有男人都喜欢足球。≡有些男人不喜欢足球。

同样地，就像命题逻辑的例子一样，符号“≡”是说两种表达方式“是一样的”。 70

谓词逻辑的发展给数学家提供了一种用来捕捉数学证明模式的正规方法。这并不代表有人曾经坚持对谓词逻辑法则一味模仿。没人坚持所有的数学断言必须以谓词逻辑来表示，或者所有的证明都得以肯定前件的形式及牵扯到量词（这里没交代）的推论法则来建构。除了最简单的证明之外，要这么做会极度吃力，而且得到的证明几乎让人无法理解。不过，借由对于谓词逻辑模式所做的详细研究，除了更理解正式证明的概念之外，数学家们更确定了这是个建立数学真理的有效方法。而且，它对同时代数学的其他发展，也具有最大的重要性，这也是我在下节将要讨论的。

现代世纪的黎明

19 世纪后半叶是数学活动的光辉年代。尤其是数学家们终于在这段时期设法想出了实数连续统（continuum）的恰当理论，也因此为牛顿和莱布尼茨三百年前发展的微积分方法，提供了一个严密的基础（见第三章）。在这个过程中非常重要的就是对于公理（或公设）方法（axiomatic method）逐渐增长的（甚至完全的）依赖。

所有的数学家都要和抽象性打交道。虽然数学的许多部分是被客观世界所引发，从而被用来描述客观世界，不过，数学家实际上要处理的对象——数字、几何图形、各式各样的模式和结构——却是纯粹的抽象。在类似微积分这种主题里，许多抽象都会牵扯到“无穷”这个数学概念，也因此不可能和现实世界里的任何东西相对应。

一个数学家要如何确定一些关于抽象的断言是真或假呢？物理学家、化学家或者生物学家通常是以实验作为接受或拒绝一个假设的基础，可是，大多数时候数学家并没有这个选择。在可以诉诸直接的数字运算来解决的例子里，是没有问题的。不过，一般来说，观察真实世界的事件对于数学事实来说，最多只能算是提示性的，某些时候甚至还会让人完全误解，毕竟数学真理与我们的日常经验与直觉，还是有不小的差异。

71 非有理的实数之存在，就落在这个反直觉的数学事实范围里。在两个有理数之间会有第三个数，也就是前两数的平均数。对于日常经验来说，我们会认为在一条有理线上已无任何放置其他数字的空间是合情合理的。但是，毕氏学派却非常沮丧地发现，事情完全不是这么一回事。

虽然毕氏学者对于他们的发现极为震惊，但是，后来的数学家却因为无理数的存在被证实而接受了它们。自从泰勒斯以来，数学的核心就是证明。在数学里，真理不是由实验、多数投票或是命令——即使发令者是世界上最伟大的数学家——来决定。数学的真理是由证明来决定。

这并不是说数学里只有证明而已。身为模式的科学，许多数学家关心的是要在世界上找到新的模式、分析这些模式、建构法则以描述它们并促进它们更进一步的研究、在其他新领域观察到的模式里寻找它们的出现，并且将这些理论与结果应用在日常生活的现象上。在这许多的活动之中，一个合理的问题就是：这些数学的模式与结果，和实际观察到的或计算出来的，会有多一致呢？然而，就建立数学真理而言，这里只有一种游戏：证明。

数学的真理基本上都是如下形式：

若 A，则 B。

换句话来说，所有的数学事实都是以一些最初的假设，或称为公理（axiom，由拉丁文 axioma 而来，意指“一个原理”）演绎而来。当一位数学家说某个事实 B 为“真”，她想要表达的是：B 是以某一系列公理 A 为根据而证明出来的。当公理 A 非常明显，或者数学社群都接受它们时，我们就允许“B 为真”这个简单说法。

举例来说，所有的数学家都会同意，在“正整数 N 和它的两倍数 $2N$ 之间会有一个质数”是真实的。他们为何可以如此确定？他们无疑没有检验过每个可能的例子，毕竟这种例子有无穷多个。原因呢，当然是这结果是经过证实的。除此之外，只需要每个人都接受这证明并将此确定为关乎自然数的一组公理。

在我们已经确定一个证明有效的前提之下，证明过程中唯一可能有问题的地方就是，这些公理是否和我们一开始的直觉相呼应。在我们写下一组公 72
理时，我们从这组公理的对象系统证明出来的任何事情，都会在数学上为真。（严格来说，我应该讲“任何对象的系统”，因为大多数公理系统都会描述一个以上的对象系统，而不管这些公理一开始为何制定。）不过，也有可能我们公理所描述的系统，并不是你一开始想要描述的那一个。

举例来说，大约在公元前350年，欧几里得写下了一组环绕我们世界的平面几何学公理。从这组公理，他证明了许多结论，而这些结论不只证明得漂亮，在日常生活中更是非常有用。但是，在19世纪，有人发现欧几里得公理所描述的几何，也许并不是环绕我们世界的几何学。它也许只是近似地正确，尽管其逼近程度无法在日常生活中察觉。事实上，今日物理学理论所假设的几何学和欧几里得的不一样（我们将会在第四章详细讲述这个精彩的故事）。

在这里，为了说明公设方法，我们将以19世纪时为整数（含正、负整数）制定的初等算术公理为例。

1. 对于所有 m,n：$m+n=n+m$ 且 $nm=mn$（加法和乘法的交换律）。

2. 对于所有 m,n,k：$m+(n+k)=(m+n)+k$ 且 $m(nk)=(mn)k$（加法和乘法的结合律）。

3. 对于所有 m,n,k：$k(m+n)=km+kn$（乘法对加法的分配律）。

4. 对于所有 n：$n+0=n$（加法单位元）。

5. 对于所有 n：$1n=n$（乘法单位元）。

6. 对于所有 n，有个数 k 会使 $n+k=0$（加法逆变换）。

7. 对于所有 $m,n,k,k\neq0$ 时：如果 $km=kn$，那么，$m=n$（消去律）。

数学家大都会接受这些描述整数算术的公理。特别是，任何以这些公理作为根据所证明出来的东西,都会被数学家描述为“真实的”。不过,要写下没有人有希望检查是非的“事实”,不管是直接计算还是类似数一大堆零钱这种实验过程,都是非常容易的。举例来说,下列的等式是真的吗?

$$12\,345^{678\,910}+314\,159^{987\,654\,321}=314\,159^{987\,654\,321}+12\,345^{678\,910}。$$

这个等式是以 $m+n=n+m$ 的形式来表现,因此以公理为根据,我们知道它是
73 “真实的”(事实上,说加法的交换律是真的,我们甚至连建构证明都不需要)。
然则这是一种“知道”某种东西的可靠方法吗?

在写下以上的整数算术公理时,数学家正在描述观察到的某种模式。每天和小数字相处的经验告诉我们:相加或相乘两个数字的顺序,并不会影响答案。举例来说,我们可以数铜板来证明 $3+8=8+3$。如果我们数出三枚铜板再加上八枚,我们得到的铜板总数和先数八枚再加三枚的结果是一样的,都是十一枚。这个模式会在我们遇到的所有一对的数字里重复。更有甚者,我们可以合理地假定:这个模式在明天或后天遇到的其他一对数字上,还会是真实的,或者其他任何人可能在未来任何时间碰到的任何一对数字,也会是真实的。数学家引用了以日常经验为根据的这个合理假设,然后,断言它对所有一对的(不管是正或负的)整数,都是“真实的”。

因为此类的法则被设为公理,任何遵守所有以上列出法则的对象集体,都会具有以这些公理为根据而证明出来的任何性质。举例来说,使用以上的公理,我们可以证明任何“数字”的相反数(additive inverse)都是唯一的;也就是说,对于任何“数字”n,会使 $n+k=0$ 的“数字”k 就是唯一的。因此,当我们有一个符合所有这些公理的“数字”系统时,这个系统就绝不会包含一个有两个加法逆变换的“数字”。

将上一段的“数字”以引号来表示的原因,乃是之前曾经提到过,当我们写下一组公理时,一般来说都会有一个以上对象系统满足这些公理。满足以上这些公理的整数算术系统,就称为整数域(integral domains)。

数学家在整数形成的整数域外,还碰到许多对象。举例来说,多项式表式也会形成整数域。之前在第一章描述的有些有限算术也是。事实上,有质数

模数的有限算术也会满足一个整数域公理之外另加的第八个公理,即:

8. 除了0之外的所有 n,有个 k 可以使 $nk=1$。

这就是乘法逆变换律(multiplicative inverse law)。它蕴含了公理7,即消去律。(更准确地说,假设公理1到6和8,是可以证明公理7的。)符合公理1到8的系统称为体(fields)。

在数学里有许多体的例子。有理数、实数和复数都是体(见第三章)。也 74
有许多体的重要例子里的对象,并不是"数(字)"——按大多数人所了解的这个字的意义而言。

抽象的力量

对于一个刚和现代抽象数学见面的人来说,它可能像是个无聊的游戏。不过,这许多年间公理的形成和各式各样由这些公理所推理出来的结果,被证实是一种处理许多现象极为有力的方法,并且直接影响着我们的日常生活,不论是好是坏。的确,现代生活的许多组成元素,都是以人类利用公理方法所获得的知识为根据的(当然,并不是所有的东西都基于公理方法,不过,它的确是个本质上不可或缺的成分。比如,如果没有公理方法,那么,科技的发展结果不会和一个世纪前的情况相差多少)。

公理方法为何会如此成功呢?答案大部分要归功于——公理通常做的、确实捕捉到有意义和正确的模式。

哪些陈述会被视为公理,通常靠的都是我们的判断。比如,在几乎没有任何具体证据的情况下,大部分的人都会将自己的生命,赌在加法交换律的有效上(在我们一生之中,会有几次用一组特殊的数字去检查这个定律的正确性?下次搭飞机时好好想一想,因为我们的生命真的要依靠它)。

这里当然没有一个可以解释这种信念的逻辑基础。数学充满了许多有关数字的陈述,它们对于几百万个案例都成立,但是,一般而言,并不为真。举例来说,梅尔滕斯猜想(Mertens conjecture)是个关于自然数的陈述,在1983年被证明为假之前,曾经由计算机确认对前78亿个自然数都正确。然而,在它被证实为假之前,没有任何人建议将这一陈述加到自然数的公理之中。

数学家为何会视数值证据稀薄的交换律为公理,而略去有极多数值证据的假设呢?这种决定实质上就只是个判断而已。要一个数学家采用某个模式
75 为公理,该模式除了要是个有用的假设之外,还必须得是"可以相信的",和数学家的直觉相呼应,并且愈简单愈好。和这些要素比较,数值证据的支持相对来说并不重要——尽管只要一件对立的数值证据,就可以立刻推翻该公理!

当然,没有任何事情可以阻止任何人写下一系列的假设,并且用这些假设来证明定理的真假。但是,这些定理有实际用途,甚或在数学里被应用的可能性,却非常低。因此,这类活动通常在数学社群里不会被普遍接受。数学家不会因为自己的研究被称为"玩游戏"(playing game)而感到困扰。不过,如果形容他们的研究为"无意义的游戏"(meaningless game),那可就会惹恼他们了。而且,文明的历史是站在他们这一边的:他们获得的结果,在实际应用上并不鲜见。

数学家之所以针对某一系统寻求以一组可信的(believable)公理作为开头,是因为一旦他试图以这些公理证明结果,以便了解该系统时,他所做的所有事情都要依据这些最初的公理。公理就像是建筑物的地基。不管数学家多么小心建造墙壁和其他结构,如果地基不稳固,整个结构就可能会崩塌。只需一个假的公理,就会使接下来的所有东西变成错误或无意义的。

就像之前概述的,确认某个模式是发展数学新分支的第一步。接下来,就是该模式对数学对象或结构的抽象化,比如说自然数或三角形等概念。在研究抽象概念的同时,数学家们观察到各式各样的模式可能会导致公理的形成。到那时,就不需要知道一开始导致那些公理的现象了。一旦公理唾手可得,所有事情都可以逻辑证明为根据,在一个纯粹抽象的环境中进行。

当然,开始这一整个过程的模式,也许是日常生活都会看到的现象。举例来说,欧几里得几何学里研究的模式,以及(某种程度上)初等数论的模式都是如此。不过,直接从数学中出现的模式并用同样的抽象过程来处理它们,也是

有可能的。在这种情况下,结果就会是一种新层次的抽象。整数域的定义就是这种高层次抽象过程的例子之一。一个整数域的公理需要捕捉的,不只是整数所显现出来的模式,还必须捕捉到多项式以及其他数学系统的模式,其中 76
每项本身都是捕捉其他低层次模式的一种抽象化。

19 世纪时,这个从抽象中抽象化的过程,被带到某种地步,使得所有数学家中只有极少数例外的人可以欣赏大部分的数学新发展。抽象被堆放在抽象之上,形成一座巨大无比的高塔,直到今天这个过程还在继续。虽然高层次的抽象可能会使人们回避现代数学,但是,增加抽象层次本身并不会导致更困难的数学。在每个抽象层次,做数学实际使用的方法(mechanics)大致上是一样的,只是抽象层次有所改变而已。

有趣的是,在过去百年间抽象逐渐增加的这个趋势,并非只发生在数学里。同样的过程在文学、音乐和视觉艺术里都在进行——而且那些没有直接参与的人通常也不会欣赏。

集合的多面向概念

在数学抽象层次增加的同时,数学家变得更加依赖抽象集合(set)的概念("集合"是他们采用的专业术语,意指某些种类对象的任何集体)。

新的数学概念,比如群(group)、整数域、体、拓扑空间(topological space)和向量空间(vector space),逐渐被引入和研究,而这里面的许多学问,都被定义成可以在其上执行某些运算(比如各种"加法"和"乘法"的运算)的对象之集合。几何学里的旧概念,像直线、圆、三角形、平面、立方体、八面体等,则被赋予新的定义,也就是符合各种情况的点集。当然,布尔也是以集合的概念来考虑三段论法,以便发展他的逻辑代数研究。

第一个完整的数学抽象集合论,是由德国数学家格奥尔格·康托尔(Georg Cantor)在 19 世纪末想出来的,尽管这理论的开头在布尔的研究里已经出现。康托尔理论的基本想法可以在布尔处理三段论法的方法里找到。这理论是以发展集合的"算术"为开头的:

如果 x 和 y 是集合，令 xy 代表包含 x 和 y 共有的所有成员的集合，然后令 $x+y$ 代表包含 x 的所有成员和 y 的所有成员的集合。

77 这个定义和之前给的布尔式逻辑定义之间，唯一的差别就是符号 x 和 y 可以代表任何集合，而不只是命题逻辑里出现的集合。以下的“算术”公理，之前曾由布尔的类给出，在这种更普遍的情况下是真实的：

$$x+y=y+x \qquad xy=yx$$

$$x+(y+z)=(x+y)+z \qquad x(yz)=(xy)z$$

$$x(y+z)=xy+xz$$

$$x+0=x$$

$$x+x=x \qquad xx=x$$

（涉及对象 1 的布尔公理并没有出现，因为在集合论之中不需要这类对象，引入这类对象也会造成技术上的问题。）

在现今的集合论中，集合 xy 被称为 x 和 y 的交集（intersection），集合 $x+y$ 则被称为并集（union）。这种运算更常见的一个表示法就是 $x\cap y$ 代表交集，$x\cup y$ 代表并集。除此之外，当代的数学家都会以 $\varnothing$，而不是 0，来代表空集，亦即没有成员的集合（空集对于集合论，就像是零这个数字对于算术一样）。

对于成员不超过一打的小集合来说，数学家会使用一种明确标示成员的表示法。举例来说，包含数字 1，3 和 11 的集合写成这样：

$$\{1,3,11\}。$$

更大的或者无穷的集合显然无法以这种方法表示，因此，在这种例子中，需要找出描述该集合的其他方法。如果一个集合里的成员有个明显的模式，那么该模式就可以用来描述该集合。举例来说：

$$\{2,4,6,\cdots\}$$

代表的是所有偶数的无穷集合。通常，唯一合理用来描述这种集合的方法，就是用文字描述，比如说“所有质数的集合”。

当对象 x 是集合 A 的成员时，写成 $x\in A$ 是很普遍的；同理，当 x 不是 A 的成员时，也会写成 $x \notin A$。

无中生有的数字

集合论看起来虽然简单，却极为有力。数学家甚至利用集合论回答了最根本的问题：数到底是什么？

当然，通常数学家都不会问自己这个问题。他们和其他人一样，只是简单 78
地使用数字。但是在科学里，我们都有想要将某个概念化约得更简单和更基本的欲望。数学家们也不例外。

要回答“数字是什么？”这个问题，数学家说明了实数可以运用有理数来描述，有理数可以运用整数来描述，整数以自然数来描述，然后自然数以集合来描述。在不深入的情况下，以下就是前三个化约（reduction）：

> 实数可以被定义为有理数的某个（无穷）集合里的某些数对（pairs）。
>
> 有理数可以被定义为整数对的某个（无穷）集合。
>
> 整数可以被定义为自然数的数对。

假如接受任意集合的概念为基本，这个解开谜题的过程，会在给自然数提供一个描述时结束。更有甚者，它结束的方式让人吃惊。在集合论中，要构成一个由无——准确来说，是空集∅——开始，包含全部自然数的集合是有可能的。步骤就是这样：

> 将数字 0 定义为空集∅。

数字 1 于是就会被定义成集合{0}，刚好有一个成员的集合，而该成员就是数字 0（如果我们解读这一步骤，会发现数字 1 会等于集合{∅}。仔细想想，我们会发现这和空集不太一样；∅没有成员，但是，集合{∅}却有一个成员)。

数字 2 则会被定义成集合$\{0,1\}$,数字 3 是集合$\{0,1,2\}$,等等。

当一个新数字被定义时,我们会使用它和之前所有的数字,来定义下一个。一般来说,自然数 n 是包含 0 以及所有小于 n 的自然数的集合:

$$n = \{0,1,2,\cdots,n-1\}。$$

(因此,自然数 n 是一个刚好有 n 个成员的集合。)注意这整个程序都是由空集$\varnothing$开始的,也就是说,从“无”开始的。非常聪明吧!

基础的裂痕

20 世纪刚开始时,威力为众人所知的集合论已经成为数学里很大一部分
79 的普遍架构。因此,数学界在 1902 年 6 月的某个早晨苏醒,并发现集合论有着根本的不一致——也就是说,利用康托尔的集合论,可以证明 0 等于 1——的时候,造成了相当大的恐慌(严格来说,这个问题是数学家弗雷格在将集合论公理化时发生的。不过,弗雷格的公理只是单纯地形式化了康托尔的想法而已)。

在所有可以于公理系统里出现的错误中,不一致(或不兼容)绝对是最坏的。我们可以处理难以理解的公理,我们可以处理反直觉的公理,甚至,如果我们的公理在没有精准叙述我们企图捕捉的构造时,它们也许会找到其他的应用,而这情况也发生过不止一次。但是,一个不一致的公理集合完全没有用。

这个不一致是罗素在弗雷格新的理论著作第二卷正要印刷时发现的。罗素的论证惊人地简单。

根据康托尔和弗雷格,以及当时任何在意、思考这一议题的数学家的观点,对于任何性质 P,一定会有一个拥有性质 P 的所有对象的对应集合。举例

来说,如果 P 是有关成为三角形的性质,那么,对应 P 的集合就是所有三角形的集合(弗雷格的研究大部分都是要发展一个和这想法对应的有关性质的形式理论,这一理论就是本章之前讨论的谓词逻辑)。

拥有性质 P 的所有对象 x 的标准表示法是

$$\{x \mid P\}。$$

举例来说,所有质数的集合可以写成

$$\{x \mid x \text{ 为质数}\}。$$

在这例子中,性质 P 可被应用在自然数上,结果得到的集合就是个自然数的集合。罗素的论证和可以应用在集合上的性质 P 有关;对于这种性质,对应的集合就会是个诸集合的集合。

一个应用在集合上的性质 P,就是集合本身为它自己的成员之一。有些集合有这个性质:它们是自己的成员。举例来说,如果 M 代表本书里所有明确命名集合的集合,那 M 就是自己的成员($M \in M$)。另一方面,也有些集合没有这个性质 P:这些集合不是自己的成员。举例来说,所有自然数的集合(N)本身并不是个自然数,因此,不是自己的成员之一($N \notin N$)。

为了推出矛盾,罗素注意的不是性质 P,而是有密切关系的性质 R,亦即集合 x 不是自己的成员。有些集合有这个性质(N),其他的就没有(M)。R 虽然 80
有点新颖,不过,看起来仍是个非常合理的性质,因此,根据康托尔和弗雷格,应该会有个对应的集合——先称它为 C。C 就是拥有性质 R 的所有集合的集合。以符号表示,就是:

$$C = \{x \mid x \text{ 是集合,且 } x \notin x\}。$$

目前看起来一切都好。但是,罗素又问了一个非常合理的问题:这个新的集合 C 是否为自己的成员之一?

罗素指出,如果 C 是自己的成员之一,那么,C 一定会有定义 C 的性质 R。而这也表示 C 不是自己的成员之一。因此,C 同时是也不是自己的成员,这个情形是不可能的。

罗素继续问道，如果 C 不是自己的成员时会怎样。在那种情况之下，C 必须不能符合性质 R。因此，这并非 C 不是自己成员的例子。最后那一个尾句只是说明 C 是它自己一员的复杂说法。因此，又一次地，无法回避的结论说明了 C 是同时也不是自己的成员，一个不可能的情况。

现在我们在一个完全的死胡同里。C 不是自己的一员，就是自己的一员。不管怎样，我们的结论就是：它同时是也同时不是。这个结果被称为罗素悖论（Russell's paradox）。这个发现指出康托尔的集合论出了一点问题——但，是什么问题呢？

因为罗素的推论是正确的，要解决悖论的方法看起来只有一种：集合 C 的定义在某个地方一定有错。不过，它的定义已经简单得不能再简单了。用来构成各式各样数系的集合还要更为复杂。虽然有点不情愿，数学家也只好抛弃对于任何性质都会有个对应集合——拥有该性质的对象的集合——这个假设。

这个情况有点类似毕氏学派发现存在特定长度无法和任何已知数对应的时候。并且再一次地，这次也没有选择的余地。面对一个基础已经被证明有错的情况，一个理论不管多简单、优雅或是直观，都必须被修改或取代。康托尔的集合论就拥有这三者：简单、优雅、直观。但它终究得被舍弃。

取代康托尔集合论的，是一个由恩斯特·策梅洛（Ernst Zermelo）和亚伯拉罕·弗兰克尔（Abraham Fraenkel）发展出的一个公理集合论（axiomatic theory of sets）。虽然策梅洛-弗兰克尔集合论在精神上竭力地接近康托尔抽象集合的高度直观概念，也被证明是所有纯数学的适当基础，但是，我们必须承认这
81 个理论并不怎么优雅。和康托尔的集合论相比，策梅洛引进的七个公理，以及弗兰克尔引进的细微的额外公理，其组合还真是杂乱无比。它们描述的法则能推导出数学所需的各种集合，同时，也小心绕过了罗素所揭示的种种困难。

策梅洛和弗兰克尔对于集合的分析，对大多数数学家来说是足够的，他们也接受由此而推出的公理是正确的，并可以作为数学的根据。但是，对许多人来说，这与罗素悖论的初次接触，以及必须采取的回避步骤，产生了一种纯粹的失落。一个纯集合的概念看起来可能是简明的精髓；但是，更密切的分析显

示结果并不然。集合论可能是人类智能与抽象精髓的终极纯粹创造，不过，就像所有数学的伟大构造一样，它规定了自己的性质。

希尔伯特纲领的崛起和没落

在罗素摧毁康托尔直觉性的集合论后三十年，一个类似的动荡发生了，而且有着同样令人震惊的后果。在这第二次的动荡中，受害者则是公理方法本身，而当时它最有影响力的斗士，就是德国数学家戴维·希尔伯特（David Hilbert）。

数学的公理进路使数学家可以区分有关可证性（provability）和真理（truth）的议题。假如你可以找到由适当的公理推论出来的逻辑有效论证，就表示一个数学的命题是*可证明的*（provable）。一个已证明的命题在假设的公理为真的情况之下，就是*真（实）的*（true）。前面那个概念——可证性——是个数学家至高无上世界里的纯粹技术想法；后面的概念——真理——则牵扯到深入的哲学问题。将这两个想法分开之后，数学家绕过和真理有关的棘手问题，而专注在证明之上。在将自己限制于以假设的公理系统为根据，以证明其结果这个任务上，数学家可以将数学视为一种形式游戏（formal game）——一个从相关的公理开始，以逻辑为规则的游戏。

发现适当的公理，很显然是这种后来被称为数学形式主义进路（formalistic approach）的重要因素。隐藏于形式主义背后的假设是，假如我们寻找得够久，我们总会找到所有需要的公理。这么一来，公理系统的*完备性*（completeness）就成为一个很重要的议题了，即是否已经找到足够的公理来回答所有问题了。 82
举例来说，在自然数的例子里，已经有一个由皮亚诺制定的公理系统。这个公理系统是完备的，还是仍需要额外的公理呢？

第二个重要问题是：公理系统是前后一致的（consistent）吗？以罗素悖论极为明显的示范来说，写下一个描述高度抽象数学的公理，是一件极为困难的差事。

这个寻找前后一致、完备公理系统的纯粹形式主义进路，后来被称为希尔伯特纲领(Hilbert program),以当时一位杰出的数学家戴维·希尔伯特命名。虽然他不是和弗雷格及罗素一样的逻辑学家,然而,数学的基础问题对希尔伯特来说特别重要,因为他自己的研究本质上是高度抽象的。比如,他留给数学的遗产有一个叫作希尔伯特空间(Hilbert space),是一种对三维欧几里得空间的无穷多维模拟(analogue)。

任何相信希尔伯特纲领可以达成的梦想,在1931年都被粉碎了。当时,一位年轻的奥地利数学家库尔特·哥德尔(Kurt Gödel)(见图2.3)证明出一个结果,永远改变了我们对数学的看法。哥德尔定理是说：当我们为数学的
83 某个大部分写下任何前后一致的公理系统时,那么该公理系统一定是不完备的,因为永远都会有问题是以这些公理为基础而无法回答的。

上段里的"大部分"(reasonably large),表示要排除像单点几何(0维几何)这样无聊的例子。为了证明哥德尔定理,你必须了解,相关的公理系统应包括初等算术的所有公理,或者是丰富到能容许它们的推论。这大概是能放进数学的公理系统的最薄弱需求了。

图2.3　库尔特·哥德尔(1906—1978)

哥德尔让人完全意外的结果被证明是高度科学的，不过，他的想法很简单，乃是源自古希腊的骗子悖论（paradox of the liar）。假定一个人站起来，并且说“我在说谎”。如果这个断言是真实的，那么，这人的确在说谎，也就是说他说的是假的。另一方面，如果断言是假的，那么，这人一定没在说谎，那表示他说的是真的。不管怎样，这个断言都是矛盾的。

哥德尔找到一种方法，将这个悖论翻译到数学里去，以可证性取代了真理。他的第一步就是说明如何将命题逻辑翻译成数论。包括在这个翻译过程之中的，是一个由公理推导而来的形式证明想法。他还提出了一个特别的数论式命题（number-theoretic proposition），即

（*）本页标上星号的命题是不可证的。

首先，命题（*）（或者是说，哥德尔的形式版本）必须是真的或假的（这里考虑的数学构造有，比如，自然数的算术或集合论）。如果命题是假的，那它一定可以被证明。你光看（*）就可以达成这个结论。但是，因为公理系统的前后一致是被假设的，任何可以证明的都一定是真的。因此，如果（*）是假的，那它就是真的，也就成为一种不可能的情况。因此，（*）一定是真的。

命题（*）是可以（以相关的公理为根据）证明的吗？如果是，那和刚才提到的一样，它对那系统就一定是真的，也就代表它是不可证明的。这又是个前后矛盾的情况。结论就是，命题（*）无法由给定的公理证明出来。因此，（*）是个结构上真实的命题，但是，该结构的公理却无法证明它。

哥德尔的论证对于你能写下数学结构的任何一组公理都成立。你必须可以写下公理，这个规定很重要。毕竟，有一个无聊的方法，可以获得一个公理系统，并且可以用来证明所有该结构的真实命题，而该方法声明所有真实命题的集合就是公理的集合。这和公理进路的精神不符，因此，是一个毫无用处的公理化。 84

另一方面，“写下来”（write down）这一词的意义，可以是非常广阔和理想化的。它所允许的，不仅是原则上能被写下的极大之有限公理集合，更允许某

种特定公理的无穷集合。关键的要求就是你必须拟定一个或更多的规则,说明这些公理可以被写下来。换句话说,公理本身必须显现出一个非常明确的语言模式(linguistic pattern)。自然数的皮亚诺公理和集合论的策梅洛-弗兰克尔公理,都是这一类的无穷公理系统。

哥德尔的发现,在重要的数学领域上,比如数论或集合论上,说明了没有一个前后一致的公理集合可以是完备的,它明确地显示希尔伯特纲领所要达成的目标是不可能的。事实上,情况甚至更严重:哥德尔进一步说明,真实性无法由公理证明的命题,正是声称这些公理前后一致的命题。因此,你甚至连证明自己的公理前后一致的希望都没有。

总之,在公理化的游戏里,你唯一能做的,就是假设自己的公理前后一致,并且希望它们足够丰富,让我们可以解决对我们来说最重要的问题。我们必须接受自己的公理无法解决所有问题的事实,永远都会存在无法由这些公理证明的真实命题。

逻辑的黄金年代

虽然哥德尔定理标示了希尔伯特纲领的结束,但是,它的证明所引进的,却可被形容为逻辑的黄金年代。这个从 1930 年到 1970 年晚期的时期,在现今普遍被称为"数理逻辑"(mathematical logic)的领域中,见证了许多热络的活动。

从一开始,数理逻辑就被分成许多相关的部分。

证明论(proof theory)在由亚里士多德开头,并由布尔接手的数学证明研究上,开拓了新的领域。最近几年里,这个数理逻辑分支所使用的方法和获得的结果,在计算机运算,尤其是人工智能上发现了许多用途。

由波兰裔美国数学家阿尔弗雷德·塔斯基(Alfred Tarski)和其他人发明的模型论(model theory),则探讨数学结构里真实和该结构命题之间的连接。结果就是之前稍微提到的,任何公理系统对于一个以上的结构都会是真实的,
85 这就是模型论的定理。20 世纪 50 年代,美国逻辑学家和应用数学家亚伯拉

罕·罗宾逊(Abraham Robinson)利用模型论的技巧,想出一个无穷小量(infinitesimals)的严密理论,从而提供了一种方法,发展出不同于19世纪数学研究内容的微积分(见第三章),而且在许多方面上都更加优秀。

集合论(set theory)在模型理论技巧被导入到策梅洛-弗兰克尔集合论的研究时,获得了新的动力。一个巨大的突破出现在1963年,年轻的美国数学家保罗·柯亨(Paul Cohen)找到了一个方法,严密地证明了某种陈述是无法判定的(undecidable)——也就是说,可以根据策梅洛-弗兰克尔的公理,来证明它既不真也不假。这个结论的应用范围比哥德尔的理论还要广泛。哥德尔定理只简单地告诉我们,对于一个类似策梅洛-弗兰克尔集合论的公设系统,将会有某些不可决定的陈述存在。柯亨的技巧使数学家可以取特定的数学陈述,并且证明这些特殊的陈述是不可决定的。柯亨本人便利用这个新技巧,处理由希尔伯特在1900年提出的连续系统问题。柯亨说明了这问题并非不可解决的。

可计算性理论(computability theory)也是从1930年开始的,而且哥德尔本人在该领域也做出了不少重要的贡献。从今天的观点回溯可计算性的想法,在任何真实计算机都还未被组装出来的二十年前,以及台式计算机问世的五十年前,考虑它如何被操作,是非常有趣的。尤其,英国数学家图灵证明了一个抽象定理,建立了一个事实:单台计算机可以用来执行任何计算的理论可能性。美国逻辑学家斯蒂芬·科尔·克莱尼(Stephen Cole Kleene)则证明了另一个抽象定理,说明给这台机器的程序和它执行的数据基本上是一样的。

这些数理逻辑领域的共通点就是,它们都是数学的。我这样讲,并不是说这些研究只以数学的方式进行,而是总的来说,它们的主题内容都是数学本身。因此,这时期所取得的逻辑领域的巨大进步,其代价是很高的。逻辑是从古希腊人企图分析人类推论的时候开始,而不单指数学的推论。布尔的逻辑代数理论将数学的方法带入推论的研究之中,不过,被检视的推论模式还是可以被认定为一般性的。然而,20世纪高度技术化的数理逻辑在使用的技巧和推论的研究种类上,都专属于数学。在达成数学面向的完善之际,逻辑在很大 86
程度上已脱离了固有的、利用数学来描述人类心智模式的目标了。

不过，当逻辑学家将数理逻辑发展为数学的一个新分支时，利用数学来描述心智模式又再度开始了。这一次不是数学家在做这些研究，而是另外一群非常不同的学者。

语言的模式

发现数学可以用来研究语言的结构——他们每天使用，真实的、人类的语言：英语、西班牙语、日语等——的时候，大多数人都是很吃惊的。无疑地，日常语言一点都不"数学"，不是吗？

看看下面列出的 A、B 和 C。在每个例子里，迅速决定你看到的是否为名副其实的句子。

A. 生物学家发现 *Spinelli morphenium* 是个可研究的有趣物种。

B. 许多数学家都被二次互反所吸引。

C. 香蕉粉红因为数学指定。

几乎不用多想，你会在一瞬间决定，A 和 B 是恰当的句子，但 C 不是。

然而 A 却含有一些你从来没看过的文字。我为何会如此确定呢？因为这两个字 Spinelli 和 morphenium 是我虚构的。所以实际上，你相当快乐宣称的恰当句子，只是一串"文字"，其中有些甚至不是文字！

在 B 例里，所有的文字都名副其实，而这句子也的确为真。但除非你是位职业数学家，否则碰到二次互反（律）（quadratic reciprocity）这个词的概率微乎其微。不过又一次地，你会很快乐地认为 B 是一个名副其实的句子。

另一方面，我很确定你会毫不犹豫地确定 C 不是句子，虽然你很熟悉里面相关的所有字。

你是怎么几乎不费力地执行这个看似神奇的技艺的呢？更准确地说，是什么区别了例子 A、B 和例子 C 呢？

很明显，这和句子是否为真无关，甚至也和你是否了解句子的意义无关。

同时，也无关你是否认识句子里的所有字，或甚至这些是否为真的字。真正算数的是句子（或者例子里的非句子）的全面结构。也就是说，决定性的特色就是文字（或者非文字）排列在一起的方式。 87

这个结构，当然是高度抽象的；你无法像指出个别字或句子那样指出这个结构。你所能做的，就是观察到例子 A 和 B 有适当的结构，而例子 C 没有。这也就是数学现身的地方，因为数学就是抽象结构的科学。

为了彼此之间的说、写和相互了解，我们潜意识地、毫不费力地依赖的语言抽象结构，就称为*语法结构*（syntactic structure）。一个用来描述该结构的"公理"集合，就是该语言的文法。这种运用另一角度审视语言的方法相当新颖，而且是从 20 世纪 30 年代和 20 世纪 40 年代发展出的数理逻辑中得到的灵感。

在 20 世纪刚开始时，相关学术焦点从语言的历史面向研究——讲它们的根源和演化（通常被称为历史语言学或考据学）——转移到将语言视为任意时间点所存在的沟通系统之分析，而不去管它们的历史。这类的研究通常称为*共时语言学*（synchronic linguistics）。以数学为根据的现代语言学，就是从这个发展之中萌芽的。这个自历史语言学转向视语言为一个系统来研究的变化，是由瑞士的墨金-费尔迪南·德·索绪尔（Mongin-Ferdinand de Saussure）以及德国裔的法兰兹·鲍亚士（Franz Boas）和美国的伦纳德·布龙菲尔德（Leonard Bloomfield）所促成的。

布龙菲尔德特别强调一种语言学的科学进路。他是逻辑实证论（logical positivism）的积极拥护者，这一哲学立场由哲学家鲁道夫·卡尔纳普（Rudolf Carnap）和维也纳学派（Vienna Circle）倡导。逻辑实证论从数学的基础，尤其是希尔伯特纲领，和近世逻辑的研究之中获得灵感，企图将所有具意义的陈述化约为命题逻辑和感官数据（我们看、听、感受，或者嗅觉）的组合。有些语言学家，尤其是美国的查林·哈里斯（Zellig Harris）甚至比布龙菲尔德更进一步，指出数学方法可以应用在语言的研究上。

寻找描述语言的语法结构之公理这一过程，是由美国语言学家诺姆·乔姆斯基（见图 2.4）开始的，虽然这个进路的想法早在一个世纪之前，就已由威

图2.4　麻省理工学院的诺姆·乔姆斯基

廉·冯·洪堡(Wilhelm von Humboldt)提出。乔姆斯基提议,“要为一个语言写文法,就是要建立一组延拓,也就是一个理论,来解释我们对语言的观察”。

88 乔姆斯基在他 1957 年出版的《句法结构》(*Syntactic Structures*)里,描述了他用来研究语言的革命性新方法。在这方法出现的几年之后,这本简短的专著——正文本身仅 102 页——完全改变了美国的语言学,将它从人类学的分支变成一门数学的科学(在欧洲的效果相对没那么戏剧性)。

让我们来看看乔姆斯基风格的英语文法的一小片段。我必须在一开始先说明英语是非常复杂的,而这个例子列出了英语文法里许多规则中的七个。

不过,这已足够指出文法所捕捉到的结构,及其数学的本质。

$DNP\ VP \rightarrow S$, 89

$V\ DNP \rightarrow VP$,

$P\ DNP \rightarrow PP$,

$DET\ NP \rightarrow DNP$,

$DNP\ PP \rightarrow DNP$,

$A\ NP \rightarrow NP$,

$N \rightarrow NP$,

按文字表面来解释,这些规则里的第一个是说,一个确定名词组(definite noun phrase, *DNP*)接一个动词组(verb phrase, *VP*),会给我们一个句子(sentence, *S*);第二个是说,一个动词(*V*)接一个确定名词组,会得到一个动词组;第三个是说,介词(preposition, *P*)接一个确定名词组,会得到一个介词组(prepositional phrase, *PP*);下一个是限定符(determiner, *DET*)(比如说 the)接一个名词组(noun phrase, *NP*),会给我们一个确定名词组。已知 *A*(adjective)代表形容词,*N* 代表名词,我们就可以自行推出剩下的三个规则。

为了利用文法来构成(或是分析)英语句子,我们需要的只是一本词汇(lexicon)——字的列表——以及它们的语言学分类范畴。举例来说:

the → *DET*,

to → *P*,

runs → *V*,

big → *A*,

woman → *N*,

car → *N*。

利用以上的文法和词汇,我们可以分析如下英语句子的结构:

The woman runs to the big car.

这类的分析通常是以被称为剖析树(parse tree)的形式来表现,如图2.5(虽然尽力想象一棵真的树,但剖析树是上下颠倒的,由“根”在上)。

在这棵树的顶端是句子。每个从树里任一点走到下一阶层的步骤,就指出文法里一个规则的应用。举例来说,由最顶点的第一步下来,代表的是如下规则的应用:

$DNP\ VP \rightarrow S$。

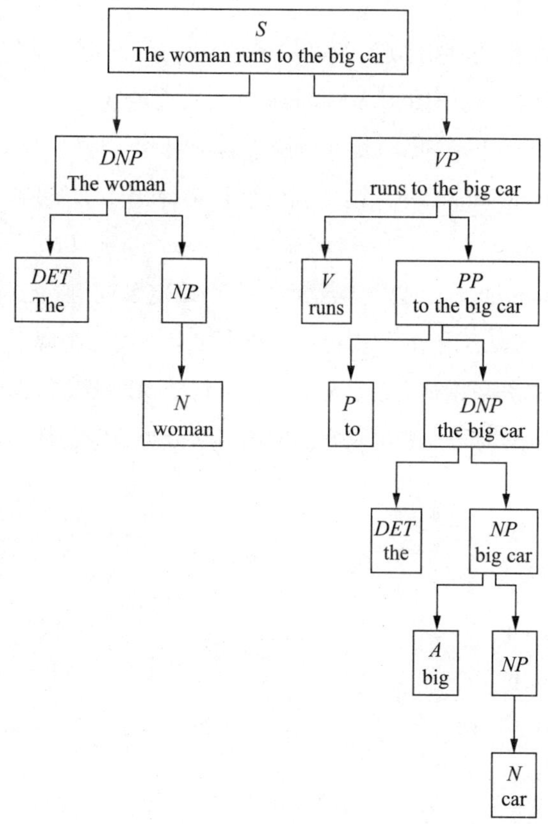

图2.5 剖析树

剖析树表现的是句子的抽象结构。任何有能力的英语说话者都可以(通常是 90
潜意识地)认出这类结构。我们可以将剖析树里的字换成其他字,甚至是非字,而如果替换字对于每个文法分类范畴听起来都正确的话,得到的句子听起来就会像一个英语句子。通过提供公理来决定所有类似分析句子的剖析树,形式的文法也因此捕捉到英语句子里的某些抽象结构。

乔姆斯基研究的成功,并不代表数学可以捕捉到我们对语言需要知道的一切。数学从来就没有捕捉到我们对任何事情需要知道的一切。由数学得到的理解只是一小部分而已。像英语这样的人类语言是个高度复杂的系统,随
时都在改变和进化。文法也只是捕捉到更大图像里的一小部分,不过,却是重 91
要的那一部分。而许多部分里的这一个,也刚好是利用数学技巧最好处理的。英语文法是个复杂、抽象的结构,而数学刚好就是用来描述抽象结构的一个最佳思考工具。

文字里隐藏的“指纹”

乔姆斯基使用代数来捕捉我们共有的语言模式。而数学家可以在语言中找到其他的模式,其中之一可以用来从我们书写的文字辨认我们自己。在给定段落足够长的前提之下,数学家可以确定最有可能书写的人是谁。而使该情形成为可能的,就是我们经常使用的不同文字的相对频率,就像是从指纹辨认出我们自己一样,会形成一个确定性的数值档案(numerical profile),只是没那么准确而已。

这个辨认方法的初次应用是在1962年,美国数学家弗里德里克·莫斯特勒(Frederick Mosteller)和戴维·华莱士(David Wallace)利用这个方法解决到底是谁写下了各篇的《联邦论》(*Federalist*)——一个对于研究美国宪法由来的学者们都很重要的问题。

《联邦论》是1787到1788年间,亚历山大·汉密尔顿(Alexander Hamilton)、约翰·杰伊(John Jay)和詹姆斯·麦迪逊(James Madison)著作的八十五份文件之文集。他们的目标是要说服纽约州的人民正式认可新的宪法。因为每份个别

的文件上都没有实际作者的署名,所以,宪法历史学家碰到的问题就是:每份文件到底是哪一位写的?这个问题相当重要,因为这些文件提供了有关制定宪法以及架构美国未来的人们的洞识。除了十二份文件以外,其余所有的都由历史证据提供了答案。人们普遍认为汉密尔顿撰写了五十一份、麦迪逊撰写了十四份,杰伊撰写了五份。这样还有十五份不知道是谁写的。这里面有十二份的作者在汉密尔顿与麦迪逊之间争执不下,而其他三份则被认为是一起写的。

莫斯特勒和华莱士的策略,就是要在书写的字迹中寻找模式——不是乔姆斯基和其他语言学家研究的语法结构,而是数值模式。和之前提到的一样,使这个处理方法成为可能的,就是每个人都有一种特定的写作风格,其元素可以用来进行统计分析。要决定著作者的身份,结合争议文件的各种数值,可以拿来和已知作者的文件数值互相比较。

一个明显要拿来细查的数字,就是一位作者在一个句子里使用的平均字
92 数。虽然这个数目可能依主题的不同而更改,但是,当一位作者书写单一主题时(比如《联邦论》的文件时),每个句子的平均长度在每份文件之中,几乎是令人惊异地固定。

不过,在《联邦论》这个事件里,此种处理方法太过粗糙了。在没有争议的文件中,汉密尔顿的每个句子平均字数是 34.5,而麦迪逊的则是 34.6。要从句子长度分出作者是谁,是不可能的。

一些看来比较微妙的方法,例如比较 while 相对于 whilst 的使用,也无法得到一个确定的结论。

最后终于成功的方法,是精心挑选出三十个常见词,根据每位作者使用的相对
93 频率来比较,这些词包括 by、to、this、there、enough 和 according。当这三位作者使用这些词的比率被输入到计算机中分析,以用来寻找数值模式时,结果非常戏剧化。每位作者的书写法都展示了一种特殊的数值"指纹"(numerical fingerprint)。

举例来说,在未有争议的汉密尔顿的文件中,他使用 on 和 upon 的次数几乎是一样的,大概 1 000 个词里会出现 3 次。而对照的麦迪逊则几乎从不用 upon 这个词。汉密尔顿使用 the 的频率 1 000 字里平均 91 次,而麦迪逊则是 94 次,因此,这并无法分辨两人;但杰伊使用的频率是 67 次,所以 the 这个词

的使用频率可以用来分辨杰伊和其他两人。图 2.6 即说明了每位作者使用 by 这个词的不同比率。

这种单一文字的证据,就其本身而言,最多只是示意的,绝非可说服人的。不过,所有三十个词的词比率详细统计分析,却更为可靠,最后结论错误的可能性也非常小。

结论就是,几乎确定麦迪逊是这些争议文件的原作者。

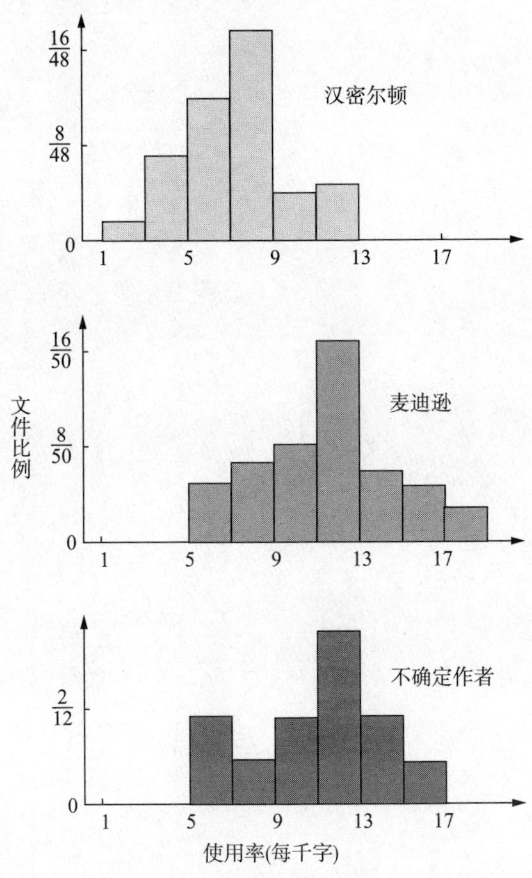

图 2.6 《联邦论》作者书写中使用 by 这个词的频率模式

在一个许多人表明无力做数学的时代,语言学家和统计学家的研究说明了我们使用的语言和数学有关(尽管只是潜意识地),注意到这件事非常有趣。

如乔姆斯基所示范的，文法句子的抽象模式是数学的——至少，它们可以被数学极为恰当地描述——而莫斯特勒和华莱士对于《联邦论》的分析，说明了当我们书写时，是用一种文字频率的确定数学模式来进行的，而这些文字频率和我们的指纹一样独特。如同伽利略的观察，数学不只是宇宙的语言，它甚至可用来帮助我们了解自己。

第三章　动静有数

运动中的世界

我们生活在一个不停运动的世界之中，大部分的运动都可视为规则的。 95

每个清晨太阳升起，且在白昼的天空扫过一条稳定的路径。季节更迭，太阳路径随之高低升降，如此周而复始。

一个脱落的岩石将从山坡滚下，而一颗石子丢向空中，将会在落地之前画出一条曲线。

移动的空气扫过我们的脸庞；雨水落到我们的头上；潮起潮落；晴空满布飘移的浮云；动物奔跑与行走，或游水或飞翔；植物从地面钻出、生长，然后死亡；疾病暴发后经由人口而扩散……

可见，运动无所不在，而且，要是没有它，那将没有像生命这样的东西，因为运动以及从一类到另一类的变化，正是生命的核心本质。

某些运动看起来混乱不堪，但是，大部分都具有秩序与规律，展现了可以或至少应该顺从数学研究的那种规则模式。不过，由于数学工具本质上都是

静态的,像数、点、线、方程式等都无法并入运动之中,因此,为了研究运动,我
们必须找出方法,使得这些静态的工具,可以施加在有关变化的模式上。人类
大约花了两千年才完成这一项壮举。其中,最大的进步就是 17 世纪中叶微
96 积分的发明。数学的这一进展,在人类历史上,标志着一个转折点,它对我
们的生活所产生的效用,正如同轮子或印刷术的发明一样,充满戏剧性与革
命性。

本质上,微积分包括一大堆方法,用以描述、处理有关无限(无限大与无限小)的模式。正如古希腊哲学家芝诺(Zeno)借由一系列诱人的悖论(我们马上要看到)所指出的:理解运动与变化的关键,乃是找到驯服无限的方法。

这里有另一个悖论:虽然无限并非我们生存世界的一部分,但是,为了分析这个世界的运动与变化,人类的心智似乎需要掌握无限。这么说来,或许微积分的方法关乎我们本身与关乎物理世界一样多——一个它们被应用得如此有效的世界。我们使用微积分所掌握的运动与变化的模式,的确对应了我们在这个世界所观察到的运动与变化。不过,作为有关无限的模式,它们的存在落在我们的心智(灵)(mind)之外。它们是人类为了帮助自己理解这世界而发展出来的模式。

一个简单的实验,可以演示一个因运动而出现的令人惊奇的特殊数字模
式。兹取一条够长的塑料排水管,并将它固定为一条坡道(见图 3.1)。在顶
端放置一颗球,将它松手。在这颗球滚动恰好 1 秒的时候,标记它的位置。现
在,将排水管的整个长度标记成与第一个等长,其标数依序为 1,2,3,…。如果
你现在再度从顶端松开一颗球,沿着它的下降,你将会注意到 1 秒后,它会抵
97 达标数 1 的地方;2 秒后,它会抵达标数 4 的地方;3 秒后,它会抵达标数 9 的地
方,而且,只要你的坡道够长,下一秒的下降处将是标号 16。

此处的模式非常明显:在 n 秒下降后,这颗球落在标数 n^2 的位置。还有,无论你如何倾斜这条坡道,这永远为真。

虽然这个实验极易观察,但是,这个模式的完整数学描述,需要微积分的全部功力,那些技巧将在本章稍后加以解释。

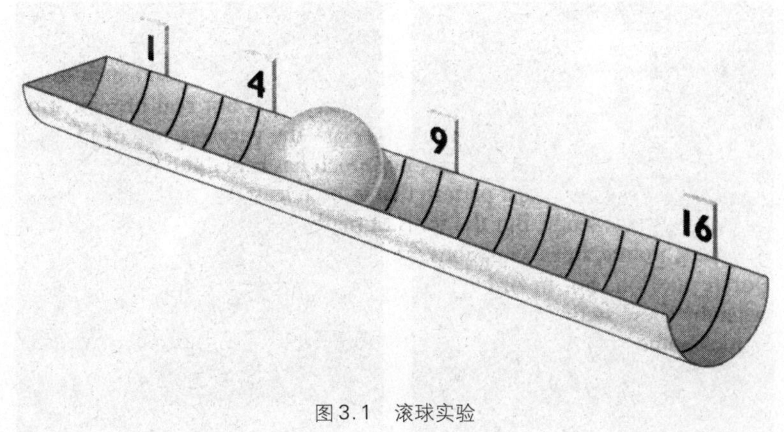

图 3.1　滚球实验

发明微积分的两个人

微积分被英国的牛顿与德国的莱布尼茨(见图 3.2)几乎同时但彼此独立地发明出来。这两位的数学洞识即将永远改变人类的生活方式,然而他们究竟是什么样的人呢?

牛顿在 1642 年的圣诞节生于乌尔索普(Woolsthorpe)的林肯郡(Lincolnshire)。1661 年,在一家相当正规的文法学校接受完教育后,他进入了剑桥大学的三一学院,在那里,他主要靠着自学而精通了天文学与数学。1664 年,他被拔擢为“学者”(scholar),此身份可以提供他四年的财务支持,以便攻读硕士学位。

1665 年,剑桥大学因腺鼠疫被迫关闭,那正好是二十三岁的牛顿回到乌尔 98
索普老家,开启史上前所未见的原创性科学思想最有收获的两年。流率法(method of fluxions,牛顿对今日微分法的称呼)与反流率法(inverse method of fluxions,即今日积分法)的发明,只不过是 1665 与 1666 年间他在数学与物理方面,如洪水奔流的成就之中的两项而已。

1668 年,牛顿完成了硕士论文,并且入选为三一学院院士——一个终身职位。翌年,当伊萨克·巴罗(Isaac Barrow)辞别颇具威望的卢卡斯数学教授席位(Lucasian Chair of Mathematics),转任英王的国教牧师时,牛顿便接下了这个

图 3.2　微积分之父：牛顿爵士与莱布尼茨

席位。

牛顿特别惧怕批评，导致一大堆研究成果未曾出版，其中就包括了微积分。不过，在 1684 年，天文学家埃德蒙·哈雷（Edmund Halley）还是说服了他准备部分运动与重力定律成果的出版。1687 年，终于现身的《自然哲学的数学原理》（*Philosophiae Naturalis Principia Mathematica*，简称 *Principia*，《原理》）永远地改变了物理科学，并使牛顿被推举为世上曾经有过的最杰出的科学家之一，无论是 17 世纪或现在。

1696 年，牛顿辞去剑桥教职，接任皇家造币厂厂长（Warden of the Royal Mint）一职。在此工作期间，牛顿于 1704 年出版了《光学》（*Opticks*）一书，这部巨作是他在剑桥时期光学研究的成果概要。在这本书的附录中，他给出了一个自己在四十年前研发的流数法的简要说明。这是他首度将相关成果公之于世。一个更完整的说明，亦即《论分析》（*De Analysi*）则早在 17 世纪 70 年代早期，就已经在英国的数学社群中私下流传；但是，一直等到 1711 年才出版。至于有关微积分完备解说的出版，则等到 1736 年——在他谢世九年之后。

恰好在《光学》问世前，牛顿被推选为皇家学会（Royal Society）主席，这是大不列颠的科学最高荣誉；1705 年，英国女王安妮（Queen Anne）颁赠骑士勋章给他，这是来自皇家的最高颂赞。这一位来自小小的林肯郡，曾经害羞而羸弱的男孩，即将度过堪与国家宝藏比拟的余生。

牛顿爵士去世于 1727 年，享年八十四岁，并被安葬于威斯敏斯特教堂。他的墓志铭这么写着："人间的凡夫俗子们，你们要恭贺自己曾经有这样一位伟人为了人类的荣誉而活！"

微积分的另一位发明者莱布尼茨在 1646 年生于莱比锡。他从小就是个 99
神童，充分利用他父亲（一位哲学教授）数量可观的学术藏书。到了十五岁时，年轻的莱布尼茨准备进入莱比锡大学。五年后，他完成了博士学位，在正要开始学术研究生涯时，决定离开大学生活，进入政府部门服务。

1672 年，莱布尼茨成为驻守巴黎的一位高级外交官，因而有机会数度走访荷兰与不列颠。这些拜访让他接触到了当时许多顶尖的学术领袖，其中荷兰科学家克里斯蒂安·惠更斯（Christian Huygens）启发了这位年轻外交官重拾数学研究的兴趣。这是一次幸运的会面，因为到了 1676 年时，莱布尼茨已经从一位实质的数学"菜鸟"，进步到能自行发现微积分的基本原理。

也许有人怀疑。当莱布尼茨首度于 1684 年，在他自己所编的期刊《教学纪录》（*Acta Eruditorum*）发表其发现时，当时许多英国数学家都大声喊冤，指控莱布尼茨偷了牛顿的想法。的确，当莱布尼茨在 1673 年造访伦敦皇家学会时，曾经看过牛顿尚未发表的一些研究报告，而且，在 1676 年，为响应莱布尼茨要求其发现的进一步信息时，牛顿曾经撰写两封回信，提供了某些细节。

尽管他们两人本身对于此争议大都置身事外，不过，英德两国数学家争辩谁是微积分的发明者，却逐渐加温。牛顿的研究无疑是在莱布尼茨之前完成的，但是这位英国人却未发表任何一丁点东西。相反地，莱布尼茨不仅立即发表了他的作品；同时，他比较几何式的方法，却在很多方面让他的处理显得更加自然，因而迅速地在欧洲风行。诚然，莱布尼茨对微分所采取的几何方法（第 126 页）今日被全世界的微积分课堂广为采用，同时，导数的莱布尼茨符号（dy/dx，正如我们即将看到的）也被广泛使用。而牛顿借由物理运动的方法以及他的符号，在物理学之外，却极少见到。

时至今日，一般的意见是：虽然莱布尼茨从他阅读牛顿的部分作品中，清楚地获得了一些想法,但这位德国人的贡献,却十分有意义,可以同时颁予两人“微积分之父”的头衔。

与牛顿一样,莱布尼茨并不满足于始终研究数学。他研究哲学,发展形式逻辑理论(theory of formal logic)——今日符号逻辑的先驱,还成为梵文与中国
100 文化的专家。1700 年,他身任设立于柏林的科学院的主力,并担任院长直到 1716 年去世为止。

不同于牛顿以国葬规格埋骨于威斯敏斯特教堂,莱布尼茨这位微积分的德国创造者,身后却是默默无闻。

这些大概就是发明了微积分的两个人的故事了。不过,正如数学通常的情况,这故事还得追溯回古希腊。

运动的悖论

微积分应用的是连续而非离散的运动。不过,在进行首次分析时,连续运动的核心理念似乎有一点似是而非。试想:在时间中的某一特殊瞬间,任何物体必定在空间中的某一特定位置。在那个瞬间,那个物体与一个静止的相似物体无法分辨。不过,如果这对于时间中的每一瞬间都成立,那么,这个物体怎么可能运动呢?当然,如果这个物体在每一瞬间都是静止的,那么,它将永远静止。

这一特别的运动悖论最早由希腊哲学家芝诺所提出,或许是用来反对毕氏学派那种数字化基础的数学研究。生活在公元前约 450 年的芝诺,是创立爱利亚学派(Eleatic school of philosophy)的巴门尼德(Parmenides)的门徒,这个学派曾在大希腊(Magna Graecia)的爱利亚(Elea)活跃过一段时期。芝诺的谜题原先是以飞箭表示,如果我们将空间视为原子型的(atomic),亦即空间包
101 括多重的相邻原子,并将时间视为包括一系列离散的瞬间,那么,它将是一个真正的悖论。

另一个芝诺的谜题,则对那些相信空间与时间并非原子型而是无限可分割的人,提出了挑战。这就是阿基里斯与乌龟的悖论(paradox of Achilles and

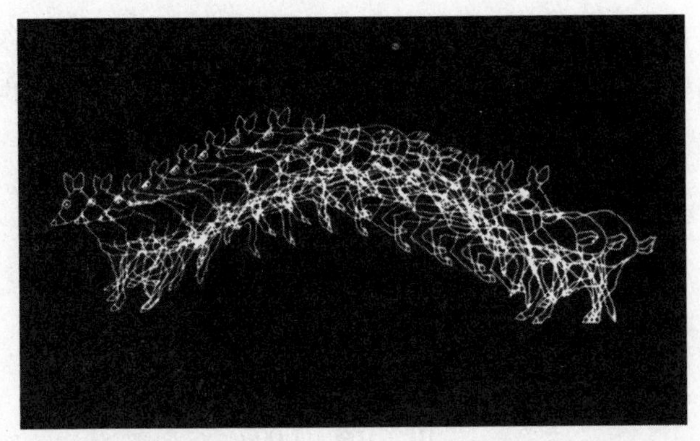

图3.3　运动的悖论。在任何一瞬间，一个物体必须静止，这个想法可以借由一只跳跃的鹿的图说来加以掌握。既然这对所有瞬间都成立，这个物体当然永远静止才是；如此一来，运动怎么可能发生？希腊哲学家芝诺提出这个悖论，以挑战时间由一系列离散瞬间所组成这一诊断

the tortoise)，这或许是芝诺论证中最有名的一个。阿基里斯要在 100 米的历程中追赶乌龟。由于阿基里斯可以跑得比乌龟快十倍，因此，乌龟的起跑点在 10 米前。比赛开始，阿基里斯飞奔追赶乌龟。当阿基里斯追过 10 米到达乌龟的起点时，乌龟已经跑了 1 米，因而是 1 米领先。到了阿基里斯跑过这额外的 1 米时，乌龟是十分之一米领先。当阿基里斯到达那一点时，乌龟是一百分之一米领先，如此等等一直到无限。因此，按照此一论证，这只乌龟永远领先，尽管边缘愈来愈小，而阿基里斯永远无法超越对手而赢得此一赛跑。

这些悖论的目的，当然不是为了争论箭无法移动，或阿基里斯永远不可能超越乌龟。这两者都是无法否认的经验事实。不过，芝诺的谜题却是企图对当时提供空间、时间与运动的解析说明之挑战——这些是希腊人无法迎接的挑战。事实上，这些悖论真正令人满意的解决之道，一直到 19 世纪末才出现，当时的数学家终于可以掌握数学无限(the mathematical infinite)的概念了。

驯服无限

有关运动与变化的数学研究最终发展的关键，是找到一种处理无限的方法。而那也意味着描述与操弄涉及无限的各种模式之方法的探寻。

譬如说，要是你拥有一种可以处理其中所涉模式的方法，那么，芝诺的阿基里斯与乌龟悖论即可消解。在此赛跑的每一阶段中，乌龟领先阿基里斯的总量（以米表示）如下：

$$10,1,\frac{1}{10},\frac{1}{100},\frac{1}{1\,000},\cdots。$$

因此，这个悖论就链接到我们所做的无限和：

$$10+1+\frac{1}{10}+\frac{1}{100}+\frac{1}{1\,000}+\cdots,$$

102 其中的省略（那三个点）按该模式所指示，代表这个（总）和（sum）可以永远加下去。

在这个总和里，我们根本不可能把所有的无限多项加在一起。事实上，我甚至无法将它们全部写出来。的确，我使用“（总）和”一词可能带来误导，它不是“（总）和”这个词的正规意义。事实上，为了避免这种混淆，数学家称这样的无限和为无穷级数（infinite series）。这是数学家取自日常用语并赋予专门技术性意义的诸多案例之一，经常是约略关联到日常用法而已。

在将我们的注意力从该级数中的个别项转向整体模式时，我们极易找到这个级数的值。令 S 代表这个未知的值：

$$S=10+1+\frac{1}{10}+\frac{1}{100}+\frac{1}{1\,000}+\cdots,$$

这个级数的模式如下：每一个后继项都是前一项的十分之一。因此，你可以将整个级数乘以 10，然后，可以再次得到同一个级数，除了第一项之外：

$$10S=100+10+1+\frac{1}{10}+\frac{1}{100}+\frac{1}{1\,000}+\cdots。$$

如果你现在从第二个等式减去第一个等式，那么，第二等式右边的所有项除了首项 100 之外，都会成对消去：

$$10S-S=100。$$

现在,你有一个寻常的、有限的方程式,它可以按平常的方法求解:

$$9S = 100。$$

因此,

$$S = \frac{100}{9} = 11\,\frac{1}{9}$$

换言之,当阿基里斯奔跑了恰好 $11\,\frac{1}{9}$ 米之后,他就会与乌龟并驾齐驱。

在这里的决定性因素乃是:一个无穷级数可以有一个有限的值。芝诺的悖论之所以似是而非,完全是因为你认为一个无穷级数必定有一个无限的值。

要注意寻找这个级数的值的关键,是从针对个别项的相加,转移到整体模 103
式的相等与操作上。简而言之,这就是处理数学中无限的关键。

无限的逆袭

可能你已意识到,是否能用固定数合法地乘遍一个无穷级数,像我上述所做的那样;或者,是否能逐项地从一个级数减去另一个级数,如同我也做过的,并非十分明确。无限模式的油滑特性简直恶名昭彰,演算它们时极易出错。考察下列的无穷级数,例如:

$$S = 1 - 1 + 1 - 1 + 1 - 1 + \cdots,$$

要是你以 -1 乘遍这个级数,你将得到一个同样的级数,只差一个 1 被移走:

$$S = 1 - 1 + 1 - 1 + 1 - 1 + \cdots,$$

$$-S = \quad -1 + 1 - 1 + 1 - 1 + \cdots。$$

如果你从第一个减去第二个,那么右式所有的项都会消去,除了第一个级数的第一项之外,而剩下

$$2S = 1。$$

因此，所求结论就是 $S=\frac{1}{2}$。

你可能认为一切都很顺利。然而，假设你取原来的级数，并且将它按照下列方式两两括号：

$$S=(1-1)+(1-1)+(1-1)+\cdots。$$

再一次地，这对于整体的模式而言，似乎是完全合理的操作，尽管这个级数有无穷多项，我已经以加上括号描述了这个模式。不过，这一次每个括号内的一对都是0，因此，现在的结论如下：

$$S=0+0+0+\cdots。$$

亦即 $S=0$。

或者你也可以按照下列方式应用括号：

$$S=1+(-1+1)+(-1+1)+(-1+1)+\cdots。$$

如此，你得到的是 $S=1$。

104 对于 S 的原级数是由一种完全可理解的模式给定。我按三种不同的方式处理它，使用了三种不同的求和模式（pattern of manipulation），而获得了三种不同的答案：$S=\frac{1}{2},0,1$。然则哪一个答案是正确的呢？

事实上，没有正确答案。这个级数的模式无法按数学方式处理：这个特别的级数没有值。另一方面，由阿基里斯与乌龟悖论所产生的级数，的确有一个值，而且，我所执行的操作确实是可允许的。整理可以操作的级数以及不可操作的级数之间的区别，并发展一个如何处理无穷级数的健全理论，就花了几百年的努力，直到19世纪末才完成。

一个无穷级数的值可以经由级数的模式演算而决定，这种格外漂亮的说明方式，是由所谓的几何级数（geometric series）提供。这些级数具有下列的形式：

$$S=a+ar+ar^2+ar^3+\cdots。$$

其中每一个后继项,都是通过将其前一项乘上一个固定量 r 而得到。几何级数经常出现在日常生活中,譬如放射性衰变,或者你必须还给银行的贷款。还有,由阿基里斯与乌龟的悖论所产生的级数也是几何级数(其固定比 r 为$\frac{1}{10}$)。事实上,我用以求得其值的方法,也适用于任何几何级数。为了求得 S 的值,你可以将这个级数遍乘上同一个比 r,而得到如下一个新级数:

$$Sr = ar + ar^2 + ar^3 + ar^4 + \cdots。$$

并且从这一个减去第一个。如此,当所有的项成对消去,而只剩下第一个级数的第一项,留下如下方程式:

$$S - Sr = a。$$

视 S 为未知数,解此方程式,你求得 $S = a/(1-r)$。最后,只剩下一个问题必须处理,那就是:前文所描述的各种操作是否有效。有关模式的更详尽检视指出:当 r 小于 1(若 r 为负,则必须大于 -1)时,这些操弄都是被允许的;不过,对其他的 r 值而言,则是无效的。

因此,譬如说下列级数: 105

$$S = 1 + \frac{1}{2} + \frac{1}{4} + \frac{1}{8} + \frac{1}{16} + \cdots + \frac{1}{2^n} + \cdots。$$

具有第一项 $a=1$ 与比 $r=\frac{1}{2}$,所以,它的值为

$$S = \frac{1}{1-\frac{1}{2}} = \frac{1}{\frac{1}{2}} = 2。$$

显然,"(公)比"小于 1(r 为负数时,r 大于 -1)的一个结果是这种级数的项愈来愈小。不过,对于一个无穷级数而言,这是一个有助于你求得其有限值的决定性因素吗?

表面上看来,这个假设似乎是合理的;如果项愈来愈小,那么,它们对于最后的总和产生的效果,将会变得愈来愈不重要。如果真是如此,那么,下列这

个优雅的级数将会得到有限值才是：

$$S = 1 + \frac{1}{2} + \frac{1}{3} + \frac{1}{4} + \cdots + \frac{1}{n} + \cdots。$$

由于这个级数链接到音阶的某种模式，因此，它被称为调和级数(harmonic series)。

如果你将这个级数的前一千项加起来，那么，你将得到 7.485 这个值(精确到小数点后三位)；而前一百万项加起来，则会得到 14.357(亦精确到小数点后三位)；前十亿项加起来，则约有 21；前一兆项加起来，则可得到大约 28。然而，这整个无穷级数的(总)和，究竟是多少呢？

答案是：并没有这种值。这最早是由 14 世纪的尼可・奥雷斯姆(Nicole Oresme)发现的一个结果。因此，一个无穷级数的项愈来愈小，并不足以保证这个级数具有一个有限值。

然则你将如何着手证明这种调和级数不具有一个有限值呢？当然不是靠加上愈来愈多项的结果。假定你即将开始在一条带子上逐项写下这个级数，每一项占有一厘米(这当然是粗略的低估，因为当你继续写下去时，你将需要更多的位数)。如此，当你书写到足够多的项，使得其和之值超过 100 时，你将需要大约 10^{43} 厘米长的带子。然而，10^{43} 厘米差不多是 10^{25} 光年，已经超过目前已知的宇宙大小(最近的估计约有 10^{12} 光年)。

106 证明这种调和级数具有一个无限值的方法，当然是运用模式来研究。一开始让我们观察它的第三、四项这两个至少是$\frac{1}{4}$，因此，它们的和至少是 $2 \times \frac{1}{4} = \frac{1}{2}$。现在，注意到下四个项，亦即$\frac{1}{5}, \frac{1}{6}, \frac{1}{7}, \frac{1}{8}$，都至少是$\frac{1}{8}$，因此，它们的和至少是 $4 \times \frac{1}{8} = \frac{1}{2}$。依此类推，在下十六个项，从$\frac{1}{9}$到$\frac{1}{32}$，都至少是$\frac{1}{32}$，因此，它们加起来至少是 $16 \times \frac{1}{32} = \frac{1}{2}$。经由取更长串的项，按照模式 2 项、4 项、8 项、16 项等，你可以继续在每个例子中取得至少是$\frac{1}{2}$的和。这个程序将会导致$\frac{1}{2}$的无限多次重复，而将这些无限多个$\frac{1}{2}$加起来，无疑将制造一个无限的结果。但是，这个调和级数的值，要是它真有一个值的话，将至少与无限多个$\frac{1}{2}$一样大。所以，这个调和级数不可能具有一个有限值。

在17、18世纪，数学家操作无穷级数的技巧更加娴熟。譬如，苏格兰人詹姆斯·格雷戈里（James Gregory）在1671年发现了下列结果：

$$\frac{\pi}{4}=\frac{1}{1}-\frac{1}{3}+\frac{1}{5}-\frac{1}{7}+\frac{1}{9}-\cdots。$$

你可能也会猜测这个级数如何给你涉及常数π（任意圆的周长与直径之比）的答案。

1736年，欧拉发现另一个涉及π的无穷级数如下：

$$\frac{\pi^2}{6}=\frac{1}{1^2}+\frac{1}{2^2}+\frac{1}{3^2}+\frac{1}{4^2}+\frac{1}{5^2}+\cdots。$$

事实上，欧拉接着撰写了一整本有关无穷级数的著作《无穷分析导论》（*Introductio in Analysin Infinitorum*），并于1748年出版。

借由专注于模式而非算术，数学家能够处理无限。有关无限模式的研究最重要的结果出现在17世纪下半叶，当时，牛顿与莱布尼茨发展了微分学。他们的贡献，无疑是人类史上最伟大的数学成就之一，而且，也永远转变了人类的生活。要是没有微积分，现代技术将不会存在；不会有电、不会有电话、不会有汽车，更不会有心脏绕道手术。基本上，导致这些以及大部分其他技术发展的科学，都依赖于微分学。

函数提供了钥匙

微分学提供了描述与分析运动和变化的一种手段——不只是任意运动或 107
变化，而是显示一种模式的运动或变化。为了应用微分学，描述你感兴趣的运动或变化的模式，必须被呈现出来。按照具体的说法，这是因为微分学是处理模式的一组技巧(*calculus* 这个词在拉丁文中的意思是“卵石”〔pebble〕,回忆一下早期包含摆弄卵石的计数系统)。

微分学的基本运算是一个被称为微分(differentiation)的程序。微分的目的在于获得某种变化中的量的变化率。为此,那个量的值、位置或路径必须借由适当的公式给出。于是,微分作用在那个公式上,以制造给出变化率的另一个公式。因此,微分是一个将公式转变为另外一些公式的程序。

譬如说,想象一辆汽车沿着马路行驶。假设它随着时间(比如 t)的改变所行驶的距离(比如 x)是按照下列公式给出的:

$$x = 5t^2 + 3t。$$

接着,根据微分学,这辆汽车在任意时间 t 的速率 s(亦即位置的变化率)可由下列公式给出:

$$s = 10t + 3。$$

这个公式恰好是微分 $x = 5t^2 + 3t$ 的结果(不久,你将会看到微分在本例中如何操作)。

注意到在本例中,汽车的速率并非常数(或定值);速率随着时间而变化,就像距离一样。诚然,这个微分的程序可以应用第二次,以便得到加速率(度)(亦即速率的变化率)。微分 $s = 10t + 3$ 得到加速率:

$$a = 10。$$

在本例中,这是一个常数。

微分程序所应用的基本数学对象被称为函数(*function*)。没有函数概念,就不会有微积分。正如算术加法是一种在数字上执行的运算一样,微分是一种在函数上执行的运算。

108 但是,函数究竟是什么呢?在数学上,最简单的答案是:函数是一种规则,允许你给定一个数时,可以计算出另一个(严格来说,这是一种特例,却很适合理解微积分如何运作)。

譬如下列的多项式公式

$$y = 5x^3 - 10x^2 + 6x + 1$$

决定了一个函数。给定任意值 x，该公式告诉你如何计算对应值 y。例如，给定值 $x=2$，你可以计算

$$y = 5 \times 2^3 - 10 \times 2^2 + 6 \times 2 + 1 = 40 - 40 + 12 + 1 = 13。$$

其他例子如三角函数(trigonometric functions)，$y = \sin x$，$y = \cos x$，$y = \tan x$。针对这些函数，我们缺乏简单的方法——正如多项式的例子一样——以计算 y 值。它们的常见定义是利用直角三角形的各边比，但是，那些定义只有在给定的角 x 小于直角时才适用。数学家利用正弦与余弦函数来定义正切函数：

$$\tan x = \frac{\sin x}{\cos x}。$$

并且利用无穷级数来定义正弦与余弦函数

$$\sin x = x - \frac{x^3}{3!} + \frac{x^5}{5!} - \frac{x^7}{7!} + \cdots,$$

$$\cos x = 1 - \frac{x^2}{2!} + \frac{x^4}{4!} - \frac{x^6}{6!} + \cdots。$$

为了理解这些公式，你需要知道：对任意自然数 n 来说，$n!$（读作 n 的阶乘）等于从 1 到 n 的所有数的乘积：譬如 $3! = 1 \times 2 \times 3 = 6$。$\sin x$ 与 $\cos x$ 的无穷级数永远具有有限值，而且多少能像有限多项式一样处理。当 x 是一个直角三角形中的一角，这些级数当然给出平常的值；不过，对任意实数 x，它们也一样给出值来。

函数还有另一个例子是下列的指数函数：

$$e^x = 1 + \frac{x^1}{1!} + \frac{x^2}{2!} + \frac{x^3}{3!} + \frac{x^4}{4!} + \cdots。$$

再一次地，这个无穷级数永远给出一个有限值，而且可以像一个有限多项式一 109
样处理。运用 $x=1$，你可以得到

$$e = e^1 = 1 + \frac{1}{1!} + \frac{1}{2!} + \frac{1}{3!} + \frac{1}{4!} + \cdots$$

这个无穷级数的值，数学常数 e（欧拉数）是一个无理数。它的小数字从 2.718 28 展开。

指数函数拥有一个非常重要的反函数——也就是说，一个恰好反转 $y=e^x$ 作用的函数。如果你取一个数 a 应用到函数 $y=e^x$ 而得到 $b=e^a$，那么，当你应用对数函数 $y=\ln x$ 到 b 时，你就会再度得到 a：$a=\ln b$。

如何计算斜率

像多项式或者代表三角或指数函数的无穷级数这一类的代数公式，提供了一种非常精确、有用的方法，来描述抽象模式的某种类型。这些情况中的模式，都是结合数对之间的一种模式：始于自变量 x，然后得到应变量 y。在很多情况下，这个模式可以借由一个图形（如图 3.4 所示）来说明。其中，函数的图形约略显示变量 y 如何关联到变量 x。

譬如说，在正弦函数的情形中，当 x 从 0 递增，y 也跟着递增，直到接近 $x=$

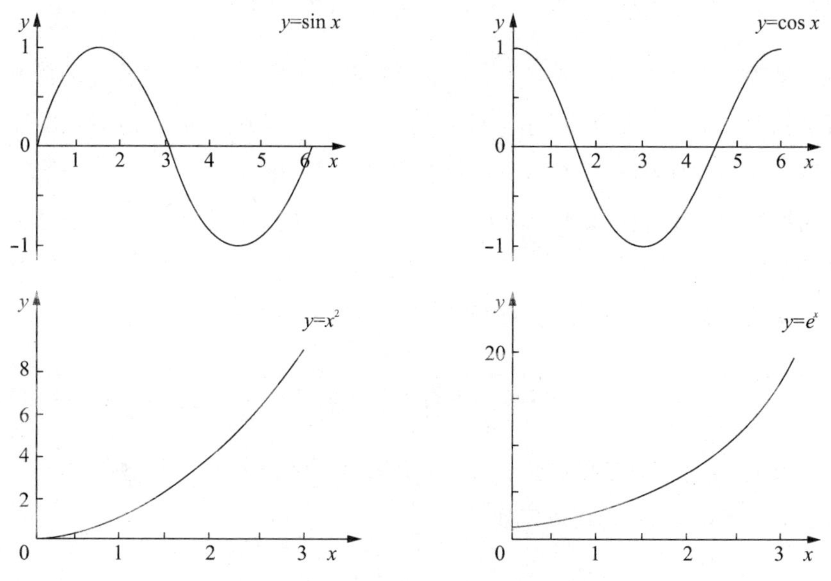

图 3.4　四种常见函数的图标，显示出变量 y 如何对应变量 x

1.5 的某处（正确点为 $x=\pi/2$），y 开始递减；在大约 $x=3.1$ 时（精确地说，当 $x=\pi$ 时），y 变成负；继续递减直到 $x=4.7$ 时（精确地说，当 $x=3\pi/2$ 时），y 又开始递增。

牛顿与莱布尼茨所面对的任务是：你将如何求出一个像 $\sin x$ 这样的函数的变化率——亦即，如何求得 y 相对于 x 的变化率。借由图形的解读，求变化率就相当于求曲线的斜率——它有多陡？其中难点在于斜率并非常数：在某些点，这条曲线爬得很陡峭（一个大的正斜率），在其他点它几乎是水平线（斜率接近于零），而在另外的其他点，它却在相当陡峭地下降（一个大的负斜率）。

总之，就像 y 值依赖 x 值一样，在任一点的斜率也依赖着 x 的值。换言之，
一个函数的斜率本身就是一个函数——第二个函数。现在，问题变成是：给
定一个函数的公式——也就是说，一个描述 x 关联到 y 的模式之公式——你 110
能够找到一个公式去描述 x 关联到斜率的模式吗？

本质上，牛顿与莱布尼茨两人所想出的方法如下所述。为了简单起见，让我们考虑 $y=x^2$，图形如图 3.5 所示。当 $x>0$ 且 x 递增时，不仅 y 递增，斜率也递增。亦即，当 x 递增，这曲线不仅爬得更高，而且变得更陡。给定 x 的任意值，对应的曲线高度，是由计算 x^2 而得。但是，对这个 x 值，你将对它如何，以便计算其对应之斜率呢？

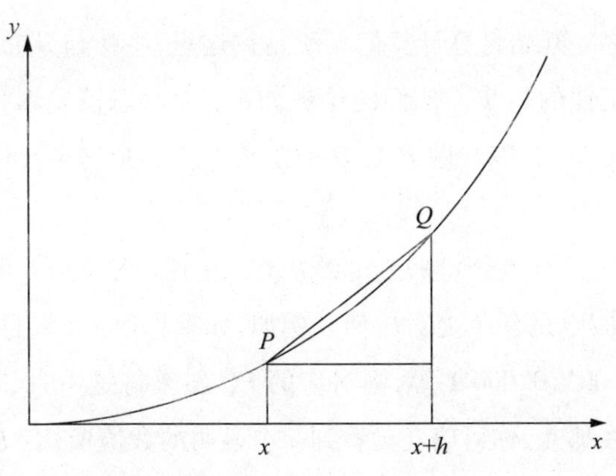

图 3.5　计算函数 $y=x^2$ 的斜率

这里是我们的想法。注意看第二点,在 x 的右边一小段距离 h。参考图 3.5,曲线上 P 点的高度是 x^2,而 Q 点是 $(x+h)^2$。当你从 P 到 Q 行进时,这条曲线往上弯。但是,如果 h 相当小(如图所示),曲线与链接 P 与 Q 的割线之差异也会很小。因此,这条曲线在 P 点的斜率就会接近这条直线的斜率。

这个步骤的意义在于,计算一条直线的斜率是容易之事:你只要将高度的增量除以水平方向的增量即可。在本例中,高度的增量是

$$(x+h)^2 - x^2。$$

111 而且,水平方向的增量为 h,于是,从 P 到 Q 的直线之斜率是

$$\frac{(x+h)^2 - x^2}{h}。$$

应用初等代数方法,这一分式的分子可以化简如下:

$$(x+h)^2 - x^2 = x^2 + 2xh + h^2 - x^2 = 2xh + h^2。$$

因此,直线 PQ 的斜率是

$$\frac{2xh + h^2}{h}。$$

由此一分式消去 h,留下 $2x+h$。

这就是从 P 到 Q 的直线的斜率公式。然则曲线 $y=x^2$ 在 P 点的斜率究竟为何呢?这是你一开始打算计算的。就是在这里,牛顿与莱布尼茨都完成了他们卓越与决定性的一步。他们的论证如下:以动态情境取代静态情境,然后,一旦沿着 x-方向、隔开两 P 与 Q 的距离 h 变得愈来愈小时,想想将会有什么事情发生:

当 h 变小一点,Q 点会愈来愈接近 P 点。记住:对每个 h 值而言,公式 $2x+h$ 给出了直线 PQ 的斜率之对应值。例如,如果你取 $x=5$,且让 h 依序地取值 0.1,0.01,0.001,0.000 1 等,则对应的 PQ 斜率将是 10.1,10.01,10.001,10.000 1,…。在那儿,你可以立刻看到一个显明的数值模式:PQ 斜率看起来
112 趋近于 10.0 值(用数学家的行话说,对于愈来愈小的 h 值来说,10.0 就像是

PQ 斜率数列的极限值〔*limiting value*〕)。

不过,注意看这个图并将此程序以几何图标出来,可以观察到另一个模式,一个几何模式:当 h 变小一点,而且 Q 趋近 P,则曲线在 P 点的斜率与直线 PQ 的斜率差异也会跟着变小一点。事实上,PQ 斜率的极限值将会恰好等于曲线在 P 点的斜率。

譬如对点 $x=5$ 来说,曲线在 P 点的斜率将是 10.0。更普遍地说,曲线对任意点 x 的斜率将是 $2x$。换言之,曲线在 x 的斜率是由公式 $y=2x$ 所给出的(这是当 h 趋近于 0 时,表示式 $2x+h$ 的极限值)。

消逝量的鬼魂

对史籍记录而言,牛顿的进路并非完全如上所述。他的主要学术关注是物理学,尤其,他对行星运动满怀兴趣。牛顿并非如图所示,将变量 y 随着变量 x 的变化,按几何方式来思考,而是思考距离 r 随着时间 t——比方,$r=t^2$——来变化。他称呼这个给定函数为*流数*(fluent),而其斜率函数为*流率*(fluxion)。因此,如果流数为 $r=t^2$,那么,流率将是 $2t$。显然,本例中的流数将会是速率或速度的某种形式(亦即,距离的变化率)。对于先前我以 h 代表的小增量来说,牛顿则使用符号 o,借以指出那是一个接近 0 但并不完全为 0 的量。

另一方面,莱布尼茨则将此一议题视为一个寻找曲线斜率的几何问题,那正是我在上文中所采用的进路。他以 dx 取代我的 h,dy 代表 y 值上对应的小差(P 与 Q 点的高之差)。然后,他以 dy/dx 代表斜率函数,这一符号明显暗示了两个小增量的比(符号 dx 的正规英文念法是 dee-ex,dy 念作 dee-wye,至于 dy/dx 则念成 dee-wye 比 dee-ex)。

不过,对他们两人而言,重要的起点是一个链接两个量的函数关系:在牛顿的例子中,

$$r = \text{涉及 } t \text{ 的某个公式};$$

而对莱布尼茨而言, 113

$$y = \text{涉及 } x \text{ 的某个公式。}$$

根据现代术语,我们说 r 是 t 的函数,或 y 是 x 的函数,并且使用像 $r = f(t)$ 或 $r = g(t)$ 这样的符号,至于 x,y 的版本则可类推之。

撇开动机与符号,牛顿与莱布尼茨两人所采取的决定性步骤,乃是从(曲线上)特殊点 P 的斜率本质上的静态情境,转换到利用通过 P 点的直线斜率去连续逼近(曲线)斜率的动态过程。正是由于观察到这个逼近过程(process)中的数值与几何模式,牛顿与莱布尼茨才能获得正确答案。

尤有甚者,他们的进路在许多函数上都行得通,而不只是针对上述考虑的简单例子而已。譬如说,如果你从函数 $y = x^3$ 开始,你可以得到斜率函数 $y = 3x^2$,而且,更普遍地说,如果你从函数 $y = x^n$ 开始,其中 n 是任意自然数,那么,计算出来的斜率函数将是 $y = nx^{n-1}$,对任意自然数 n 都成立。有了这个,你将有另一个容易记住(尽管有一点陌生)的模式,它将 x^n 变成 nx^{n-1},对任意 n 值都成立。这就是我们将要看到的微分模式(pattern of differentiation)。

我们必须强调:牛顿与莱布尼茨所做的并不完全像令 h 等于 0 一样。毫无疑问,在上述非常简单的例子中,函数为 $y = x^2$,如果只是在斜率公式中令 $h = 0$,你将得到 $2x$,而这是正确答案。然而,若 $h = 0$,则点 Q 与 P 将是同一点,以致 PQ 直线将不存在。记住:虽然一个因数 h 被消去而得到 PQ 斜率的简化表式,但是,由于这个斜率是 $2xh + h^2$ 与 h 这两个量的比,一旦你令 $h = 0$,那么,这个比将化约为一个 0 除以 0 的除式,而这当然毫无意义。

这一点是相当大的误解与混淆来源,对牛顿与莱布尼茨两人当时的研究以及许多后继的世代来说,都是如此。对习惯将数学视为模式的科学的现代数学家而言,在连续的逼近过程中,寻找有关数值与几何模式的想法并不奇怪,不过,回到 17 世纪,即便是牛顿与莱布尼茨,都无法足够精确地建构他们的想法,以安抚许多批判者。在这些批判者中,最有名的要属英国哲学家贝克莱主教(Bishop Berkeley),他在 1734 年发表了一篇有关微积分的辛辣批评。

114 针对这一点,莱布尼茨借由分别描述 dx 与 dy 为“无穷小量”(infinitely

small quantity)与“不限定小量”(indefinitely small quantity),辛苦地想说个明白。当他无法想出一个健全的论证以支持他对这些对象的操作时,他写下了这段话:

> (你们或许)认为这些事物根本不可能;只要为了微积分的目的,单纯地把它们作为工具使用,就足够了。

尽管牛顿并未论证到提及“无穷小”的程度,他指称自己的流率为“消逝增量的最终比”(ultimate ratio of evanescent increments)。针对这个概念,贝克莱在他1734年的批判中驳斥说:

> 如此说来,这些流率是什么?消逝增量的速度。而这些相同的消逝增量又是什么?它们既不是有限量,也不是无穷小量,更不是空无(nothing)。难道我们不该称它们为消逝量的鬼魂(ghosts of departed quantities)吗?

要是你想到牛顿与莱布尼茨是在静态情境中进行论证,其中 h 是一个很小但固定的量,那么,贝克莱的反对完全正确。然而,如果你将 h 视为一个变量,且所专注的不是给定函数,而是当 h 趋近于0时的逼近过程,那么,贝克莱的论证就不再成立了。

为了针对贝克莱的反对建立一个可靠的防卫,你必须拟定一个有关逼近程序的严密数学理论,而这当然不是牛顿或莱布尼茨所能做到的。诚然,一直到1821年为止,法国人奥古斯丁-路易斯·柯西(Augustin-Louis Cauchy)才发展出极限(limit)这个关键概念,以及,在几年之后,德国人卡尔·魏尔斯特拉斯(Karl Weierstrass)更进一步提供了这个概念的形式定义。只有在那之后,微积分才被建立在一个健全的基础上,这差不多是在它被发明的两百年之后。

为什么一个严密理论的建立,需要花这么多时间呢?更有趣的是,当我们无法为微积分之所以行得通提供一个逻辑说明时,又如何能发展出这样一个有力且可靠的工具呢？

追逐合理的直观

牛顿与莱布尼茨的方法之所以行得通，是因为驱使他们的直觉是合理的：他们知道自己是在进行一个连续逼近的动态过程。的确，在牛顿的《原理》一书中，他其实离这个说明的正确建构非常接近：

115 严格说来，包含有量消逝的最终比，必不是最终量的比，而是这些递减无止境的量之比所趋近的极限。

换言之，为了求斜率函数，以 x^2 为例，当 h 趋近于 0 时，决定这个比 $(2xh+h^2)/h$ 如何处理，是被允许的，但是，你就是不能令 $h=0$（注意：只有在 $h\neq0$ 时，消去 h 而得到 $2x+h$ 这个表达式才是被允许的）。

然而，既非牛顿也非莱布尼茨，更非其他任何人，有能力以一种精确的数学方式，捕捉到极限的概念，直到柯西与魏尔斯特拉斯。而之所以如此，乃是因为他们都无法“退后”到足以辨别以静态方式表达的恰当模式。请记住，被数学捕捉到的模式都是静态的东西，即使它们是运动的模式亦然。因此，如果牛顿正在思考，比方一个位置随着时间平方而变化的行星运动时，他将会利用这个静态的公式 $y=x^2$ 来捕捉这个动态的情境——所谓“静态”，是因为这个公式仅代表介于一对数字之间的关系式。这个动态的运动被一个静态的函数所捕捉。

将微分学置于一个严密基础上的关键，是观察到同样的想法可以被应用在斜率的逼近过程上。当增量 h 趋近 0 时，针对斜率获得愈来愈精密的逼近动态过程，也可以被捕捉到一个静态方式之中，此时这个逼近被视为 h 的函数。而这也正是魏尔斯特拉斯所做的事。

假定你有某一个函数 $f(h)$；在我们目前考察的例子中，$f(h)$ 将是 $(2xh+h^2)/h$ 这个商（其中 x 被视为固定的，h 为变量），那么，说一个数 L（在我们的

例子中是 $2x$）是当 h 趋近 0 时，函数 $f(h)$ 的极限，这就精确地表示：

> 对任意 $\varepsilon > 0$，存在有一个 $\delta > 0$，使得若 $0 < |h| < \delta$，则 $|f(h) - l| < \varepsilon$。

除非你之前曾经见过此一陈述，否则你应该无法捉摸它的意义。毕竟，数学家的确花了两百年之久才获得此一定义。不过，应该注意的重点是，它对任意种类的（动态）过程没有任何说法，而只指涉到一个具有某种性质的数 δ 之存在。就这一方面而言，它只是像牛顿始终执行的原始步骤一样，借由公式捕捉运
动。以一个（静态的）变量 t 代表时间，牛顿可以利用一个涉及 t 的公式捕捉运
动。同理，视 h 为变量，魏尔斯特拉斯也能够利用一个涉及 h 的形式定义，捕 116
捉（一系列逼近的）极限之概念。牛顿捕捉了 t-模式，魏尔斯特拉斯则捕捉了 h-模式。

顺便一提，虽然柯西发展了适合微积分的一套广泛极限理论，但是，他依然运用动态的逼近过程。因此，他将微积分置于一个坚固的基础，只意味着他化约这个问题，为极限提供了一个精确定义。至于那最后的关键步骤，则是由魏尔斯特拉斯执行。然而，为什么不是牛顿或莱布尼茨，甚或柯西做到这一点呢？毕竟，这些伟大数学家中，每一位都非常习惯使用这些变量以捕捉运动，并使用公式以捕捉运动的模式。差不多可以确定的是，问题在于人类心灵可以应付一个对象本身（entity in itself）的过程之层次。在牛顿与莱布尼茨的时代，将一个函数视为一个对象，而非变化或运动的一个过程，早已是一项卓越的认知成就了。接下来，将连续逼近该函数斜率的过程视为另一个以本身为对象的实体（entity in its own right），就太不可思议了。只能随着时间的流逝，以及对微积分技巧熟悉度的渐增，才可望有人完成这第二个概念的跨越。伟大数学家可以完成惊人的壮举，但他们也只是人类。认知进展需要时间，往往是好几个世纪之久。

由于牛顿与莱布尼茨有关逼近（或极限）的过程如此优异，他们才能将他们的微分学发展成为一种可靠且极为有力的工具。为此，他们将函数视为数

学对象，以便研究与操作，而不只是计算用的食谱而已。他们都被各色各样的模式——源自于链接到那些函数的斜率连续逼近的计算——所导引，然而，他们却无法后退一步，并将逼近的那些模式视为数学研究的对象本身。

微分学

正如我们已经看到的，从一条曲线的公式到该曲线的斜率公式之过程，被称为微分（这个名称反映了在 x 与 y 的方向上取差值〔differences〕，并且计算其相关直线的斜率）。斜率函数被称为原来函数的导数（derivative），是从原来函数推导出来（derived）的东西。

对于我检视过的简单例子来说，函数 $y=2x$ 是函数 $y=x^2$ 的导数。同理，函数 $y=x^3$ 的导数是 $y=3x^2$，而且，更普遍地说，对任意数 n 而言，函数 $y=x^n$ 的导数是 $y=nx^{n-1}$。

117 牛顿与莱布尼茨发明的威力，在于可以被微分的函数数量，为一系列可以微分更复杂函数的法则之发展所扩大。这种法则正是我们现在所称的微积分。微积分的发展，也证明了这个方法在不同应用上的巨大成功，尽管它所依赖的推论方法，并未被完全理解。人们知道做什么，即使他们不知道它何以行得通。今日微积分课堂上的许多学生都有类似的经验。

运用现代术语，微积分的法则最便于描述，其中，x 的任意函数以表达式 $f(x)$ 与 $g(x)$ 代表，而它们的导数（也是 x 的函数）则分别用 $f'(x)$ 与 $g'(x)$ 表示。因此，如果用 $f(x)$ 代表 x^5，则 $f'(x)=5x^{5-1}=5x^4$。

微积分的法则之一给了函数 $Af(x)$（即 $A\times f(x)$）的导数，其中 A 为一固定数（即常数），它的导数就只是将 A 乘上 $f(x)$ 的导数即 $Af'(x)$。例如，函数 $41x^2$ 的导数是 $41\times 2x$，化简得 $82x$。

另一个法则是，形如 $f(x)+g(x)$ 的和函数之导数即等于个别导数的和，也就是 $f'(x)+g'(x)$。因此，函数 $y=x^3+x^2$ 的导数为 $y=3x^2+2x$。类似的法则可以应用在差函数 $f(x)-g(x)$ 上。

利用上述两个法则，我们可以微分任意多项式函数，因为多项式是以常数

乘 x 的乘幂以及加法建立而成。例如，函数 $y=5x^6-8x^5+x^2+6x$ 的导数是 $y=30x^5-40x^4+2x+6$。

在上述最后一个例子中，请注意：当你微分函数 $y=6x$ 时，结果为何？其导数是 6 乘以函数 x 的导数。应用那个将乘幂 x^n 变成导数 nx^{n-1} 的法则，函数 $y=x(=1x^1)$ 的导数等于 $y=1x^{1-1}$，亦即 $1x^0$。但是，由于任意不为 0 的数之零次方是 1，所以，函数 x 的导数就只是 1。

当你企图微分一个固定数，比方 11 时，结果为何呢？这个问题在你企图微分多项式 $x^3-6x^2-4x+11$ 时就会出现。记住：微分是一个应用于公式而非数字的程序，它是决定斜率的一种方法。因此为了微分 11，你必须将它视为一个函数，而非数字——这是一个对任意 x 值来说，都给出值 11 的函数。其
实，这个“函数”11 只是一条在 x 轴上 11 个单位的水平直线，亦即它通过 y 轴 118
上的点 11。你不需要微积分即可算出这个函数的斜率：它是 0。换言之，一个像函数 11 这样的常数函数之导数等于 0。

正是为了替上述这些微积分法则提供基础，柯西发展了他的极限理论。在乘以固定数，以及两个函数的和与差这两种情形中，微分法则（或模式）变得非常直截了当。至于在一个函数乘以另一个的情形中，模式就变得有一点复杂。形如 $f(x)g(x)$ 的函数之导数公式如下：

$$f(x)g'(x)+g(x)f'(x)。$$

举例来说，函数 $(x^2+3)(2x^3-x^2)$ 的导数等于

$$(x^2+3)(6x^2-2x)+(2x^3-x^2)(2x+0)。$$

函数之导数具有简单模式的其他例子，是三角函数：$\sin x$ 的导数为 $\cos x$，$\cos x$ 的导数为 $-\sin x$，而 $\tan x$ 的导数则等于 $1/\cos x^2$。

甚至更简单的是指数函数的模式：$y=e^x$ 的导数就是 $y=e^x$ 自己本身，这表示指数函数具有一个独特的性质，它在每一点的斜率刚好等于那个点的值。

在正弦、余弦与指数函数等情形中，它们的导数可以借由逐项微分其对应的无穷级数而获得，就好像它们是有限多项式一样。如果你这么做，你将可以自行核证上述的微分结果。

自然对数函数 $y=\ln x$ 的微分也产生了一个简单的模式：$y=\ln x$ 的导数是 $y=1/x$。

放射线有危险吗？

1986 年，乌克兰的切尔诺贝利(Chernobyl)核电厂发生了放射物质的外泄灾难。权威人士宣称：邻近地区的放射量在任何阶段都不会到达一个剧变的危险高度。他们如何得出这个结论呢？更普遍地说，在这种情况下，你如何能够预测放射水平在未来一日或一周内将会是什么，以便进行任何必要的撤离或防护措施？

答案是，解一个微分方程——一个涉及单一或多个导数的方程式。

假定你想知道在意外发生后的任意时间 t，空气中的放射量。由于放射性
119 随着时间变化，因此，将它写成时间的一个函数 $M(t)$ 是有意义的。不幸地，当你开始研究时，你或许缺少一个公式以便计算任意时间的值。不过，物理理论导出一个方程式，它联结了放射物质扩散到大气中的递增率 $dM(t)/dt$，与一个该放射物质衰变的常数比率 k。这个方程式如下：

$$\frac{dM}{dt}=\frac{rk}{r-M}。$$

这就是所谓微分方程的例子，一个方程式涉及了一个或多个导数。求解这样的方程式，意即寻找一个未知函数 M(t) 的公式。这是否可能，则依方程式而定。在刚才描述的放射性污染“剧情”中，其方程式特别简单，因此，它可以求解。其解是如下函数：

$$M(t)=\frac{k}{r(1-e^{-rt})}。$$

当你画出此函数的图形时——亦即图 3.6 中的第一个——你会看到，首先它上升急速，接着逐渐趋于等高，愈来愈接近但永远不会到达极限值 k/r。因此，污染所能达到的最高水平将不会大于 k/r。

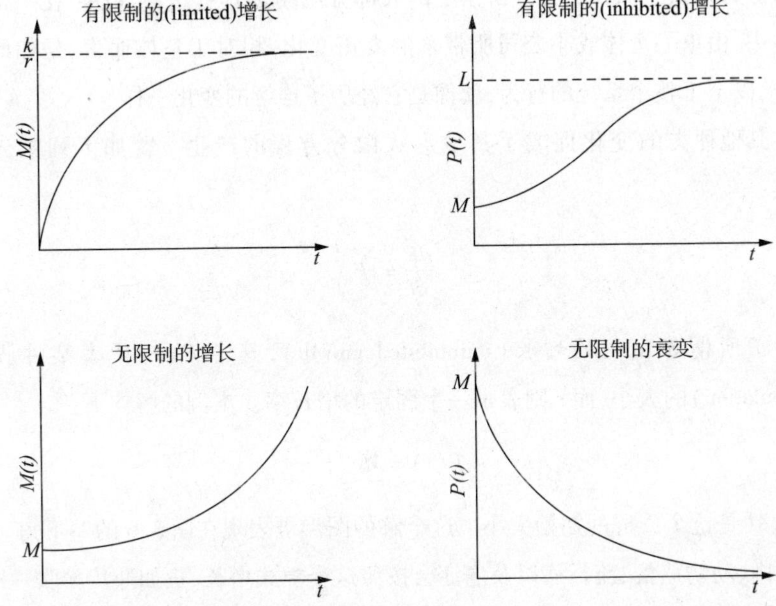

图 3.6　微分方程之解的四种不同图形

同类的微分方程式也在许多其他情况下出现，例如：在物理学中，它在牛顿的冷却定律（Newton's law of cooling）之中；在心理学中，作为有关学习的研究成果，它在所谓的赫尔学习曲线（Hullian learning curve）之中；在医学上，它描述了静脉滴注药物比率；在社会学中，它存在于经由大众传播的信息扩散之测量中；还有，在经济学中，它存在于萧条的现象之中，存在于新产品的销售之中，以及一个业务的成长之中。这种整体模式——其中某一个量会增长到一个极大值——就称为有限制的增长（limited growth）。

一般说来，当存在一个容易变动的量，而理论提供了一个表现为方程式形式的增长模式时，一个微分方程式就出现了。严格来说，这个变化量必须是连续地变化，意即它可以被一个实（数）变量的函数捕捉。不过，许多实际生活情
境中的变化，包括了一大堆个别的、离散的变化——它们相较于问题整体的规 120
模是非常微小的，因此，在这种案例中，要是我们假设整体变化是连续的，其实也无伤大雅。这个假设有助于微积分的全部威力得以发挥，以便解决所产生

的微分方程式。微积分在经济学上的大部分应用都具有这种特性：在一个经济体中，由单一个体或小公司所带来的真正变化，相对于整体而言，是如此的微小，以至于整个系统的行为，就像是它经历了连续的变化一样。

其他种类的变化促成了其他形式微分方程的产生。譬如下列微分方程式：

$$\frac{dP}{dt}=rP$$

描述了所谓无限制的增长(uninhibited growth)，其中 $P(t)$ 代表某种族群(population)的大小，而 r 则表示一个固定的增长率。本例的解如下：

$$P(t)=Me^{rt},$$

121 其中 M 是这个族群的初始大小。这个解的图形被表现在图 3.6 的左下角。在短时内，动物族群、流行病以及癌症会按照这个模式增长，正如通货膨胀一样。

就长期而言，一个比起无限制增长更可能的情节发展，是有限制的增长(inhibited growth)，它可以被下列微分方程所捕捉：

$$\frac{dP}{dt}=rP(L-P)。$$

其中 L 是这个族群的某极限值。此方程式有下列解：

$$P=\frac{ML}{M+(L-M)e^{-Lrt}}。$$

假如你画这一个函数的图形，正如图 3.6 的右上图，你就可以看到它从初始值 M 开始，首先增长缓慢，接着开始快速增长，直到接近极限值 L 为止，此时增长率就稳健地放慢下来了。

最后，下列微分方程式

$$\frac{dP}{dt}=-rP$$

描述了所谓无限制衰变(uninhibited decay)。它的解函数为

$$P(t) = Me^{-rt}$$

放射物衰变与某种自然资源的消耗符合此一模式，在图 3.6 中我们也可以看到它的图示。

微分方程的更复杂形式经常涉及导数的导数，通常被称为二阶导数(second derivative)。许多由物理学产生的微分方程式尤其如此。

寻找微分方程的解的任务，是数学中具有其本身意义的一个分支。在许多情况中，我们无法获得由公式表示的解，反而是计算方法被用以掌握数值或图形解(numerical or graphical solutions)。

由于微分方程出现在生命中的每一面向，因此，有关它们的研究，是对人类具有重大影响的一个数学分支。诚然，从量化观点来看，微分方程描述了生命的真正本质：成长、发展与衰变。

驱动流行音乐的声波

今日的流行团体可能不知道，当他们使用音乐合成器时，所产生的声音靠 122
的是一群 18 世纪欧洲数学家发展出的数学成果。利用计算机科技，从简单震荡电路产生的单音符，创造出今日复杂声音的音乐合成器，是微积分与操作无穷级数之技巧的发展这两者结合的直接结果。虽然这技术是非常晚近的事，不过，在它背后的数学理论，却是 18 世纪末由让·达朗贝尔(Jean d'Alembert)、丹尼尔·伯努利、欧拉以及约瑟夫·傅里叶(Joseph Fourier)等人完成的。它被称为傅里叶分析(Fourier analysis)，而且它所处理的对象是函数的无穷级数，而非数(目)的无穷级数。

这个理论一个令人惊奇的应用是，原则上，只要给定足够多的音叉，你就可以演奏贝多芬第九交响曲，版本十分完整，甚至可包括合唱部分(实际上，这的确需要很大数量的音叉，以便创造正常由铜管、木管乐器、弦乐器、打击乐器乃至人声所产生的复声。但是，原则上这可以办得到)。

这整件事情的症结在于，任意声波，如图 3.7 上半所示，或是任意种类的任意波,都可以经由正弦波(sine wave,一个音叉所产生的声音波形)——纯粹波形,参考图 3.7 下半——的一个无穷级数之加总而获得。例如,图 3.8 的三个正弦波加在一起可以得出如其下更复杂的波。当然,这是一个特别简单的例子。实际上,可能需要很多个别的正弦波才能给出一个特殊的波形;从数学的观点来看,可能需要无限多个。

描述一个波如何可以分解成为正弦波的和,这一数学结果就称为傅里叶定理(Fourier's theorem)。它可被应用到譬如声波的任意现象,这些现象通常可以被理解为一个时间的、不断重复某些值的循环函数,即所谓的周期函数
123 (periodic function)。这个定理说明:如果 y 是一个这样时间的周期函数,且 y 循环一个周期的频率是 1 秒 100 次,那么,y 就可以表示为下列形式:

$$y = 4\sin 200\pi t + 0.1\sin 400\pi t + 0.3\sin 600\pi t + \cdots。$$

这个总和可以是有限的,也可不确定地延伸下去,而得到一个无穷级数。在它的每一项中,时间 t 都被乘上 2π 这个频率。首项被称为第一谐和音(first harmonic),频率被称为基频(fundamental frequency)(上例为 100),至于其他项则被称为更高谐音(higher harmonics),而其频率恰好是基频的乘积。这个级

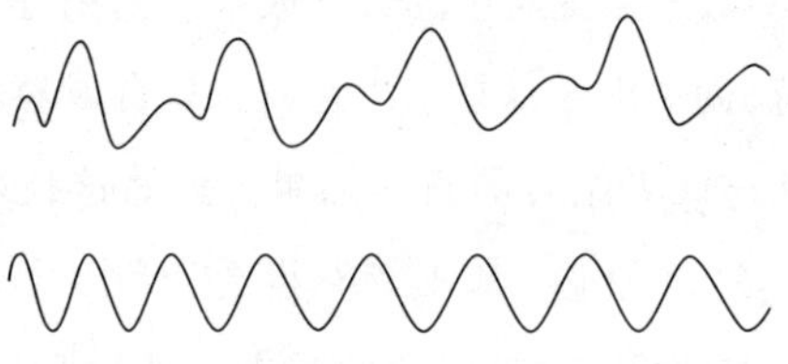

图 3.7 (上)一条典型的声波;(下)一条正弦波

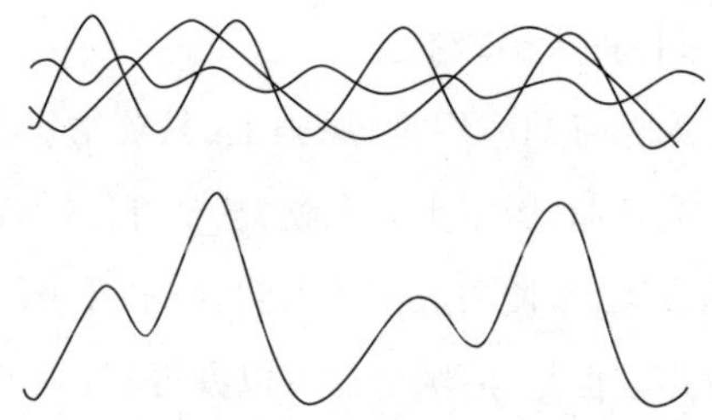

图 3.8 上面的三条波加起来构成下面的波

数的系数(4,0.1,0.3 等)必定会被调整到得出一个特殊的波形。应用微积分的各种技巧,从给定函数 y 的观察值决定这些系数,构成了被称为 y 的傅氏分析的一门学问。

本质上,傅里叶定理告诉我们:任意声波或者任意种类的波,无论如何复杂,都可以利用正弦函数产生的简单、纯粹的波模式来建立。有趣的是,傅里叶并未证明这一结果。不过,他的确构造了这一定理,而且——使用了肯定在今日不会被视为有效的某些非常可疑的推论——他给出了一个论证,证明它可能是真的。凭借以他的姓为该技巧命名,数学家社群体认到最重要的一步,就是辨认模式。

确认全部都加起来

微分学的发展带来了一个令人意外的奖品,那是一个甚少被期待的东西:微分的基本模式与底蕴在面积和体积计算下的模式完全一样。更明确地说,面积与体积的计算本质上是微分——寻找斜率的过程——的逆运算。这个令人惊奇的结果,是微积分的第二分支——积分学(integral calculus)——的基础。

计算一个长方形的面积或一个正立方体的体积,是一件直截了当的事: 124
只要把长、宽、高等因次乘起来就行了。然而,你究竟如何计算一个边缘是曲线的图形之面积,或者一个弯曲表面的立体之体积呢?例如,像图 3.9 所示由抛物线围起来的暗影区域面积是多少?或者,一个圆锥体的体积又是多少呢?

在数学史上,首次企图针对这种几何图形的面积与体积进行计算的,是雅典学院柏拉图的徒弟欧多克斯(Eudoxus)。针对这些计算,欧多克斯发明了一种有力且非常聪明的方法,叫作穷尽法(method of exhaustion)。利用这一方法,他证明了任意圆锥体体积等于同底等高圆柱体体积的三分之一,这个不凡的模式既不明显,也不易证明(见图 3.10)。

阿基米德(Archimedes)利用欧多克斯的方法,计算了一大堆图形的面积与体积,例如,他发现了由抛物线所描绘出来的面积。这个例子可用以说明穷

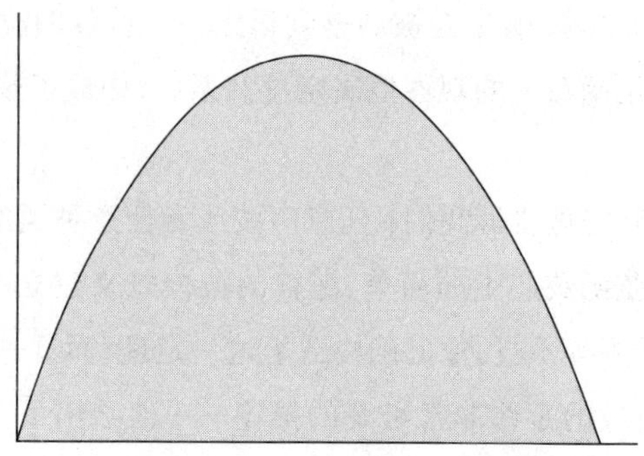

图 3.9 抛物线所描绘的面积

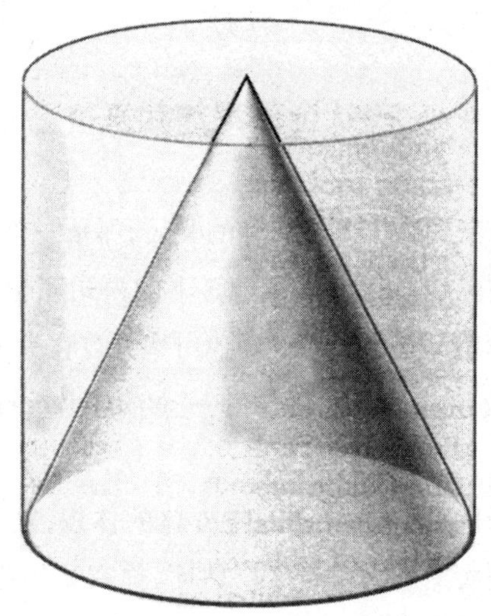

图 3.10 圆锥体的体积等于同底等高圆柱体的三分之一

尽法如何行得通。此想法是利用一系列的直线去逼近这条曲线,如图 3.11 所示。由这些直线所描绘的面积包括了(两端的)两个三角形,以及一堆梯形。因为三角形与梯形都有简单的面积公式,只需将这些图形的面积加起来,你就可以计算这些直线所描绘的面积。你所得到的答案将是抛物线底下面积的近似值。经由直线数目的增加,并重复进行计算,你就可以得到更佳的逼近。通过逐渐增加直线的数目,穷尽法的操作可以给出抛物线底下面积愈来愈佳之近似值。当你认为逼近已经够理想时,你就会停止。

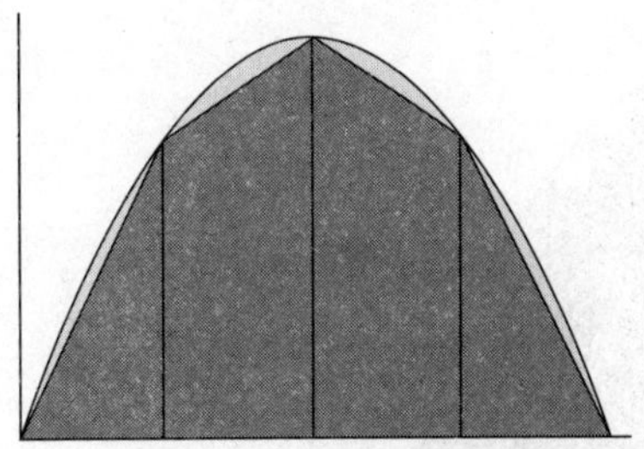
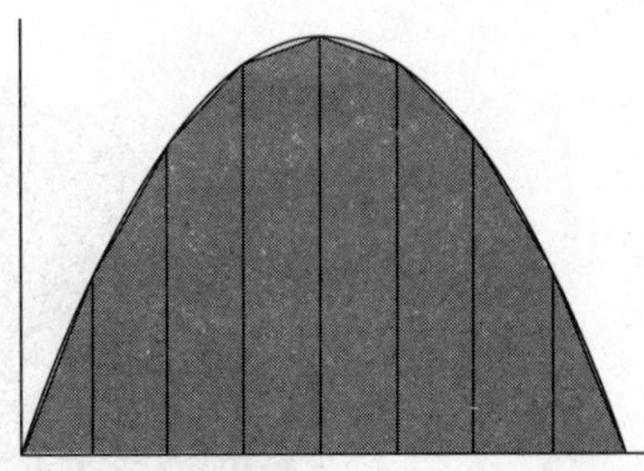

图3.11　抛物线底下的面积由三角形及梯形的面积总和逼近。分割的数量愈多,逼近就愈准确

这个程序被称为穷尽法,并不是因为欧多克斯在计算这么多逼近之后,显 125
得筋疲力尽了,而是连续逼近面积的序列,要是继续下去的话,最终将穷尽原来曲线底下的整个面积。

西方人对于像抛物线、椭圆等几何图形的兴趣,在17世纪早期复苏,当时约翰尼斯·开普勒(Johannes Kepler,1571—1630)在天空观察到三个优雅、深刻的数学模式——他那现在仍极负盛名的行星运动定律:(1) 一个行星按椭圆轨道绕着太阳运动,太阳位在椭圆的一个焦点上;(2) 一个行星绕行时,等 126
时间内扫过等面积;(3) 行星到太阳距离的三次方等于轨道周期的平方。

当时的数学家,包括伽利略与开普勒,还有最重要的意大利人博纳文图拉·卡瓦列里(Bonaventura Cavalieri),运用不可分割法(method of indivisibles)计算面积与体积,在这个方法中,几何图形被视为由面积或体积的无限多个"原子"所构成,它们加起来给出所求的面积或体积。一般的想法请见图3.12的说明。每个涂阴影的面积都是长方形,其面积都可以被精确地计算出来。一旦如图所示,只有有限多个这样的长方形时,全部加起来会给出抛物线底下面积的一个逼近值;如果存在有无限多个长方形,全部都具有无穷小的宽度,它们的相加将会给出真正的面积——唯必须要有执行这一无限计算的可能性。在他出版于1635年的《几何的不可分割量》(*Geometria Indivisibilus Continuorum*)中,卡瓦列里证明了如何以合理可靠的方法,去处理不可分割量(indivisibles),以便获得正确的答案。当数学家借助柯西-魏尔斯特拉斯的极限理论,将上述这个进路奠定在一个严密的基础上时,它便成为现代的积分

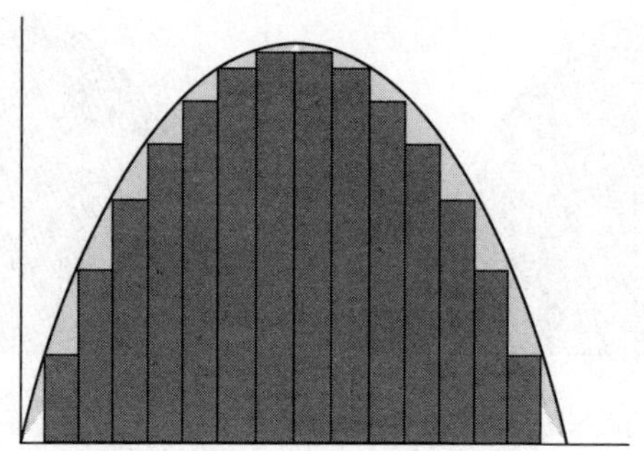

图 3.12　不可分割法

理论。

欧多克斯的穷尽法与卡瓦列里的不可分割法，为计算特定图形的面积或体积提供了一种途径。不过，每一种方法都涉及一大堆重复计算，而且每面对一个新图形时，你必须再一次地从头开始。为了提供给数学家一种多元且有效的手段以计算面积与体积，更多的方法是必需的：一种从图形公式到面积或体积公式的方法，就和微分学带着你直接从一条曲线的公式到它的斜率公式一样。

而这就是真正令人惊奇之处。不仅存在这样一个一般的方法，而且它也
127 是微分法的一个直接结果。如同微分学，关键的一步并非考虑计算一个特殊面积或体积的问题，而是寻找一个面积或体积*函数*这种更为一般的任务。

试举面积计算为例。图 3.13 所示之曲线描绘出一个面积。更精确地说，它决定了一个面积函数：对任意 x，将有一个对应的面积，即图上涂以阴影的部分（这是一个特别选择的简单例子。一般的情境当然复杂多了，不过，根本的想法是一样的）。令 $A(x)$ 代表这个面积，且令 $f(x)$ 是决定此一原来曲线的公式。在任何特殊的例子中，你将知道 $f(x)$ 的公式，但不会有 $A(x)$ 的公式。

即使你不知道它的公式，$A(x)$ 还是一个公式，因此，可能会有导数。在那个例子中，你可以问导数为何。这是怎么一回事！你瞧，答案无非就是函数 $f(x)$，那个一开始描绘出面积的曲线公式。

这对于由合理公式给出的任何函数 $f(x)$ 都为真，而且在*不知道* $A(x)$ 公式的

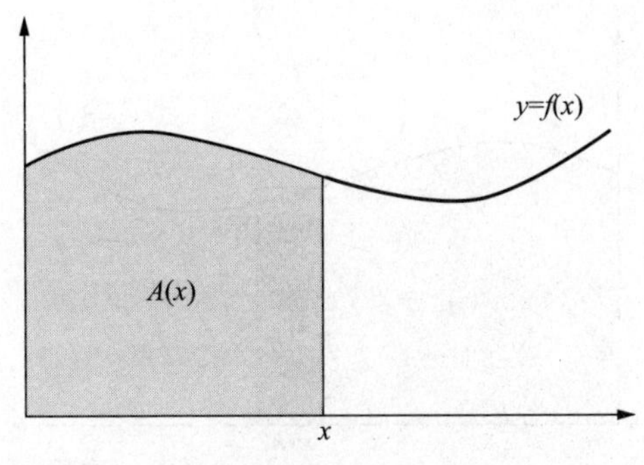

图 3.13　面积函数

情况下，可以被证明出来！这个证明依赖了与面积和导数计算有关的一般模式。

简而言之，这个想法是考察当你增加 x 的一个小量时，面积 $A(x)$ 如何变化。参考图 3.14，注意到新的面积可以被分解成两部分：$A(x)$ 加上一小块额外、几乎是长方形的面积。这个额外的长方形宽是 h，高则是从图形读到的 $f(x)$。因此，外加部分的面积是 $h\times f(x)$（宽乘高）。这整个面积是由下列逼近给出：

$$A(x+h)\approx A(x)+h\times f(x),$$

其中符号“≈”代表近似相等。

上面的公式可以重新安排成下列的样子： 128

$$\frac{A(x+h)-A(x)}{h}\approx f(x)。$$

请记住，这个等式只是近似而已，因为你加到 $A(x)$ 而得到面积 $A(x+h)$ 的外加面积并不恰好是长方形。然而，h 愈小，这个逼近就会愈好。

左边的表达式看起来相当熟悉，不是吗？它恰好是给出导数 $A'(x)$ 的表达式，而 $A'(x)$ 是当 h 趋近 0 时计算得到的极限。因此，当 h 愈来愈小，三件事情会发生：这个方程式会愈来愈精确，表达式的左边趋近于 $A'(x)$，表达式的右边维持 $f(x)$ 值常数不变，不管这个值是多少。你最终得到的，不是一个逼近，而是真实的等式：

$$A'(x)=f(x)。$$

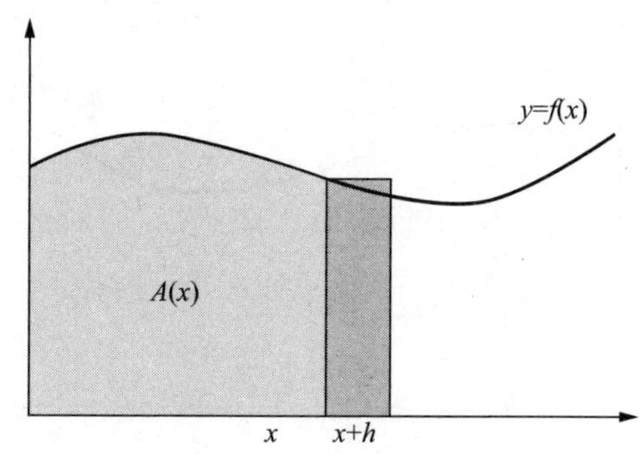

图 3.14　微积分基本定理的证明

这个联结了计算斜率与计算面积（对体积也行得通）之任务的不凡结论，就被称为微积分基本定理（fundamental theorem of calculus）。

微积分基本定理提供了寻找 $A(x)$ 的一个公式之方法。针对给定曲线 $y=f(x)$，为了寻找它的面积函数 $A(x)$，你必须找一个函数使其导数为 $f(x)$。比方说，假定 $f(x)$ 是 x^2。由于 $x^3/3$ 的导数为 x^2，因此，面积函数 $A(x)$ 就是 $x^3/3$。尤其，如果你想知道由曲线 $y=x^2$ 所描绘出来一直到 $x=4$ 的面积，你在这个公式中令 $x=4$ 得 $4^3/3$，计算得 $\frac{64}{3}$ 或 $21\ \frac{1}{3}$（再一次地，我选择了一个特别简单的例子，以避免其他例子可能引发的一两个复杂性，不过，基本的想法是正确的）。因此，为了计算面积与体积，你必须学习如何微分逆转（differentiation
129 backward）。正如微分本身如此常规（routine），以致能够写进计算器程序，可执行积分的计算器程序也一样存在。

微积分基本定理是个闪亮的例子，说明了追寻更深刻、更一般、更抽象模式的巨大收获。在寻找斜率与计算面积和体积的情况中，最终的旨趣可能也是在寻找一个特殊的数；不过，这两个情况中的关键，是注意更一般且超抽象的模式，其中斜率、面积或体积都随着变动的 x 值而变化。

实　数

自从有科学以来，讨论时间与空间是连续的，还是具有离散的、原子型的本质，有着重要的含义。事实上，从希腊时代一直到19世纪末，所有的科学与数学进展，都建立在时间与空间是连续而非离散的假设上。将时间与空间这两者视为一种连续统，被认为是为了避免芝诺的悖论。这个观点自从柏拉图的时代之后，就开始盛行。他主张连续统是由一种叫作 *apeiron*——今日任何理论都无与其对等之高度抽象对象——的流动所造成。

到了牛顿与莱布尼茨的时代，源自时间与空间的物理世界之连续统，则被等同于今日称之为实数(real numbers)的连续统。时间与物理量的度量，如长度、温度、重量、速度等，都被假定是这个连续统上的点。微分学所应用的函数，其述及的变量则分布于实数的连续统上。

19世纪70年代，当柯西、魏尔斯特拉斯、理查德·戴德金(Richard Dedekind)及他人企图发展适合的极限理论，以支撑微积分的技巧，他们必须执行有关实数连续统本质的深入探讨。他们的起点，是将连续统视为一个点集，即实数，它被安排在一条往两端无限延伸的直线上。

实数是有理数的一种延拓，因此，实数的许多公理也是有理数的公理。这对指定加、减、乘与除的性质之算术公理，尤其如此。这些算术公理保证了实数为一个体系(第80页)。还有描述实数大小顺序的公理，它们也一样是有理数的公理。区别实数与有理数的关键公理，是那个允许一个适当极限理论发 130
展的公理。尽管有理数拥有微积分所需的所有必要算术与顺序性质，它们并不完全适合极限理论。正如柯西所建构的，这个额外的公理内容如下：

> 假定 $a_1, a_2, a_3, \cdots$ 是实数的一个无穷数列，它们愈来愈接近(亦即：当你沿着这个序数走得愈远，数目之间的差将会任意地接近0)。那么，必定存在有一个实数，称它为 L，使得这个数列中的数愈来愈接近 L(亦即：当你沿着这个数列走得愈远，数目 a_n 与 L 的差会愈来愈接近于0)。

数目 L 就被称为数列 $a_1, a_2, a_3, \cdots$ 的极限。

注意到有理数没有这一性质。趋近$\sqrt{2}$的连续有理逼近数列1，1.4，1.41，

1.414,…,各项彼此愈来愈接近,但并不存在一个有理数 L,使得数列中的项可以任意地接近 L(L 的唯一可能是$\sqrt{2}$,但它不是有理数)。

柯西的公理被称为完备性公理(completeness axiom)。柯西以有理数为基础,利用一个老练的方法,在有理数线上加上新的点,然后借此给出实数的一个形式建构。这些新的点被定义为所有有理数列的极限,其中这些有理数列具有愈来愈靠近的性质。从有理数建构实数的一个另类方法,由戴德金提供。

实数的建构,以及由柯西、戴德金、魏尔斯特拉斯及其他数学家所带头的有关极限、导数与积分的严密理论发展,是今日被称为实分析(real analysis)这一主题的开端。这些年来,相当深入的实分析学习,已被视为大学阶段数学主修的必要部分。

复　数

对运动与变化的研究,终将导致极限与连续统的理论,这件事在芝诺两千岁的悖论前提之下,或许并没有那么令人惊讶。而令人惊讶的,其实是微积分
131 的发明所导致的一个(新)数系,被纳入了数学主流之中;这个数系包括了像 -1的平方根这样反直观的对象。不过,这正是所发生的事,而柯西在此一发展中,是一位主要的推动者。

这个故事要从牛顿与莱布尼茨进行研究的一百年前说起。16 世纪的欧洲数学家,尤其是意大利的吉罗拉莫·卡尔达诺(Girolamo Cardano)与拉斐尔·邦贝利(Rafaell Bombelli)开始体会到,在解代数问题时,假定负数的存在,以及复数具有平方根的存在,有时对于解题是有帮助的。这两个假设被广泛认为非常可疑,最坏的情况是被说成完全没有意义;最好的情况,也不过是单纯地具有功利目的罢了。

自古希腊时代以来,数学家们已经知道如何去驾驭涉及负号的表达式,如 $-(-a)=a$ 且 $1/-a=-1/a$。然而,他们认为这只有在最后答案为正的情况下才被允许。他们对于负数的不信任,主要源自希腊人对表征长度与面积的数始终为正的概念。一直到 18 世纪末为止,负数才被接受为一个真实的数

(bona fide number)。

负数的平方根被接受为一个真实的数,花了更长的时间。是否接受这些数的挣扎,反映在为这样的对象所使用的虚数(imaginary number)名词上。有了负数,数学家便允许他们自己在计算过程中摆弄虚数。诚然,涉及虚数的算术表达式可以被寻常的代数法则驾驭。问题是:这样的数存在吗?

这个问题可以化约为,一个单一的虚数"-1 的平方根"是否存在。由下可知原因。假定存在有这样一个像 $\sqrt{-1}$ 的数。根据欧拉的观点,以字母 i 表之,然后,任意负数 $-a$ 的平方根就只是 $i\sqrt{a}$——这个特定的 i 与正数 a 的平方根的乘积。

搁置数 i 是否真实存在这个问题,数学家引进了形如 $a+bi$ 这种混合数(hybrid number),其中 a 与 b 是实数。这些混合数被称为复数(complex number)。利用寻常的代数法则,以及 $i^2=-1$ 的事实,我们可以对复数进行加、减、乘与除运算。譬如:

$$\begin{aligned}(2+5i)+(3-6i) &= (2+3)+(5-6)i \\ &= 5-1i=5-i\end{aligned}$$

且(利用圆点·代表乘法) 132

$$\begin{aligned}(1+2i)(3+5i) &= 1\cdot 3+2\cdot 5i^2+2\cdot 3\cdot i+1\cdot 5\cdot i \\ &= 3-10+6i+5i \\ &= -7+11i。\end{aligned}$$

(除法有一点复杂,此处从略。)

按现代术语,复数会被说成是构成一个体,就好比有理数和实数一样。但是,不像有理数和实数,复数无法被赋予大小顺序——对复数来说,不存在"大于"的自然概念。而且,不像有理数和实数都是数轴线上的点,复数是复数平面上的点:复数 $a+bi$ 是具有坐标 a 与 b 的点,见图 3.15。

在复数平面上,水平轴被指为实数轴(real axis),垂直轴则被指为虚数轴(imaginary axis),因为所有的实数都落在水平轴上,而所有的虚数都落在垂直

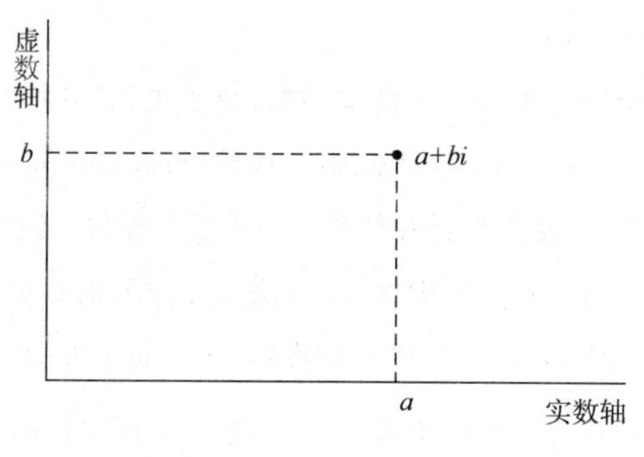

图3.15　复数平面

轴上。复数平面上的其他点则表征了复数,它们是一个实数与一个虚数的和。

由于复数不是直线上的点,无法说两个复数中哪一个较大;对复数来说,不存在这种概念。不过,倒是有一种大小尺度的概念存在。复数 $a+bi$ 的绝对值在此平面上,度量从(坐标)原点到这个数的距离,通常被记作 $|a+bi|$。根据勾股定理,

$$|a+bi|=\sqrt{a^2+b^2}$$

133 两个复数绝对值可以比较,但是,两个不同的复数可能具有相同的绝对值,例如,复数 $3+4i$ 与 $4+3i$ 绝对值都是 5。

表面上看来,复数似乎只是数学家为了自娱而设计出来的一种新奇事物。然而,真实的情况却远非如此！当你发现复数在解多项方程式上,具有深刻且重要的含义时,你可以得到第一个提示：某些深刻的东西正在持续进行中。

所有方程式都可解的地方

自然数系是所有的数系中最基本的。尽管它们在计数上相当好用,却不适用于解方程式。运用自然数甚至不可能解一个如

$$x+5=0$$

这样的方程式。为了解这一类方程式,你需要走向整数。

但是,整数也有穷尽之时,因为它们不允许你去解下列这样简单的线性方程式

$$2x+3=0。$$

为了解这一类方程式,你需要走向有理数。

有理数适用于解所有的线性方程式,不过,并不允许你解二次方程式,譬如下列方程式

$$x^2-2=0$$

就不能用有理数来解。

实数足够丰富到可以解这种二次方程。不过,实数也不允许你解所有的二次方程,譬如,你就无法用实数解下列方程式

$$x^2+1=0。$$

为了解这一类的二次方程式,你需要走向复数。

到此,正如你被引导在数学中寻找模式,你或许倾向于假定这个过程将永无止境:每次你转入一个更丰富的数系,就可以找到另一类你无法解出的方程式。但是,情况并非如此!当你抵达复数时,这个过程就终止了。任意多项方程式

$$a_nx^n+a_{n-1}x^{n-1}+\cdots+a_1x+a_0=0,$$

其中系数 $a_0,a_1,\cdots,a_n$ 都是复数,在复数中可解。 134

这个重要的结果称为代数基本定理(fundamental theorem of algebra)。它在17世纪早期曾被怀疑,而非证明。1746年、1749年,达朗贝尔与欧拉分别提供了不正确的证明。至于第一个正确证明,则来自高斯1799年提出的博士论文。

欧拉公式大惊奇

复数变成与数学许多部分联结的概念。一个特别引人注目的例子,来自欧拉的研究。1748年,欧拉发现了下列令人惊奇的等式

$$e^{ix} = \cos x + i \sin x$$

对任意实数 x 都成立。

这样一个在三角函数、数学常数 e 以及 -1 的平方根之间的紧密联结,已经足够令人大感惊异了。诚然,这样的一个等式不可能只是单纯的偶然事件;反倒是,我们必定瞥见了这个大部分隐身在视觉之外的丰富、复杂且高度抽象的数学模式。

事实上,欧拉公式还有其他未尽的惊奇。假使你以 $x = \pi$ 带入公式,那么由于 $\cos\pi = -1$ 且 $\sin\pi = 0$,得到下列等式:

$$e^{i\pi} = -1。$$

改写成下式:

$$e^{i\pi} + 1 = 0。$$

你将得到一个联结五个最常见的数学常数 $e, \pi, i = \sqrt{-1}$,0 与 1 的一个简单方程式。

上述最后一个方程式中,一个同样令人惊奇的面向,乃是在一个无理数(此处指 e)上做一个无理虚数的乘幂,结果竟然得出一个自然数。事实上,对虚数作虚数乘幂,也可以得到一个实数答案。在第一个方程式中,令 $x = \pi/2$,注意到 $\cos\pi/2 = 0$ 且 $\sin\pi/2 = 1$,可以得到

$$e^{i\frac{\pi}{2}} = i。$$

135 而且,如果你在这个等式两边都作乘幂 i,将得到(由于 $i^2 = -1$):

$$e^{-\pi/2} = i^i。$$

因此,使用计算器计算 $e^{-\pi/2}$,你会发现:

$$i^i = 0.207\,879\,576\cdots。$$

(我应该说明,这只是 i^i 的全体无穷多个可能值中的一个。引进复数之后,指数不会永远只得到单一的答案。)

受代数基本定理明显威力所带来的影响,复数的使用逐渐递增,加之欧拉

公式的优雅,复数开始被接受为真实的数。最终在19世纪中叶,当时柯西及其他数学家开始扩展微积分方法,以便纳入复数。他们有关复数的微分与积分理论,变得如此优雅——远远地胜过实数情况——以至于纯就美学基础而言,拒绝复数成为数学俱乐部里的完全付费会员,终于已不再可能。只要它是正确的,数学家便不曾背离美丽的数学,即使它大胆地反抗了他们过去所有的经验。

不过,除了数学之美外,复数微积分——或复变分析(complex analysis),正如今日所指——却在自然数理论中变成具有重要意义的应用。在复变分析与自然数之间存在着一个既深且广的联结,这个发现是对数学抽象威力的另一个见证。复数微积分的技巧帮助了数论家去辨认并描述数字模式,而若无此技巧,它们必定就会永远地隐匿了。

揭开数字的隐藏模式

第一个使用复数微积分研究自然数性质——其技巧如今被称为解析数论(analytic number theory)——的数学家,是德国的波恩哈德·黎曼(Bernhard Riemann)。一篇发表于1859年题为"论小于一给定量的质数之个数"(On the number of primes less than a given magnitude)的论文中,黎曼利用复数微积分去研究一种数论模式(number-theoretic pattern)。这是高斯率先观察到的:对大 136
的自然数 N 而言,小于 N 的质数个数,记作 $\pi(N)$,大约等于 $N/\ln N$ 这个比(见第27~28页 $\pi(N)$ 函数值的一张表)。由于当 N 递增时,$\pi(N)$ 与 $N/\ln N$ 两者都变得愈来愈大,你必须小心建构这个观察结果。精确的建构式是当 N 趋近无限大时,$\pi(N)/[N/\ln N]$ 这个比的极限恰好等于1。这个观察结果被称为质数猜想(prime number conjecture)。

在黎曼之前,最接近这个质数猜想证明的结果,由帕夫努提·切比雪夫于1852年获得。其中,他证明了对充分大的 N 值来说,$\pi(N)/[N/\ln N]$ 的值介于0.992与1.105之间。为了获得这一结果,切比雪夫使用了欧拉在1740年引进的一个函数,以希腊字母 ζ(读作 zeta)命名的函数,欧拉习惯这么称它。

欧拉利用下列无穷级数定义这个 ζ 函数：

$$\zeta(x)=\frac{1}{1^x}+\frac{1}{2^x}+\frac{1}{3^x}+\frac{1}{4^x}+\cdots。$$

在此，x 可以是任何大于 1 的实数。如果 x 小于或等于 1，这个无穷级数不会有有限和，因此，$\zeta(x)$ 对于这样的 x 是不能定义的。如果你令 $x=1$，则 ζ 函数将给出调和级数，本章前文曾考虑过。对于 x 的大于 1 的任何值来说，这个级数会得到一个有限值。

欧拉说明这个 ζ 函数可以关联到质数，他的进路乃是通过证明对大于 1 的所有实数而言，$\zeta(x)$ 的值等于下列的无穷乘积：

$$\frac{1}{1-(\frac{1}{2})^x}\times\frac{1}{1-(\frac{1}{3})^x}\times\frac{1}{1-(\frac{1}{5})^x}\times\cdots,$$

其中，这个乘积遍及所有形如下列的数：

$$\frac{1}{1-(\frac{1}{p})^x},$$

其中 p 是质数。

在 ζ 函数的无穷级数与所有质数全体之间的这个联结，已足够引人注目了——毕竟，质数似乎以一种相当偶然的方式突然出现于自然数之中，而少有
137 可辨识的模式，至于 ζ 函数的无穷级数则具有非常清晰的模式，稳健地随着所有自然数一次一个地增进。

黎曼所采取的主要步骤，是证明如何将 ζ 函数的定义，延拓到一个定义在所有复数 z 的函数 $\zeta(z)$（习惯上，我们用 z 代表一个复数，正如同我们用 x 代表实数一样）。为了获得他的结果，黎曼使用了一种被称为解析延拓（analytic continuation）的复杂过程。经由延拓欧拉函数所拥有的某个抽象模式，这个过程可以行得通，尽管这是一个抽象性超出本书范围的模式。

为什么黎曼如此尽心尽力？因为他认识到如果有能力明确下列方程式

$$\zeta(z)=0$$

的解,那么,他就能证明质数猜想。这个方程式的解通常称为 ζ 函数的*复数零位*(complex zeros。请注意:这是 zero 这个词的专门用法。在此,所谓的“零位”,是指使 $\zeta(z)=0$ 的 z 值)。

ζ 函数的实数零位容易找到:它们是 -2, -4, -6 等负的偶数。(记住,欧拉利用无穷级数所定义的 ζ 函数只对大于 1 的实数行得通。我正在谈论的,是黎曼对该函数的延拓。)

除了这些实数零位之外,这 ζ 函数还有无穷多个复数零位。它们都形如 $x+iy$,其中 x 介于 0 与 1 之间,亦即,在复数平面上,它们都落在 y 轴与垂线 $x=1$ 之间。不过,比起这一点,我们还可以说得更精确吗?在他的论文中,黎曼提出假设:所有零位除了负偶数之外,其形式都如 $\frac{1}{2}+iy$;亦即,它们都落在复数平面的直线 $x=1/2$ 上。质数猜想便是由此假设导出。

黎曼应该曾经将此猜想作为他对 ζ 函数及其零位模式的理解基础。无疑他拥有很少的数值证据——那些来得很晚,是计算机问世之后的事。过去三十年所执行的计算已经证明前十五亿的零位,都落在适当的直线上。然而,尽管这是个令人印象深刻的数值证据,直到今日黎曼假设仍然尚未解决。大部分数学家都会同意,这是未解决数学问题中最重要的那一个。

质数猜想最后被哈达玛以及迪拉·维里·普森两人于 1896 年独立地证明出来。他们的证明用到了 ζ 函数,但是,却不需要黎曼假设。 138

当质数猜想被证明而成为*质数定理*(prime number theorem)时,数学家绕了一圈又回到了原点。数学始自自然数——计算的基石。由于牛顿与莱布尼茨发明的微积分,数学家终于得以应对无限概念,从而研究连续的运动。复数的引进以及代数基本定理的证明,提供了解决所有多项方程式的利器。接着,柯西与黎曼证明了如何延拓微积分,以便解析复数函数。最后,黎曼及其他数学家使用了这个成果——一个相当抽象且复杂的理论——取得了有关自然数的全新成果。

第四章　当数学成型

人人都是几何学家

139 在图4.1中，请问你看到了什么？乍看之下，正如其他人一样，你或许看到一个三角形。然而，看得仔细一些，你将看不到这一页上有三角形，有的只是三个黑色圆盘的组合，其中都漏掉了一部分。至于你所看到的三角形，则是一种错觉，在你下意识里产生。为了获得几何的凝聚力（geometric cohesion），你的心灵（或心智）与视觉系统充满了像线与面这样的东西。我们的视觉—认知系统不断地搜寻几何模式。就这个意义而言，我们都是几何学家。

在意识到我们可以"看到"（see）几何图形后，究竟是什么有助于你在前例中识别三角形是三角形，不管它是在这一页上、在环绕你四周的风景中，或者在你的心灵之中？你看到的不是颜色，不是线的厚度，而是形状！只要你看到三条直线在它们的端点连接，而形成一个封闭的图形，你就会认识到那个图形是一个三角形。你有如此认识是因为你拥有一个三角形的抽象概念。正如数目3的抽象概念超越了任意一个包含三个物体的特定集合，三角形的抽象概

图 4.1　三角形的一个错觉

念也超越了任意一个特定的三角形。就这个意义而言,我们都是几何学家。

我们不仅在周遭世界看到几何模式,同时,我们似乎也对它们中的某一些,拥有天赋的偏爱。该模式中一个著名的例子,由黄金比例(golden ratio)所掌握,这个数在欧几里得《几何原本》第六册开头时被提及。

根据希腊人的说法,黄金比例是人类眼睛所见最赏心悦目的长方形两边 140
之比。帕特农(Parthenon)神殿前的长方形正面的两边比就是这个比例,而且,它也能在希腊建筑的其他地方被观察到。

黄金比例的值是 $(1+\sqrt{5})/2$,是一个大约等于 1.618 的无理数。当你分割一个线段成两段时,在整个线段对较长的分割线段之比等于较长的分割线段对较短的分割线段之比的前提下,这个比就是黄金数。如果以代数方式表示,假设这个比为 $x:1$,正如图 4.2 所示,则 x 是下列方程式的解:

$$\frac{x+1}{x}=\frac{x}{1},$$

亦即

$$x^2=x+1。$$

这方程式的正根为 $x=(1+\sqrt{5})/2$。

黄金比例跨越了数学的许多部分。一个有名的例子,就是与斐波那契数列(Fibonacci sequence)的联结。这是当你从 1 开始,经由相加前两项的和以

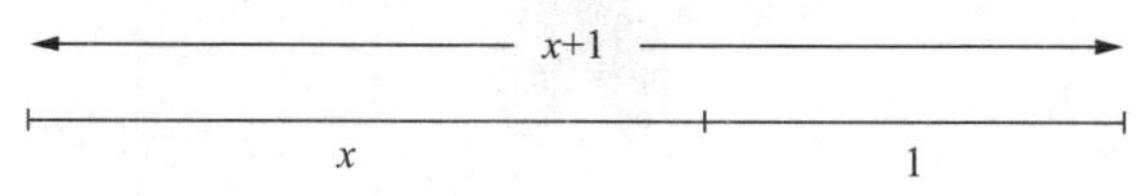

图 4.2　分割一个线段以给出黄金比例

构成下一项——第一步骤除外,因为之前只有一项——所获得的数列。因此,这个数列以下列所示开始:

$$1,1,2,3,5,8,13,21,\cdots。$$

这个数列掌握了一种模式,可以在许多涉及成长的情况中,比如从植物的生长到计算机数据库的增长中被观察到。若 $F(n)$ 代表这个数列的第 n 个数,那
141 么,当 n 愈来愈大时,斐波那契数列相继项的比 $F(n+1)/F(n)$ 会愈来愈接近黄金比例。

作为一个分数,黄金比例具有一个特别有趣的表征,那就是,它会按照下列方式延续下去:

$$1+\left[\frac{1}{1+\left[\frac{1}{1+\left[\frac{1}{[1+\cdots]}\right]}\right]}\right]。$$

黄金比例的许多例子出现在自然界中:鹦鹉螺贝壳中的室之相对大小、葵花籽的排布,以及菠萝果肉上的模式等。至于我们认为黄金比多少有些赏心悦目这一事实,也指出了我们的心智如何理解某些几何模式。

测量地球

英文单词 geometry 来自希腊单词 geo-metry,亦即"大地测量"(earth measurement)。今日几何学家的数学祖先,是古埃及的测量员(land surveyor)。他们从事尼罗河定期泛滥冲毁田地之后的边界重建工作;是埃及与巴比伦的建筑师,设计并建造神庙、陵寝以及大家熟悉的金字塔;是早期的航海者,在地中海沿岸从事贸易工作。就像这些相同的早期文明实际应用数字,而没有明

显的数字概念(更不必说有这些对象的理论)一样,他们有关线、角、三角形、圆形等各种性质的大部分功利用途,并未伴随有任何深入的数学研究。

正如第一章所述,正是公元前6世纪的泰勒斯开始将希腊几何学发展成为一个数学的门类——事实上,也是第一个数学门类。欧几里得撰写于公元前350年的《几何原本》,主要是一部有关几何学的著作。

在《几何原本》第一册中,欧几里得利用后来被称为欧氏几何的一个有关 142
定义与公设(公理)的系统,企图捕捉平面上规则图形如直线、多边形与圆形的抽象模式。他一开始订立的二十三个定义之中有几个如下:

定义1. 点是没有部分(part)的东西。

定义2. 线是没有宽度的长。

定义4. 直线是贴紧它本身的点之线。

定义10. 当一直线竖立在另一直线上,并且造出两个邻角彼此相等,每个等角都是直角,而且竖立的直线称为另一直线之垂线。

定义23. 平行直线是在同一个平面上,两端任意延长(produced indefinitely)而彼此在任何一个方向都不相交的直线。

对今日数学家而言,上述前三个定义是不能接受的;他们只是用另外三个未定义概念来取代这三个,并没有任何收获。事实上今日几何学家将"点"与"直线"之概念视为给定,并不企图去定义它们。不过,欧几里得稍后的定义还是很有意义的。

注意到直角的定义完全地非量化,未提及90°或$\pi/2$。对希腊人来说,几何学是非数值的(nonnumeric),完全奠基于形状的模式观察上。尤其是他们将长(度)(length)与角(angle)视为几何概念,而非数值化的东西。

在定义了或至少试图定义基本概念之后,欧几里得的下一步,就是去建构五个基本公设(postulate),然后,根据这些,所有的几何事实被认定可以利用纯逻辑推论而获得。

公设 1. 从一点到另一点画一条直线是可能的。

公设 2. 将一条有限直线连续地延伸成为直线是可能的。

公设 3. 给定任意中心及半径,画一个圆形是可能的。

公设 4. 凡直角都相等。

公设 5. 若一条直线落在另外两条直线上,并且在某一侧的同侧
143 内角之和小于两个直角和,则这两条直线任意延长下
去,一定会在这一侧相交。

在写下这些公设,然后从它们演绎出其他几何事实时,欧几里得并未试图建立某种随意定夺规则(譬如棋局)的游戏。对欧几里得以及在他之后世世代代的数学家而言,几何学研究世界上可被观察到的规则图形。这五个公设被认为是有关这个世界不证自明的真理(self-evident truth);同时,在建构它们时,欧几里得企图捕捉大自然的某些基本模式。

我们所以能顺利地过日子,很大部分原因是我们能够认识形状(shape),且有时可以归因于它。形状的数学研究已经衍生出数学的许多分支。其中最显明的几何学,就形成了本章的主题。至于以下几章讨论的对称性与拓扑学,则是研究不同的、在某些方面更加抽象的形状模式。

欧几里得漏掉的事

欧几里得的公设意在为平面几何学的发展提供一个基础。尤其,所有那些证明《几何原本》第一册中的四十八个命题(以勾股定理及其逆定理为高潮)所需要的,更是这些公设意图捕捉的对象。给定这样一个目标,这五个公设在数量上少得惊人,而且除了其中一个之外,在内容上也极其简单。不幸的是,它们并未表示欧几里得用在证明时的所有假设。顺着在他之后许多数学家的想法,欧几里得默许了他未列为公设的一些事实:

- 通过一个圆之中心的直线,必定与此圆相交。
- 一直线交一个三角形的一边,但未通过任意顶点,则必定交另一边。

- 给定同一直线的任意三个相异点，其中有一点必然介于其他两点之间。

由于欧几里得按照公设方式发展几何学的目标，是在证明过程中避免依赖任意图形，他忽略上述这些基本假设或许让人惊讶。另一方面，他是首位对公设化(axiomatization)进行严肃尝试的数学家，而且，与公元前350年时物理或医学的状态相比，这一尝试也领先它的时代好几个世纪之多。

欧几里得之后两千年之久，到了20世纪早期，希尔伯特终于表列了二十 144
个公设，适合欧氏几何学(Euclidean geometry)的发展，使得《几何原本》中的所有定理，仅运用纯粹逻辑便能从这些公设里证明出来。

欧几里得列举的五个公设中，不具备简单形式的是第五个。相较于其他四个，它的确复杂多了。如果剥除那些纠缠的废话，这个公设是说：若同一平面的两条直线相互倾斜，那么，它们最终会相交。另一个表达方式是：给定一点，则恰好只有一条直线通过它，并且平行于给定直线。事实上第五公设更像是定理而不是公理，而且，在设想它时欧几里得本人似乎也不无犹豫，因为一直到命题Ⅰ.29(即第一册第二十九命题)时，他才用到它。无怪乎后来的世世代代许多数学家企图从其他四个公设演绎出第五公设，或者去建构更基本的假设，以便导出第五公设来。

这并不是说人人都怀疑这个公设的真实性。相反地，它似乎十足地显明。主要是它的逻辑形式造成了问题：公理不应该如此具体或复杂。(我们不清楚如今这样的观点会不会流行；自从19世纪以来，数学家已经学会与许多更复杂的公理共处，那些公理也被认为捕捉到了"显明的真理"〔obvious truth〕)。

还有，无论显明与否，没有人能够从其他公设演绎出第五公设，这一失败标志着我们对于生活周遭世界的几何学理解之不足。今天，我们体认到这的确是一种理解的失败，但并非针对欧氏几何学本身。问题反倒在于下列假设：欧几里得企图公设化的几何学，正是我们生活于其中的几何学。而这也是伟大哲学家康德(Immanuel Kant)以及其他人视为根本的假设。

不过，这个故事得等到后面章节再说；同时，我们也将检视欧几里得从他的五个公设中所导出来的某些结果。

欧几里得在他的《几何原本》之中

在构成《几何原本》的十三册中,前六册主要讨论平面几何,形式不拘。

第一册的一大堆命题考虑尺规作图(ruler-and-compass construction)。此处的任务乃是决定哪些几何图形可以只用两种工具:没刻度直尺只用以画直
145 线,圆规只用以画圆弧,而不作其他用途——尤其,当圆规两脚离开纸面后,其张开量将被认为已失去。欧几里得就在他的第一个命题里描述了这样的一种作图:

命题Ⅰ.1:在一条给定的直线上,求作一个等边三角形。

图示在图4.3中的方法,似乎足够简单。如果给定的直线为AB,将圆规的一只脚放在A点,并在这条直线上画出半径为AB的一个四分之一圆,然后,在B点上,也画出第二个同半径的四分之一圆。令C是这两个四分之一圆的交点,则ABC是所求的三角形。

即使在这儿,在他的第一个命题中,欧几里得使用了一个他的公理无法支撑的默许假设:你如何知道这两个四分之一圆会相交?图形固然显示出它们

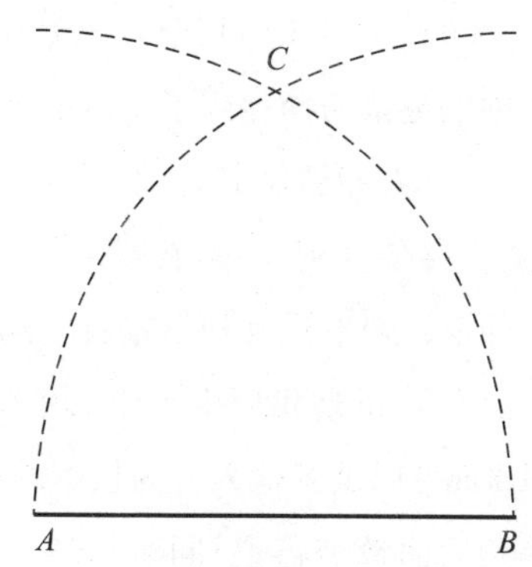

图4.3　在一条直线上建构一个等边三角形

相交,可惜,图形并不完全可靠;或许在 C 点处有一个“洞”(hole),就像有理数线上$\sqrt{2}$“应该在的”(ought to be)那种“洞”一样。无论如何,欧几里得写下公理的首要考虑,就是去避免依赖图形。

其他的尺规作图包括平分一个角(命题Ⅰ.9)、平分一条线段(命题Ⅰ.10),以及建构给定直线之一点上的垂线(命题Ⅰ.11)。

这里应该强调的是,虽然《几何原本》里的重心都放在它们上面,但是,希腊几何学绝不只限制在尺规作图上。希腊数学家呢,会因为问题的需要而使用不同的工具。另一方面,他们的确认为尺规作图是一种特别优雅的智能挑战:对于希腊人来说,一个可以只用两个最原始的工具来作图的图形,不知为 146
何就更基础、更纯粹;而一个只使用这些工具所获得的答案,更是被认为拥有特定的美的吸引力。欧几里得的公设很明显是设计来试图捕捉使用标尺所能达成的事情。

除了这些作图的结果之外,第一册给了一些判定两个三角形全等(即所有方面都相等)的标准。举例来说,命题Ⅰ.8 陈述:当一个三角形的三个边分别与另一个三角形的三个边等长时,这两个三角形即为全等。

第一册最后的两个命题,就是勾股定理及其逆定理(converse)。欧几里得对于后者的证明,优雅到我觉得必须在这里呈现它。图 4.4 提供了其中的附图。

> 命题Ⅰ.48:在一个三角形中,若一边上(所张拓)的正方形等于其他两边上的正方形,那么,被其他两边所包括的角为直角。
>
> 证明:已知三角形 ABC,其中假定 $BC^2 = AB^2 + AC^2$。求证角 BAC(经常写成 $\angle BAC$)为直角。
>
> 为此,先作 AE 垂直 AC 于点 A。这一步骤可行是根据命题Ⅰ.11得出的。接着,作线段 AD 使得 $AD = AB$。根据命题Ⅰ.3,这是被允许的。
>
> 现在的目标是证明三角形 BAC 与 DAC 全等。由于 $\angle DAC$ 为直角,立刻可以推得 $\angle BAC$ 也是直角。

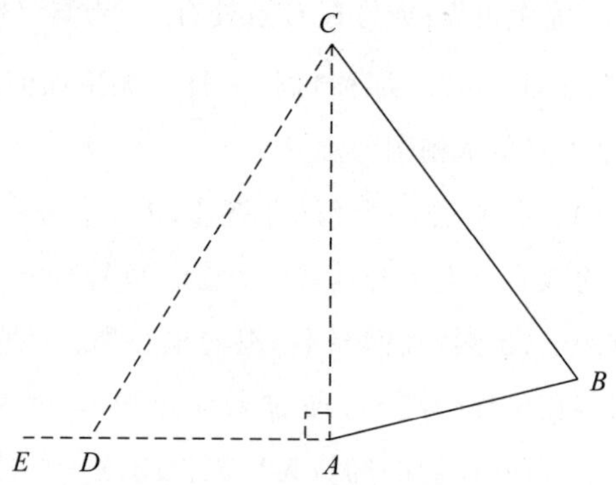

图4.4　勾股定理逆定理的证明

这两个三角形共有一边 AC，而且根据作图，$AD=AB$。将勾股定理应用到直角三角形 DAC 上，你可以得到

$CD^2=AD^2+AC^2=AB^2+AC^2=BC^2$。

因此，$CD=BC$。而，现在三角形 BAC 与 DAC 有相同的三个对应边，所以，根据命题Ⅰ.8，它们全等，得其所证。

《几何原本》第二册讨论的是几何代数，以几何的方式建立今日通常以代数方法来处理的结果，譬如，等式

147 $$(a+b)^2=a^2+2ab+b^2。$$

第三册呈现的是和圆有关的三十七个结果，其中包含一个说明半圆形里面的内接角一定是直角的证明。和命题Ⅰ.48一样，我必须在此重现欧几里得的证明（见图4.5）。

命题Ⅲ.31：内接在一个半圆中的角是直角。

证明：以 O 为圆心，BC 为直径画一个半圆。令 A 是这个半圆上的任意点。则这个定理断定 $\angle BAC$ 是一个直角。

画半径 OA，且令 $\angle BAO=r$，$\angle CAO=s$。

由于 AO 与 BO 都是此半圆的半径，故三角形 ABO 为等腰三角形。

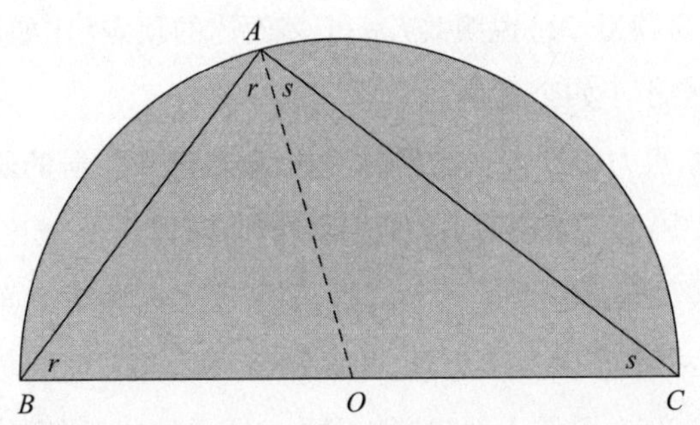

图 4.5 《几何原本》命题Ⅲ.31 之证明

由于等腰三角形两底角相等，$\angle ABO=\angle BAO=r$。

同理，三角形 AOC 也是等腰三角形，因此，$\angle ACO=\angle CAO=s$。

而，三角形的三个角之和等于两个直角的和。

应用这个事实到三角形 ABC 上，

$r+s+(r+s)=$ 两个直角和，

简化之，得

$2(r+s)=$ 两个直角和。

因此，$r+s$ 等于一个直角。

而 $\angle BAC=r+s$，所以得证。

《几何原本》的第四册包含了正多边形的作图，也就是所有边长和内角都相等的多边形——最简单的例子，就是等边三角形和正方形。第五册则贡献给欧多克斯的比例论，这是一个有关几何理论的说明，试图回避因为毕氏学派发现$\sqrt{2}$为无理数所引起的困难。这册著作大部分都被 19 世纪实数系的发展 148
所取代了。第六册引用到了第五册的结果，其中欧几里得呈现了有关相似图形的研究结果。当两个多边形的角度分别相等，同时，等角所对应的边长成比例时，这两个多边形便称为相似(similar)。

第六册标示了欧几里得对于平面几何学论述的结束。第七到第九册都在讨论数论，第十册则和度量有关。几何学在最后三册再度成为焦点，只是这次变成了立体几何。第十一册包含了与相交平面有关的三十九个基础命题。一个主要的结果(命题Ⅺ.21)说明共有一个多面体的顶点(比如说三角锥)之所有平面角之和,会小于四个直角。

第十二册里,得力于欧多克斯的穷尽法,始自第十一册的研究有了更多进展。证明的结果中,有一个说明圆的面积会和其直径的平方成比例(命题Ⅻ.2)。

《几何原本》的最后一册即第十三册,则呈现了有关正多面体的十八个命题。正多面体是拥有正多边形为面,每面全等,每个相邻面的角都相等的三维图形。在非常早以前,希腊人就知道如图4.6所示的这五个物体:

- 拥有四个面的正四面体,每个面都是等边三角形。
- 拥有六个正方形面的正立方体。
- 拥有八个等边三角形为面的正八面体。
- 拥有十二个正五边形为面的正十二面体。
- 拥有二十个等边三角形为面的正二十面体。

因为这些正多面体在柏拉图的著作里曾被明确提到过,所以,有时候它们会被

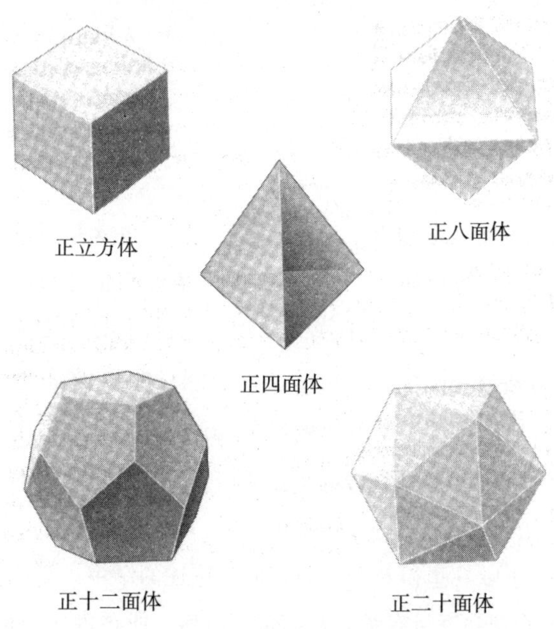

图4.6　五个正多面体

称为柏拉图立体。

《几何原本》里的第465个,也是最后的命题,就是欧几里得关于只存在这五种正多面体的一个优雅证明。该证明只需要用到命题XI.21,即任何顶点的面角和会小于四个直角。以此为假设,以下即是欧几里得的证明。

> 命题XIII.18:恰好只存在五个正多面体:正四面体、正六面体、正八面体、正十二面体与正二十面体。
>
> 证明:对一个拥有三角形面的正多面体而言,所有的面角都是60°,因而在每一个顶点,将至少有三个面。在一个顶点如果恰好有三个三角形相遇,则给出180°之角和。在一个顶点如果恰好有四个三角形相遇,则给出240°之角和。在一个顶点如果恰好有五个三角
> 形相遇,则给出300°之角和。如有六个或更多的三角形在一个顶点 149
> 相遇,则角和将等于或大于360°,根据命题XI.21,这将是不可能的。因此,至多只有三个正多面体拥有三角形的面。
>
> 对一个拥有正方形面的正多面体而言,如果三个面相遇于一个顶点,则在此顶点之角和是270°。不过,如四个或更多的正方形相遇于一个顶点,则角和将是360°或更多。因此,再次根据命题XI.21,这不可能发生。因此,顶多只有一个正多面体拥有正方形面。
>
> 一个正五边形的顶点之内角是108°,因此,根据命题XI.21,只有一个可能的正多面体拥有正五边形面,其三个正五边形面相遇于每个顶点,构成角和324°。
>
> 有六个或更多边的任意正多边形其顶点之内角至少为120°。由于$3 \times 120° = 360°$,命题XI.21意味着不可能有正多面体带有六个或更多边的正多边形之面。
>
> 上述这些考虑意味着,这五个列举出来的正多面体是仅有的可能,得其所证。

万有论的几何学

在被几何学的美丽及其逻辑的精确性震惊之后，许多数学家和哲学家试图使用几何想法来说明我们所居住的宇宙。其中第一个就是柏拉图，因极度迷恋这五个正多面体，而使用它们作为物质的一个早期原子理论之基础。

150 在柏拉图约公元前 350 年写的书《蒂迈欧篇》(*Timaeus*)中，他提出了组成世界的四大“元素”——火、空气、水和土——都是由微小的固体(以现代术语来说，就是原子)聚集而成。除此之外，他还论证因为这世界只可能是由完美的物体组成，这些元素就必须具有正多面体的形状。

他说，身为元素里最轻和最尖锐的一员，火一定是个四面体。身为元素里面最稳定的土则一定是由立方体构成。身为最富有机动性和流动性的水，一定是个二十面体，也就是最有可能简单地滚动的正多面体。而对于空气，柏拉图则观察到“空气对于水，就像是水对于土”，因此下了个有点神秘的结论，说空气一定是个八面体。最后呢，为了不让剩下的正多面体孤苦伶仃，他提议十二面体代表了整个宇宙的形状。

虽然柏拉图的原子论以现代的眼光来看既怪异又不切实际，但是在 16 世纪和 17 世纪，当开普勒开始在世界里寻找数学秩序(mathematical order)时，这种正多面体是宇宙基础结构的想法，在当时还是被认真对待。图 4.7 里柏拉图原子论的图解就是由开普勒提供。开普勒自己对于正多面体在宇宙中所扮演的角色的提议，对于现今的读者来说，可能比柏拉图的原子论来得更加科学——尽管它仍然是错误的。以下就是开普勒的版本。

151 在开普勒的时代，已知有六颗行星：水星、金星、地球、火星、木星和土星。受哥白尼行星围绕太阳运转的理论影响，开普勒试图解释为何只有六颗行星，以及为何它们离太阳是特定距离的数值关系。他最后决定，关键问题是几何的而不是数值的。他论证说，恰好只有六个行星的原因，是每个行星和下一个行星之间的距离一定与一个特定的正多面体有关，而正多面体刚好就只有五个。

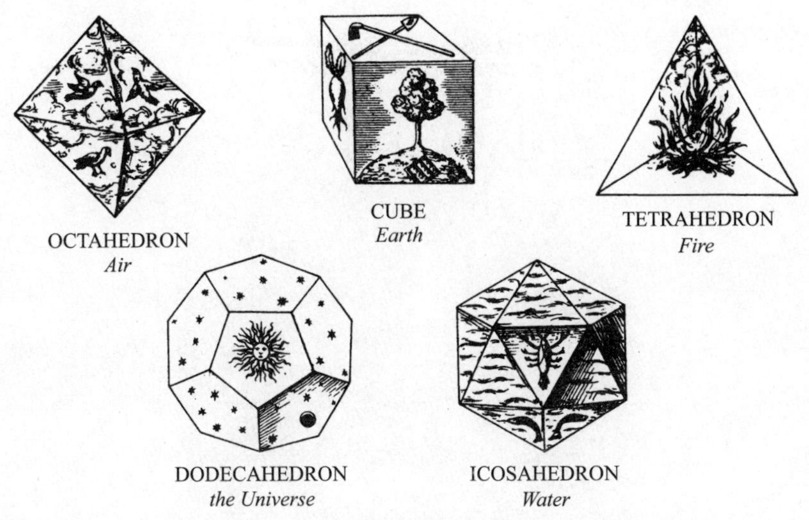

图4.7　由约翰·开普勒图解的柏拉图物质原子论

在一些实验之后,他找到一个照大小顺序套叠的正多面体以及球面的排列,使得六个行星中的每一个都有一条在六个球面上的运行轨道。最外围的球面(土星运转的轨道)包含了一个内接的立方体,而在这立方体内又包含了一个内接的、木星轨道的球面。在这球面里又包含了一个内接的四面体,而火星则是在其内接的球面里运转。在火星轨道球面的内接十二面体内,则是地球轨道的球面,内接的二十面体,则是金星的轨道球面。最后,内接金星轨道球面的十面体里面,也有一个内接的球面,上面则有水星的运转轨道。

为了证明他的理论,开普勒煞费苦心地详细画出复制在图4.8里的图像。显然,他对自己的成果很满意。唯一的问题,就是这一切都是胡说。

首先,套叠的球面和行星运转轨道间的对应并不完全正确。由于开普勒自己是找出行星运转轨道正确数据的人,他当然知道其中的差异,并且试图以更改不同球面的厚度来调整他的模型,虽然他也没有提出它们厚度的不同会造成差异的理由。

再来,我们现在已知行星不只六个,而是至少九个(译者注:除去冥王星现在只剩八个了)行星。天王星、海王星和冥王星(译者注:现已被分类为矮

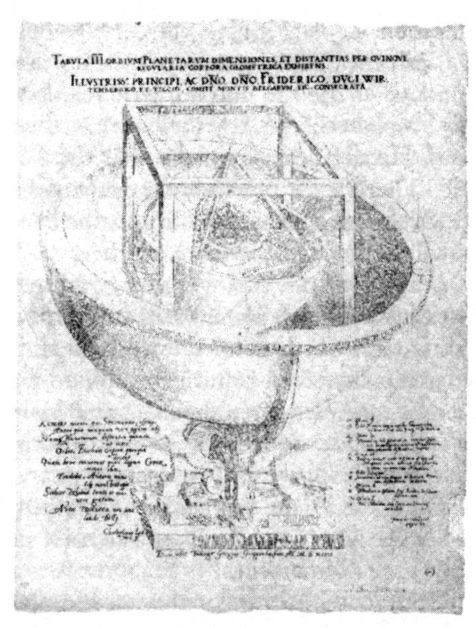

图4.8　开普勒图解他自己的行星理论

行星）在开普勒年代之后陆续被发现——一个对于任何类似开普勒理论，也就是奠基于只有五个固定多面体理论的毁灭性发现。

从现代的眼光来看，可能有点难以相信柏拉图和开普勒这种水平的两个知识巨人，会提出如此疯狂的理论。到底是什么驱使他们去寻找正多面体和宇宙结构之间的链接呢？

答案就是同样驱使今日科学家的根深蒂固的信念——世界中的模式和秩序都可以被数学描述，甚至在某种程度上被数学说明。在当时，欧几里得的几何学是数学里发展最好的分支，也因此，正多面体的理论在几何学里占有极重要的地位；它已经达成了一个完整的分类，亦即全部的五个正多面体都被找出
152 并得到了广泛研究。虽然开普勒的理论最后无法成立，但是，它在概念上非常优雅，而且和他同代的伽利略的看法不谋而合：“自然这部大书只能被那些通晓其中叙述语言的人阅读。这个语言正是数学。”的确，开普勒对于数学秩序的基本信念，引导他调整他的数学模型，以便符合观察到的数据。他所追求的，正是模型在审美层面上的优雅，即使代价是他无法解释的“胡说”。

就细节而言,柏拉图和开普勒两人对于原子论的想法都是错误的。但是,就寻求以数学的抽象模式理解自然模式的意义而言,他们的研究所秉持的传统,直到今天仍然具有高度影响。

切开圆锥体

这里应该提到希腊几何学的另一个部分,不过,因为它出现在欧几里得《几何原本》的数世纪之后,严格说来并不算是欧氏几何学:有关圆锥曲线的研究包含在阿波罗尼奥斯(Apollonius)的八册专著《锥线论》(*Conics*)之中。

圆锥曲线是当一个切面切开圆锥体时所得到的曲线(见图4.9)。这种曲
线有三种:椭圆、抛物线和双曲线。这些曲线在希腊时代曾被广泛地研究,但 153
直到《锥线论》问世这些研究才被完全系统化地放在一起,就像《几何原本》组
织了欧几里得年代已知的数学知识一样。

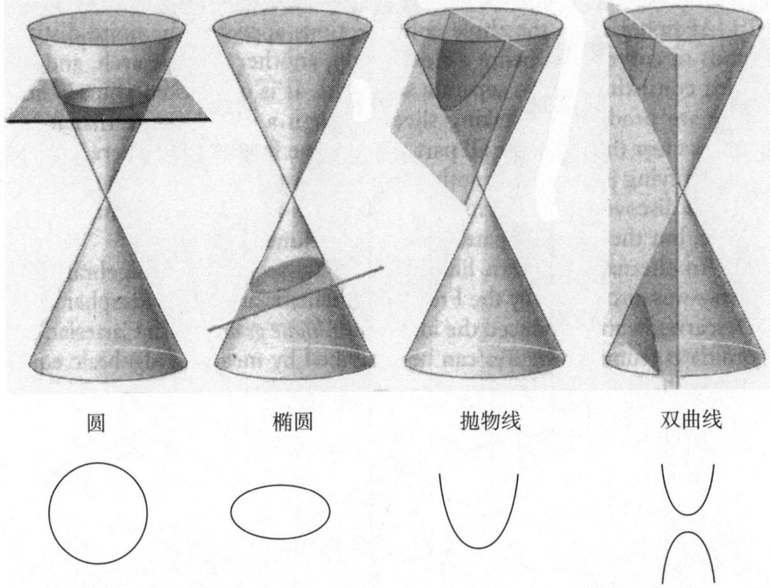

图4.9 圆锥曲线。这四条曲线是中空的双圆锥被一个平面所切割而成

和《几何原本》以及阿基米德的著作一样,在开普勒观察到行星于一椭圆轨道上围绕着太阳运转的17世纪,阿波罗尼奥斯的《锥线论》仍是相当重要的教科书。这个发现并非仅是纯粹的审美诉求,它还说明了圆锥曲线里的椭圆就是行星以及人类绕着它们在宇宙中旅行的路径。

事实上,行星轨道的形状不是圆锥曲线在运动物理学里唯一的角色。当一个球或是其他的抛物体被扔到空中时,它会遵从一个抛物线的轨道,这个事实即被准备火炮表的数学家利用,以确保战时的炮手可以准确地命中目标。

在数学家的轶事中,一个一再重复的神话,就是阿基米德利用了抛物线的特性,在罗马侵略者攻打迦太基(Carthage)时保卫了锡拉库萨(Syracuse)城。根据该故事,这个伟大的数学家建造了巨大的抛物面镜子,然后以这些镜子聚
154 集太阳光照射到敌方的船上,使它们起火燃烧。和这相关的数学特性就是,照射在平行于轴的抛物线上的阳光,都会反射到一个被称为抛物线焦点(focus)(见图4.10)的点上。由于要试图瞄准此装置会碰到非常多的困难,这个故事的真实性并不高。不过,同样的抛物线数学特质在今天已被成功地用来设计出车头灯、小耳朵和望远镜的反射镜等。

乍看之下,三个圆锥曲线似乎都是明显不同的曲线,一个是封闭的圈,另一个是单一的拱形,第三个则是两个分开的线段。要等到我们看到它们都是

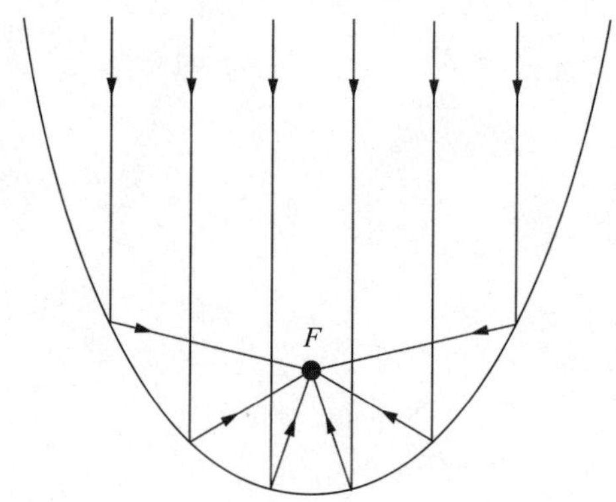

图4.10 平行于抛物线轴的射线会反射到它的焦点。这个几何事实已经找到许多应用,战时或承平时代皆有

由切开一个双圆锥体而产生时，才会清楚明白它们都是同一个家族的一部分——亦即它们拥有一个单一的、统一的模式。不过要注意的是，我们必须提高一个维度才能找到此模式：这三个曲线都在二维的平面上，但这个统一的模式却是三维的。

另外一个链接圆锥曲线的模式——一个代数的模式——则是由法国数学家和哲学家笛卡尔所发现的，他引进了坐标几何(coordinate geometry)。在笛卡尔的坐标几何中，图形可以用代数的方程式来描述。举例来说，圆锥曲线正可以用包含变量 x 和 y 的二次方程式来描述。笛卡尔对几何学的贡献就是我们的下一个主题。

天花板上的苍蝇

笛卡尔在1637年出版了他的《方法论》(*Discours de la méthode*)——一本高度原创性的科学方法之哲学分析。在该书一个标题为“几何学”(La
Géométrie)的附录里，他向数学世界呈现了一个研究几何学的革命性新方法：
使用代数。笛卡尔这本书的出版所带动的这场革命非常完整，因为他的新方 155
法不只让数学家使用代数技巧来解决几何问题，实际上更赋予他们一种选择，
将几何学视为代数的一个分支。

笛卡尔的关键想法是(这里用的是二维的例子)提出一对坐标轴：两条垂直的实数线，如图4.11所示。两条轴线的交点称为(坐标的)原点。两条轴线通常标为 x 轴和 y 轴，原点通常以0来代表。

就坐标轴来说，每个平面上的点都有特定的一对实数命名：点的 x 坐标和 y 坐标。而这想法，就是要以包含 x 和 y 的代数式来表现几何图形；确切地说，直线和曲线都是以包含 x 和 y 的代数方程式来表达。

举例来说，一个与 y 轴相交于点 $y=c$、斜率为 m 的直线具有如下的方程式：

$$y = mx + c。$$

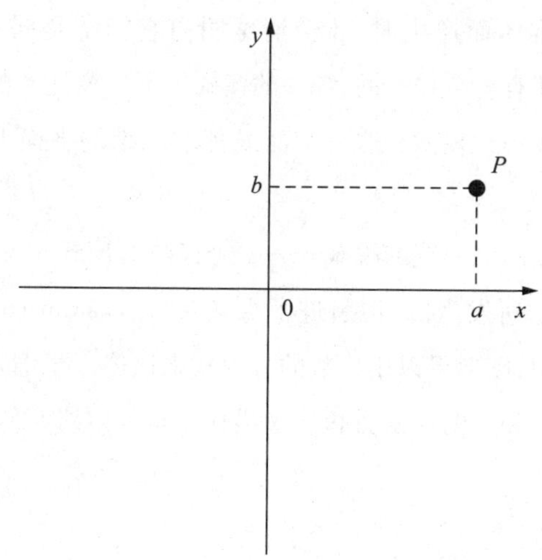

图 4.11　这是由笛卡尔引进的坐标轴。相对于坐标轴,平面上每一点都有一个以实数命名的名字。图中所示点 P 的坐标为 (a,b),其中 a,b 为实数

圆心为点 (p,q),半径为 r 的圆的方程式为

$$(x-p)^2+(y-q)^2=r^2。$$

156 将这等式里两个括号的项展开和重整之后,这个表达式会变成

$$x^2+y^2-2px-2qy=k,$$

其中 $k=r^2-p^2-q^2$。一般来说,任何具有上述最后这个形式的方程式(其中 $k+p^2+q^2$ 为正),会代表一个圆心为 (p,q)、半径为 $\sqrt{k+p^2+q^2}$ 的圆。确切地说,圆心为原点,半径为 r 的方程式是

$$x^2+y^2=r^2。$$

一个以原点为中心的椭圆方程式具有如下形式:

$$\frac{x^2}{a^2}+\frac{y^2}{b^2}=1。$$

一个抛物线的方程式具有下列形式:

$$y=ax^2+bx+c。$$

最后,一个以原点为中心的双曲线方程式为如下形式:

$$\frac{x^2}{a^2}-\frac{y^2}{b^2}=1。$$

或者是(特例的)形式

$$xy=k,$$

这些曲线的例子可见图 4.12 的图示。

有关笛卡尔在几何学上的革命性新进路,存在一版多次被提起的故事,不知是真是假,那就是这想法其实是由一只苍蝇引发灵感的。据说,身体虚弱、容易生病的笛卡尔有天卧病在床,一只在天花板上爬行的苍蝇引起了他的注

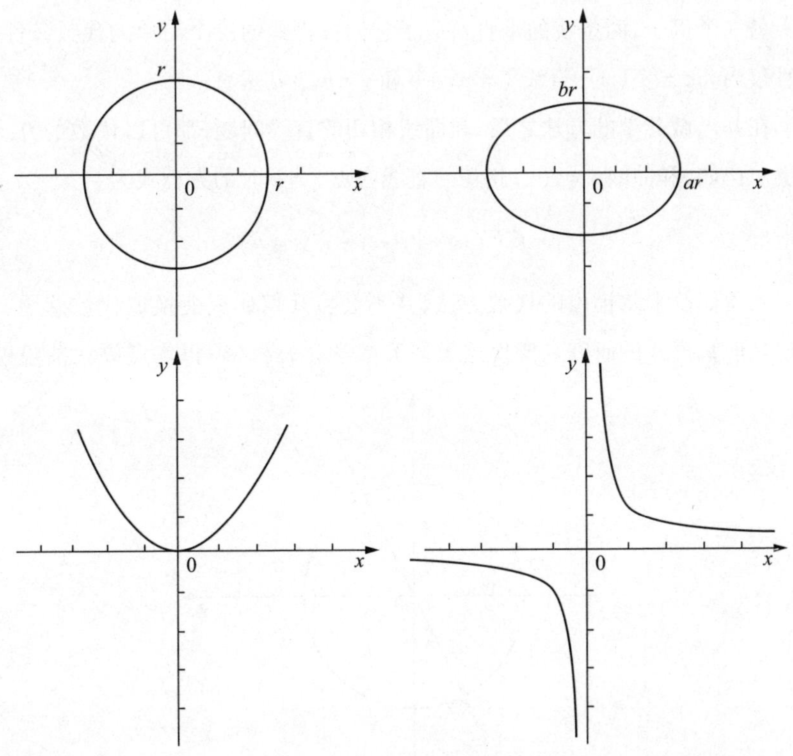

图 4.12　锥线的图形

左上:圆 $x^2+y^2=r^2$;右上:椭圆 $x^2/a^2+y^2/b^2=1$;左下:抛物线 $y=x^2$;右下:双曲线 $xy=1$

意。看着这只苍蝇爬来爬去，笛卡尔领悟到它在任何时刻的位置，都可以用它当时和两面垂直墙面的距离来确定。当苍蝇在天花板上爬行时，将两个距离中的其中之一以另一个表现，而写下一个方程式。通过这个途径，他就可以代数地描述苍蝇的爬行路径了。

当代数方程式被用来表现直线和曲线时，古希腊人所提出的几何论证便可以代数运算来取代了。即以方程式的解举例来说，确定两个曲线相交的点，就是要找出两个方程式的共同解。为了在图 4.13 中求出直线 $y=2x$ 和圆x^2+
157 $y^2=1$ 的交点 P 和 Q，我们就得联立解这两个方程式。将 $y=2x$ 代入第二个方程式会得到 $x^2+4x^2=1$，答案也就是 $x=\pm 1/\sqrt{5}$。利用 $y=2x$ 这方程式就可以算出交点的 y 坐标，也就是 $P=(1/\sqrt{5},2/\sqrt{5})$，$Q=(-1/\sqrt{5},-2/\sqrt{5})$。

另一个例子，两条线的垂直对应了它们方程式的一个简单的代数条件，即当且仅当 $mn=-1$ 时，直线 $y=mx+c$ 和 $y=nx+d$ 垂直。

在并入微分学的方法之后，和曲线相切的直线问题，都可以代数的方式来解决。比如，和曲线 $y=f(x)$ 相切的直线在点 $x=a$ 时的方程式为

$$y=f'(a)x+[f(a)-f'(a)a]。$$

158 利用如笛卡尔提出的代数方法，并不会将几何研究变换成代数课题。几何学是形状模式的研究。要使这类研究数学化，就必须将焦点放在抽象模式

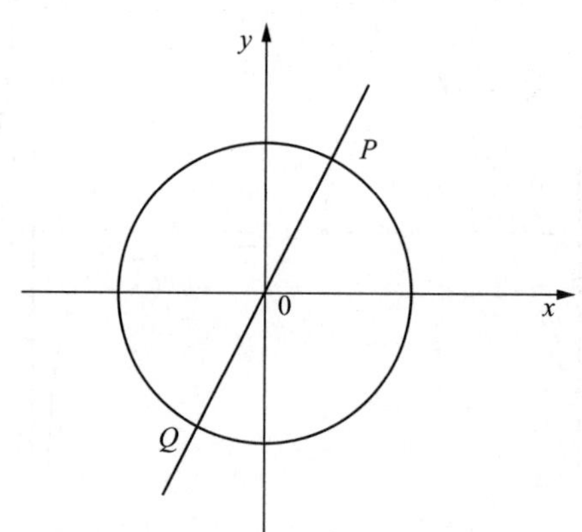

图 4.13　欲求交点：P 和 Q，我们解圆与直线的联立方程组

本身,而不是它们碰巧发生或者被表现的方法上;另外,还必须要以逻辑的方式进行。不过,不管是在实体或是概念上,能使用的工具并没有限制。有如笛卡尔一般,利用代数技巧研究形状的模式,并不必然使获得的结果成为代数而非几何;就像使用微积分的技巧来研究自然数的特性(解析数论),并不会使获得的结果落在数论的边界之外。

在几何学里应用代数的技巧(以及基于微积分的分析技巧)提供了精准度,以及更抽象的可能性,这使得形状的研究可以到达先前无法企及的境界。这些技巧威力的一个早期示范,就出现在19世纪末期:三个自古希腊时代就无人能解的几何问题,终于被解决了。

化圆为方和其他不可能的事

要计算已知尺寸的正方形或是三角形的面积是件简单的事,只需要用到乘法而已。计算有弯曲边的图形,比如说圆或椭圆,则困难得多。希腊人使用的是穷尽法;今日的数学家则使用积分学。这两种技巧都比乘法要复杂得多。

另外一个可能的方法,就是找出一个和该弯曲图形有相同面积的正方形, 159
然后再用正规的方法,计算这个正方形的面积。这样的正方形找得到吗?如果可能的话,要如何找呢?这就是给定图形的*求积*(quadrature)问题——希腊人花了不少时间试图解决的一个问题。最简单的例子——至少在说明上是最简单的——就是圆的求积问题:给定一圆,找出一个有相同面积的正方形。

并不令人意外地,希腊人想知道只用尺和规——欧几里得在《几何原本》里喜爱的“纯粹”工具——是否能完成如此的一个作图。不过,他们仍然没能作出一个来。接下来无数世代试图解答这问题的几何学家,不管是职业数学家或其他许多业余爱好者,他们的情况也都没好到哪里去(这里要注意的是,该问题要求一个精确的解;利用尺规方法可以找到一些近似的答案)。

1882年,德国数学家费迪南·冯·林德曼(Ferdinand von Lindemann)给出总结性的证明,即圆的尺规求积问题不可能有答案,为这一追寻工作画上句点。他的证明是以笛卡尔坐标来进行的纯代数方法,具体是这样的:

首先,以标尺进行的运算会有对应的代数描述。简单的基础概念显示任何可以尺规作图的长度,都可以从整数开始,并且只使用一系列的加法、乘法、减法、除法以及平方根取得。于是,可以利用古希腊工具作图得出的长度,也就是说,它可以通过求形如下列多项式方程式的解来获得

$$a_nx^n + a_{n-1}x^{n-1} + \cdots + a_2x^2 + a_1x + a_0 = 0,$$

其中系数 $a_n, \cdots, a_0$ 全都是整数。

不是代数数的实数都是*超越的*(transcendental)。超越数全都是无理数,但反过来说,无理数并不都是超越数。比如说: $\sqrt{2}$是无理数,但它可不是个超越数,因为它是方程式

$$x^2 - 2 = 0$$

的解。林德曼所做的,就是证明 π 这个数是超越的。他的证明利用了微积分的方法。

知道 π 是超越数之后,即表示圆的求积问题不可能有解。其原因就是,假设有个半径 $r = 1$ 的圆。这个单位圆的面积是 $\pi \times r^2 = \pi \times 1 = \pi$。因此,如果我们可以作出和这个圆相同面积的正方形,那么,它的面积就会是 π,而它的边长就会是$\sqrt{\pi}$。这样一来就代表我们可以用标尺作出$\sqrt{\pi}$的
160 长度,而这也就表示$\sqrt{\pi}$是代数数,也就是说 π 是代数数,因此和林德曼的结论矛盾。

托笛卡尔式技巧之福而获得解决的另一个古希腊问题,就是倍正方体(duplicating the cube)问题: 给定任一正立方体,找出另一个体积恰为它两倍的正立方体的边长。这个由希腊人提出的问题,还是只能以尺规来作图;而同样地,这问题若没有此限制还是可以解的。正立方体的加倍用一种所谓的*二刻尺作图法*(neusis construction)便可以轻易达成,亦即只要使用圆规和一把有刻度的尺(可以在设定的线上滑动,直到达成特定的条件),即可完成此一作图。另一种解法则是使用圆锥曲线,以及存在有一种三维作图,涉及了圆柱、圆锥和轮胎面(torus)。

解答如下。如果我们可以加倍这个体积为1的立方体,那么,复制加倍的体积为2,因此,它的边长就一定是$\sqrt[3]{2}$。以代数术语表示,这单位立方体的加倍问题,就会对应三次方程式$x^3=2$的求解。一个比林德曼稍微简单的论证显示,这方程式无法以一系列的基本算术运算(即加、减、乘、除与开平方根)求解,而这些都是能对应到标尺作图的运算。因此,该单位立方体无法单以标尺来复制加倍。

第三个因多年无法求解而成名的希腊问题,就是三等分任一角。该问题是如何在只使用尺和规的条件下,找到三等分一个任意角的方法。

对于某些角度来说,这问题可以立即解决。举例来说,三等分一个直角很简单:我们只要作出一个30°角即可。但是,这个问题要求的是所有角度都通用的方法。同样,如果放开尺规作图的限制,它是可以求解的;确切地说,使用二刻尺作图方法可以简单地三等分任意角。

以代数术语表示,三等分一个任意角即相当于求解一个三次方程式,而如同我们刚刚看到的一样,无法只用基本算术运算和开平方根求解。因此,三等分角的作图无法只用尺和规达成。

这里必须要再强调一次:以上三个问题本身并不是重要的数学问题。标
尺作图的限制只是个希腊的智力游戏。希腊人可以在不受到这个限制之下, 161
求解这三个问题。这些问题会出名,是因为在如此限制的情况之下,长年来始终无法求解。

有趣的是,在每个例子中,答案只有在问题从纯几何转变成代数的情况下才会出现,这个变换也将其他的技巧带来此地使用。正如一开始的构式,这三个问题都是关于使用特定工具的几何作图模式(比如,序列);求解则是依赖这个问题以等价代数模式的再建构。

非欧氏几何学的惊人发现

如同第154页所提到的,欧几里得在几何学命题的第一次建构中,第五个,或是“平行公设”,被认为是有问题的。它的真实性从来没有人怀疑过——每个人都认为它是“显明”的。但是,数学家认为它还不够基础到成为公理的

程度，而应该被证实为定理才是。

这个公理的显明，似乎是由所获得的各种另类构式而得到了凸显。除了欧几里得原本的陈述——如其所呈现，一个最为不显明的构式——之外，下面展示的每一个都和第五公设完全等价：

- 普莱费尔(Playfair)公设：给定一条直线和一个不在该线上的点，恰好只有一条直线可以穿过该点并和原直线平行（“平行”的形式定义为：两条直线不管如何延伸都不会相交）。
- 普罗克鲁斯(Proclus)公理：如果一条直线和两条并行线之一相交，那它也一定会和另一条相交。
- 等距公设：平行线每个地方都是等距离的。
- 三角形公设：一个三角形的内角和等于两个直角。
- 三角形面积特性：三角形的面积可以依我们的喜好而增大。
- 三点特性：三个点不是共线就是共圆。

162 许多人会认为这里面其中的一个或多个陈述是“显明”的，通常是列表中的前三项，也许再加上三角形面积特性。不过为什么呢？就拿普莱费尔公设来当例子好了。你怎么知道它是真实的？要怎么证明？

假设你在一张纸上画一条直线，并且在线外标记一个点。现在的任务就是要说明，只会有一条和最初的直线平行的直线会通过这个点。不过，这里有些明显的困难。首先，不管铅笔的笔芯有多细，你所画的直线还是会有一定的宽度，而你怎么知道实际的直线在哪呢？第二，为了检查第二条直线和第一条平行，你得将两条线无限延伸下去，而这也是不可能的（你可以在这张纸上画出许多通过该点却不和原直线相交的线）。

因此，普莱费尔公设并非真的适用于实验性的核证。那么，三角形公设呢？检查这个公设的确不需要任意延伸直线，毕竟它可以“在这一页上”画出来。无可否认地，就像我们针对唯一平行线一样，对于三角形内角和为 180°这件事，没有人有强烈直觉说这是有可能的；但是，因为这两个陈述完全等价，缺乏支持的直觉并不会影响三角形进路的有效性。

那么，假设你可以画个三角形并且高准确度计算它的内角和精确到 0.001 范围内——在现在这个年代，这是完全合理的假设。你画个三角形并度量它的内角。如果加起来是 180°，那么，你就可以断定内角和会在 179.999° 和 180.001°之间，而这是非结论性的。

另一方面，原则上可以用这方法演示第五公设为假(falsity)。如果你找到一个内角和为 179.9°的三角形，那么，你就会明确知道内角和会在 179.899°与 179.901°之间，也因此答案绝对不可能是 180°。

根据数学史的传说，高斯本人在 19 世纪早期曾试图以实验方法检查第五公设。为了避免无限细的直线这难题，他将光线视为直线；为了将度量时的错误减到最小，他使用一个非常大的三角形，顶点在三座山顶上。在其中一个山顶上点火，再使用镜子来反射光线，他创造了一个由光线组成的巨大三角形，其内角和算出来是 180°加减实验误差。以最乐观的想法来看，这个实验性误差至少是 30 秒。因此，这个实验什么都没证明，除了指出在许多英里(1 英里 163
约合 1.61 千米。——译者注)的范围里，三角形的内角和非常接近 180°。

事实上，我们每天的经验里似乎没有一个支持第五公设的合理基础。然而，就像普莱费尔公设的形式一样，我们相信它是真的——我们认为它是很显明的。一条直线的抽象概念，只有长度而没有宽度，看起来也非常合理，而且我们事实上也能将这种对象可视化；两条直线任意延伸，每个地方都等距并且不相交的想法，似乎也具有意义；然后，我们有个根深蒂固的观念，认为平行线存在且是唯一的。

如同我在本章一开始提示的，这些基本的几何想法，以及伴随它们的直觉，并不存在于我们生活的客观世界中；它们是我们的一部分，是被我们建构为认知对象(cognitive entities)的方式之一部分。欧氏几何可能是也可能不是这世界“被构成”的方式，不管那是什么意思，它看起来的确捕捉到了人类感知(perceive)这世界的方式。

那么，几何学家到底能做什么呢？他要以什么作为他的主题呢，一个处理

“点”“直线”和“曲线”等的主题，其中所有这些对象都是由我们的知觉所塑造的抽象理想化事物？答案就是，当我们要建立表现数学真理的理论时，就只能依赖公理而已。实际的经验和物理度量无法给我们数学知识的确定性。在几何学里建构一个证明时，我们也许可以依赖直线和圆等心智图像，以便引导我们的推论过程，但是，我们的证明必须完全依赖这些公理针对这些对象所告知的信息。

尽管欧几里得尝试将几何学公设化，数学家还是花了两千年才完全和上述这个备注的意义达成协议；然后，再舍弃如下直觉，这个直觉告知他们欧氏几何是我们宇宙里不证自明的几何学。

朝这领悟迈进的重要第一步，是由意大利数学家吉罗拉莫·萨切利(Girolamo Saccheri)踏出的。1733年，他出版了一本两册、书名为“欧几里得无瑕疵”(*Euclid Freed of Every Flaw*)的著作。在本书中，他试图证明第五公设，说明否定它会得到矛盾。

给定一条直线以及一个不在该线上的点，通过该点的平行线数目，只可能有下列三种：

1. 恰好只有一条平行线；
2. 没有平行线；
3. 有多于一条的平行线。

164 这些可能性如图4.14所示。

可能性1是欧几里得的第五公设。萨切利开始证明其他两个可能性都会导致矛盾。假设欧几里得的第二公设要求的是无限长的直线，他发现可能性2会导致矛盾。不过，在排除可能性3时，他就没有这么顺利了。他找到一些陈述3(即可能性3)违反直觉的结果，却无法导出一个形式的矛盾。

一百年后，四个不同的数学家彼此独立地进行研究，却都尝试了同样的进
165 路。不过，他们都踏出了前辈所没有踏出的决定性的一步：他们挣脱了只有一个几何学——第五公设所支撑的几何学——的信仰。

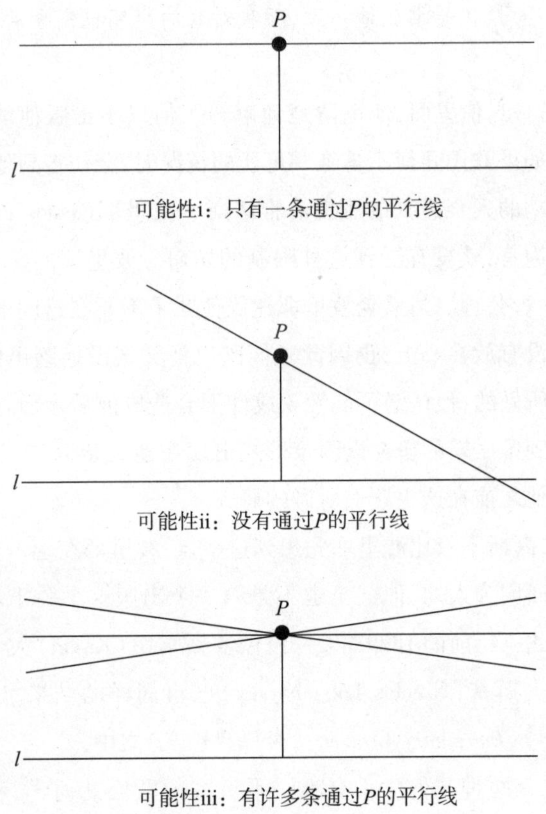

图 4.14　平行公设。给定一直线 l 与不在该线上的一点 P，过 P 点并平行于 l 的直线之存在性有三种可能：恰好只有一条平行线；没有平行线；有多于一条的平行线 。至于平行公设，则是说第一种可能性会出现

第一个是高斯。他研究的是一个和可能性 3 等价的构式，亦即任何三角形的内角和会小于两个直角，他后来理解可能性 3 或许不会造成前后矛盾，而是一个奇异的另类几何学——一个非欧几里得的几何学。我们无法确定高斯什么时候从事这一研究，因为他并没有出版他的结果。我们知道的第一个参考数据，是他在 1824 年写给同事弗兰茨 · 阿道夫 · 陶里努斯（Franz Adolph Taurinus）的私函，其中写道：

这三个角之和小于 180° 的假设会导致一个奇妙的几何学，和我

> 们的非常不同,但是彻底地一致,而我对我的研究也完全满意。

在 1829 年的另一封信里面,他也清楚地解释了何以不出版他的发现,那是因为他害怕说出如果欧氏几何不是唯一可能的情况时,会伤害到他的威名。

这是最成功的人会碰到的压力。雅诺斯·波里耶(János Bolyai),一位年轻的匈牙利火炮官,就没有受到这种限制的妨碍。波里耶的父亲是高斯的朋友,曾研究过平行公理。虽然老波里耶建议他儿子不要在这问题上浪费时间,不过雅诺斯并没有放在心上,也因此才能踏出他父亲没能踏出的那无畏的一步。如同高斯所做的,他认清可能性 3 或许不会造成前后矛盾,而是一个全新的几何学。直到雅诺斯的研究以附录形式出现在他父亲 1832 年的著作时,高斯才告知两人他之前在这主题上所做的研究。

可惜的是,高斯不只比波里耶先想到这一点,波里耶在他一生之中也没因为自己的研究而广为人知,他甚至也不是第一个出版这个关于新的非欧氏几何学的人。在此三年前的 1829 年,一位俄罗斯喀山(Kazan)大学的讲师尼古拉斯·罗巴切夫斯基(Nikolas Lobachevsky)已将同样的结果,出版在他的书《想象的几何学》(*Imaginary Geometry*,翻译自俄文)之中。

因此,现在有两种几何学。有唯一平行线的欧氏几何学,和有多条平行线、今日称为双曲线几何的几何学。不久之后,第三种也出现了。1854 年,波恩哈德·黎曼重新检查萨切利从可能性 2 导出的矛盾——过给定点没有与给
166 定直线平行的线这个陈述——并注意到此矛盾是可以避免的。萨切利犯下的关键错误,就是假设欧几里得的第二公设(一条有限的直线可以继续延伸)意味着此直线的无限性。而这个假设其实不是有效的。

黎曼提议可能性 2 或许和欧几里得前四个公设一致,而如果真是这样,那么,当所有五个公设一起订为公理时,结果就会是另一种几何学——黎曼几何学(Riemannian geometry),其中三角形的内角和一定会大于两个直角。

这出戏里的所有演员,都没提议欧几里得的几何学不适合我们所居住的宇宙。他们只是提倡如下观点:欧几里得的前四个公设无法决定平行公设的三个可能性为真,这是因为每个可能性都会导出一种一致的几何学。除此之

外，他们也没有提出可能性 2 和 3 与欧几里得其他公设一致的证明，而是基于他们所研究的相关公设，便有了本该如此的意见。两种非欧氏几何学为一致（更精准地说，是和欧氏几何学本身一样的一致）的证明在 1868 年出现，出自尤金尼奥 · 贝尔特拉米（Eugenio Beltrami）证明如何在欧氏几何学里，诠释双曲和黎曼几何学。

就是在这儿，我们到了必须咬牙放弃自己的直觉，并且以纯粹公理的方式来研究的时候了。

在欧氏几何学里，基本的未定义物体（undefined objects）为点和直线（圆是可以定义的：一个圆就是与给定点等距的所有点的集合）。我们可能会有这些物体的各种心智图像和直觉，但是，除非这些图形或直觉被我们的公理所捕捉，否则从几何学的观点来看，它们在逻辑上是无关紧要的。

欧氏几何学在平面上是行得通的。考虑一下在地球（表面）曲面（这里假设它是个完美的球体）上行得通的几何学，并将之称为“球面几何”（spherical geometry）。虽然地球是个三维的物体，它的曲面还是二维的，因此，它的几何是一个二维的几何。然则这个几何里的“直线”是什么呢？最合理的答案是它们是曲面的测地线（geodesics）；也就是说，从点 A 到点 B 是曲面上 A 到 B 最短的距离。对于一个球体来说，从 A 到 B 的直线就是从 A 到 B 的大圆（great circle）路线，如图 4.15 所示。从地球上方来看，这样的一条路线看起来不是一条直线，因为它必须遵照地球表面的曲线。不过，以曲面本身的几何来说，它拥有所有直线的特性。举例来说，一架由纽约（图 4.15 里的点 A）飞到伦敦（点 B）的最短航线，就会沿着这条路线进行。

球面几何满足欧几里得的前四个公设，不过，在第二公设之中，要注意直 167
线的继续可延伸并不代表无限。更确切地说，当一条直线延伸时，它迟早会绕地球一圈并碰到自己。第五个公设在这儿并不成立。在这几何学里的确没有平行线；事实上，任意两条直线都会在两个对跖点（antipodal points）相交，如图 4.16 所示。

因此，黎曼几何的公理对于球面的几何是真实的——至少，就欧几里得声明他的公设的方法来说，是真实的。不过，我们通常会假设欧几里得意指他的

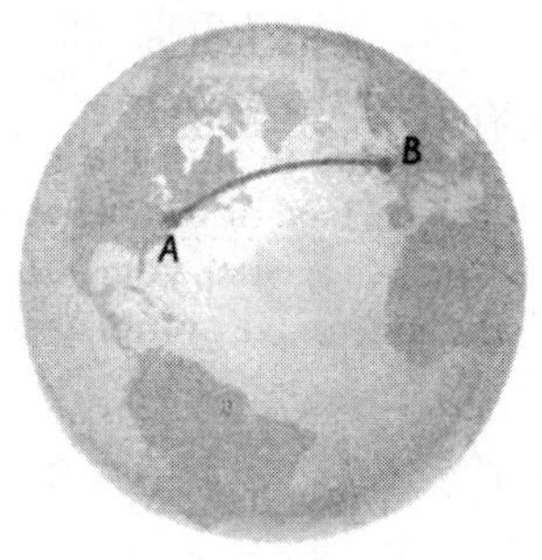

图 4.15　球面几何中的直线就是大圆路线上点 A 到点 B 的最短距离

图 4.16　在球面几何中没有平行线；任意两直线都会交于对跖点上

第一公设表示两个点会刚好决定一条直线，而这在黎曼几何中也应该是真的。球面几何并没有这个特性；任一对的对跖点都会在无限多条直线上面，亦即每个大圆都会通过这两点。要得到一个强化第一公设是有效的世界，我们可以宣称这两个对跖点是同一点。这样一来，北极就正好是南极，任何在赤道上的点都和赤道上直径相反的点相同。当然，这个过程会创出一个违反视觉的几
168 何怪物。不过，我们虽然无法图像化这个世界，它却为黎曼几何提供了一个合理的诠释：黎曼几何的所有公理，从而所有的定理，在这个世界中都是真实的，其中几何的“点”就是“曾经是球体”表面上的点，几何的“直线”就是当对跖点等同时球面上的大圆。

虽然我们无法把刚才叙述的黎曼世界图像化，但研究它的几何学存在实际上并没那么糟糕。只有当我们试图想象整个世界时，才会出现难题。这个对跖点的奇怪等同，是为了避免“无限长的”直线（即延伸到地球一半的直线）

这个问题出现才需要的。在小一点的尺寸比例中,并没有这类的问题,而这种几何则等同于一种球面几何,也就是地球这颗行星上的居民非常熟悉的几何。

尤其是,我们对于全球旅行的日常知识,可以帮助我们用经验事实的方式,观察到黎曼几何中三角形的内角和会大于两个直角。事实上,三角形愈大,这个和就会愈大。一个极端的例子是,想象一个三角形的一个顶点在北极,其他两点在赤道上——其中一个在格林尼治子午线上,另一个在西边的90°线上,如图4.17所示。这个三角形的每个内角都是90°,因此,总和即为270°(要注意这是个球面几何条件下的三角形;每条边都是大圆的一部分,因此,这个图形是由这种几何中的三条直线组成)。

三角形愈小,其内角和也就愈小。占据球面范围愈小的三角形,其内角和就愈接近180°。对于生活在地球表面上的人类来说,在此曲面上标出来的三角形内角和刚好会是180°,就如同平面上行得通的欧氏几何一般,因为地球的 169
曲率在这么小的尺寸比例之下,横竖都为零。不过,从数学的观点来说,在球面几何以及黎曼几何中,三角形的内角和永远不会是180°,而是永远大于180°。

至于双曲几何,一般的想法是一样的——取适当曲面的几何,并以测地线为直线。问题是,什么曲面会产生双曲线几何呢?答案是每个家长都很熟悉的模式。

看着一个孩童走路并拉着一个由线绑起来的玩具。如果该孩童突然左转,玩具会被拖在后面,但并不会出现一个急转的角度,而是会一直弯曲到几

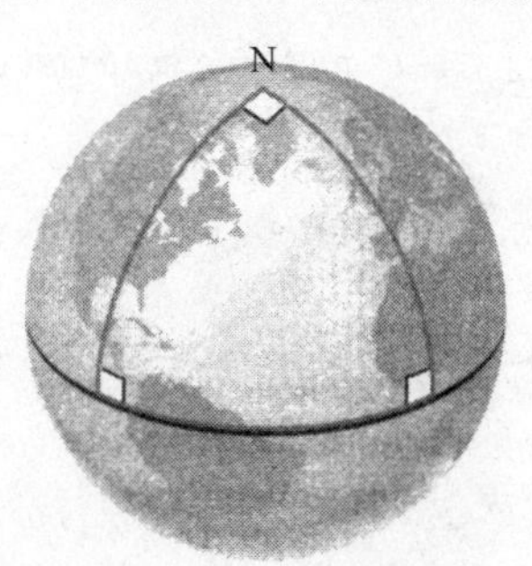

图4.17 在球面几何中,三角形的内角和大于180°

乎又在孩童后面。这个曲线被称为曳物线(tractrix)。

现在拿两条相反的曳物线,如图 4.18 上方所示,并以线 AB 为轴旋转。得到的表面会如图 4.18 下方的图形一样,我们称其为伪球面(pseudosphere)。它在两个方向都会无限延伸。

在伪球面上的测地几何学(geodesic geometry)就是双曲几何学。确切地说,欧几里得的前四个公设以及其他由希尔伯特写下的欧几里得公理,对于这种几何都成立。但是,第五公设并不成立:在一个伪球面上,给定任意一条线和任意一个不在该线上的点,会有无限多条通过该点并和该线平行的线——这些线不管延伸多长,绝对不会相交。

在伪球面上画出的三角形(如图 4.19 所示)的内角和会小于 180°。对于非常小的三角形,即伪球面的曲率不会造成很大的影响时,内角和会接近 180°。不过,如果将这个三角形放大,内角和就会愈来愈小。

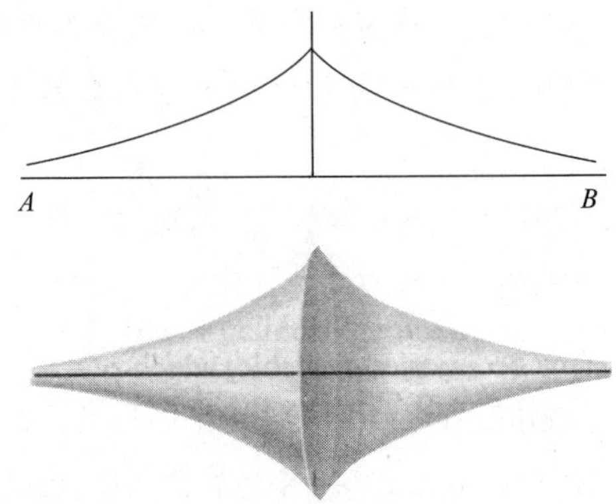

图 4.18 双重曳物线(上)和一个虚圆,由绕着 AB 回转这个曳物线而得的曲面

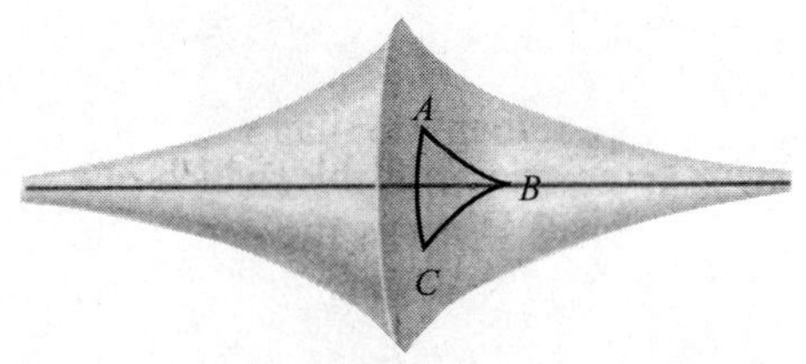

图 4.19 在一个伪球面上,三角形的内角和小于 180°

因此，在有三种同样一致的几何学的情况下，哪一种才是正确的——哪一 170
种才是大自然的选择呢？我们宇宙的几何是什么？这个问题是否有单一的、确定的答案，我们并不清楚。宇宙照自己的方式运行；几何学只是人类心智的数学创造，反映出我们和环境互动方式的某些面向而已。宇宙为何一定只有一个几何呢？

让我们改变这个问题的措辞。考虑到数学提供人类一个用来描述和了解宇宙面向的极有力的方法，三种几何学之中哪种才最适合这项任务呢？哪种几何学最符合观察到的资料呢？

在一个小的、人的尺寸比例范围内——包含地球表面的一部分或全部的规模——牛顿物理学提供了一个完全符合观察得到（和度量得到）的证据的理论架构，而三种几何学中的任何一种在这个情况下都可行。因为欧氏几何看起来与我们感知世界的直观方法一致，我们也许可以将它视为“物理世界的几何学”。

另一方面，在一个较大的尺寸比例范围内——从太阳系到银河以及更远的情况——爱因斯坦的相对论物理学提供了一个比牛顿架构更接近观察到的数据。在这个尺寸比例规模内，非欧氏几何学看起来更为恰当。根据相对论，时空是弯曲的，而其曲率清楚显示在我们称之为万有引力的力场中。时空的曲率是由观测光线的举止，即物理宇宙的“直线”来决定的。当光线从遥远的行星经过一个巨大的物体（比如太阳）时，它们的路径会被弯曲，就有如地球弯曲表面上的测地线一样。

使用哪种非欧氏几何，要看每个人自己对于宇宙理论的选择。如果我们假设宇宙现在的扩张有天会停止并开始收缩，那么，黎曼几何就是最恰当的。另一方面，如果我们认为宇宙会无尽地扩张，那么，双曲几何则更合适。

特别迷人的是，爱因斯坦的相对论，以及示范它优于牛顿理论的天文学观 171
测，是在非欧氏几何学发展了半个世纪之后出现的。这里的例子正说明了数学如何可以超越我们对于世界的了解。由观察周遭世界几何模式而来的初期抽象性，引导希腊人发展了一个丰富的数学理论——欧氏几何学。在19世纪中，有关这个理论的纯粹数学问题，涉及公理及证明的问题，导致了其他几何理论的发现。虽然这些另类的几何学一开始纯粹是抽象、公理化的理论发展，在真实世界里看起来也没有什么功用，但是，它们却被证明比欧氏几何更适合用来研究大规模比例的宇宙。

文艺复兴艺术家的几何

对于勘测地形的测量员或者建造房屋的木匠来说，欧氏几何捕捉到了形状的相关模式。对于环游全球的水手或飞机驾驶员来说，球面几何则是适当的架构。对于天文学家来说，可能会出现的几何模式，则是黎曼几何或双曲几何。这些只不过关系到我们想做什么以及如何做的问题罢了。

文艺复兴时期艺术家列奥纳多·达·芬奇（Leonardo da Vinci）和阿尔布雷特·丢勒（Albrecht Dürer）想要在二维的画布上表现出深度。在达·芬奇和丢勒之前，我们推测艺术家从来没有想过有方法可以在自己的绘画里表现出深度。

由达·芬奇和丢勒所发掘的关键想法，就是将画作的曲面视为一扇窗户，经由它去观看想画的物体。从该物体汇集到眼睛上的视线会通过这一窗户，而这些线和窗户曲面相交的点，则会形成物体在曲面上的投影（projection）。画作会捕捉到这个投影，有如丢勒在图 4.20 中所做的一样。因此，对于艺术家来说，重要的就是这些关于透视和平面投影的模式；而从这些考虑产生的几何，就称为投影几何（projective geometry）。

172 虽然透视的基本想法在 15 世纪就被发现，并且逐渐渗透到画作的世界，但是要一直等到 18 世纪末，人们才开始将投影几何视为一个数学门类来研究。在 1813 年，一位毕业于巴黎综合理工学院（École Polytechnique），当时被关在俄罗斯的战俘吉恩-维克托·彭赛列（Jean-Victor Poncelet），写下了该主题的第一本书《图形的投影性质论著》（*Traité des Propriétés Projectives des Figures*）。19 世纪早期，投影几何成长为数学研究的一个主要领域。

如果欧几里得几何符合我们对周遭世界的心智概念，那么，投影几何就捕捉到了一些使我们能够以现有方式观看这世界的模式，因为我们全部的视觉输入都是在视网膜上由平的、二维的图像组成的。当一个艺术家创造出一幅

图4.20　阿尔布雷特·丢勒的木刻图 *Institutiones Geometricae* 图解了如何利用投影进行透视画法。左边的人拿着的玻璃板，显示桌上物体的透视图。为了画出这个图，这块板子放在右边的艺术家拿着的框架之中。当从物体到艺术家眼睛的光线（直线）与这块板子相交时，它们决定了这个物体的一个影像，被称为投射到这块板子的投影

透视正确的画作，我们就可以诠释它是一个三维的场景。 173

投影几何的基本想法就是要研究那些图形，以及那些在投影之下未变的图形之性质。举例来说，点投影成点，直线投影成直线，因此，点和直线就是投影几何的主角。

事实上，你必须更小心一点，因为有两种投影。一种是来自单点的投影，也称为中心投影（central projection），如图 4.21 所示。另外一种是平行投影（parallel projection），有时被称为来自无限点的投影，如图 4.22 所示。在这两个图解中，点 P 会投影到点 P' 上，且直线 l 会投影到直线 l' 上。不过，在投影几何的公理研究中，这两种投影之间的差异会消失，因为在形式理论之中并没有平行线——任意两条直线皆相交；而我们曾经认为的平行线，会在“无穷远点”（point at infinity）相交。

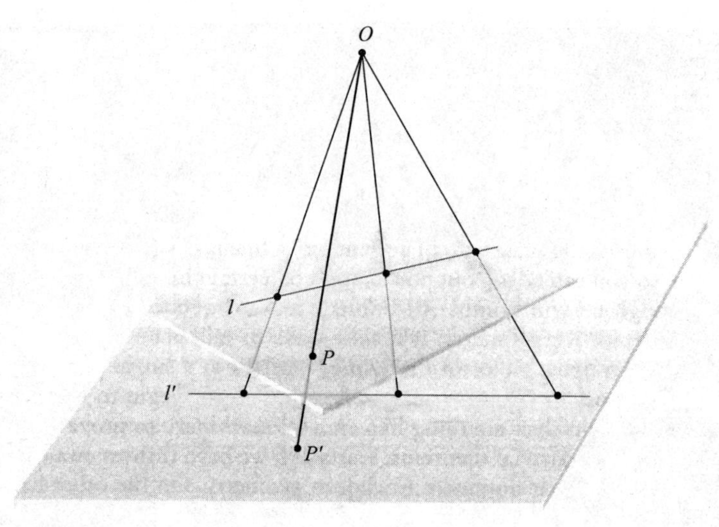

图4.21　单点投影

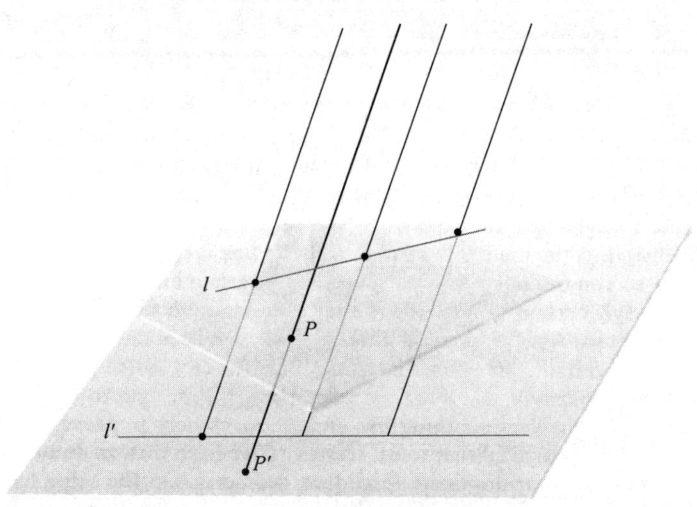

图4.22　平行投影

明显地，投影会因描述物体的相对位置而扭曲长度和角。因此，投影几何无法涉及和长度、角或全等有关的公理或定理。确切地说，虽然三角形的概念在投影几何中是合理的，但是，等腰三角形和正三角形却不是。

174 不过，任何曲线的投影即是另一个曲线。这项事实引出了一个有趣的问题,即讨论什么种类的曲线在投影几何之中才有意义。举例来说,圆的概念明显不是投影几何,因为圆的投影不一定是圆:圆通常会投影成为椭圆。不过,圆锥曲线的概念在投影几何中是有意义的(在欧氏几何中,圆锥曲线可以定义为一个圆投影到平面上。不同类的投影,会产生不同类的圆锥曲线)。

在这段说明中,我将会聚焦在点以及直线上。点和线的什么种类性质在投影几何中才有意义呢?相关的模式又是什么呢?

明显地,点和线的接合性(incidence)不会被投影所改变,因此,你可以讨论点位于某特定线上,然后线会通过某特定点。这事实的一个直接结果就是,在投影几何中,谈论三点共线或三线共点,是有意义的。

不过这时候,一位多疑的读者可能会开始好奇:我们是否留给自己足够的家当,来证明任何有趣和非显然(nontrivial)的定理。我们的确舍弃了大多数支配欧氏几何的概念。另一方面,剩下的几何捕捉了我们眼睛能够诠释为透视的模式,因此,投影几何不可能没有内容。问题是,这内容会以有趣的几何定理来表现吗? 175

这么说好了,虽然在投影几何中不能有任何与长度有关的定理,却有一个具备意义的相对长度的特殊概念。它被称为交比(cross-ratio),而它会关联到一条直线上的任意四个点。

给定一条线上的三个点 A,B,C,一个将 A、B、C 映射到三个共线点 A',B',C'的投影,通常会改变 AB 和 BC 的距离。它也有可能改变 AB/BC 的比值。事实上,给定任何两组共线的三个点 A,B,C 和 A',B',C',有可能造出两个连续的投影,将 A 射到 A',B 到 B',然后 C 到 C';因此,我们可以随意造出 $A'B'/B'C'$ 的比值。

不过,在一条线上的四个点的例子中,存在有一个在投影下数值经常不变、称为四点的交比的特定量。参照图 4.23,四点 A、B、C 和 D 的交比定义为

$$\frac{CA/CB}{DA/DB}。$$

虽然长度本身不是投影几何的概念,但是,至少按刚刚叙述的形式而言,交比是一个奠基于长度的投影概念。交比在投影几何的高等研究成果中扮演着重

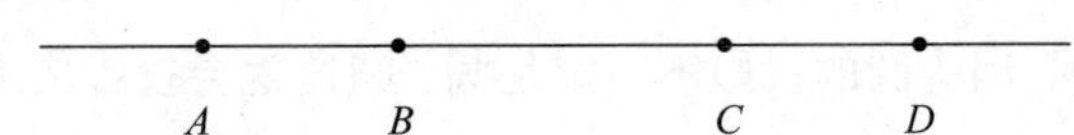

图 4.23　一直在线四点 A、B、C、D 的交比是 CA/CB 除以 DA/DB 的商数

要的角色。

一个有关投影几何绝非贫乏的更进一步标示,是由 17 世纪早期的法国数学家吉拉德·笛沙格(Gérard Desargues)提供的惊人结果:

> 笛沙格定理:如果在一个平面上,三角形 ABC 与 $A'B'C'$ 被放置,使得连接对应顶点的直线全都相交于点 O,则对应边(如果延长的话)将会相交于同一直线上的三个点。

图 4.24 说明了笛沙格定理。如果读者不相信这个结论,可以自己多画几个图形,直到说服自己为止。这个定理明显是个投影几何的结果,因为它只讲点、
176 直线、三角形、相交于一点的线和线上的点,而这些全部都是投影几何的概念。

利用笛卡尔(欧几里得)几何的技巧可以证明笛沙格定理,只不过非常不容易。最简单的证明就是使用投影几何本身。证明如下。

如同投影几何中的任何定理一样,如果你可以证明它对一个特别的构形(configuration)成立,那么它也会对该构形的任何投影成立。看起来非常困难

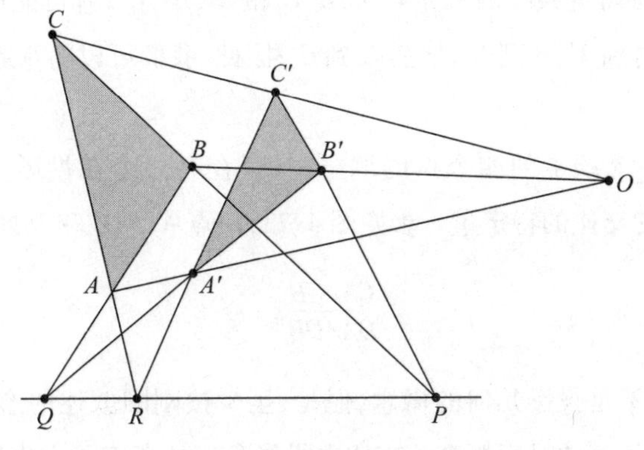

图 4.24　平面上的笛沙格定理

的关键步骤,是要试图证明这个定理的三维版本,其中两个三角形分别处在不同、不平行的平面上。这个更一般的版本如图 4.25 所示。原本的二维定理,很明显地只是这个三维版本投影到平面上;因此,证明这个更一般的版本,会立刻证明原本的定理。

参考图表,我们注意到 AB 和 $A'B'$ 处在同一个平面上。在投影几何中,任意两条同一平面的直线一定相交。假设 Q 为 AB 和 $A'B'$ 的交点。同样,设点 R 为 AC 和 $A'C'$ 的交点,然后点 P 为 BC 和 $B'C'$ 的交点。因为 P、Q、R 在三角形 ABC 和 $A'B'C'$ 各边的延长线上,它们会在这两个三角形的同一平面上,因此,也会在这两个平面的交线上。所以,P、Q、R 共线,定理得证。

发展透视原理的艺术家认识到:为了在画作上创造适当深度的印象,画家可能需要建立一些*无穷远点*,画作里对应到所画景象的并行线如果延长,会在那里相交。他们也认识到这些无穷远点一定全部落在一条被称为*无穷远线*(line at infinity)的单一直线上。这个概念如图 4.26 所示。

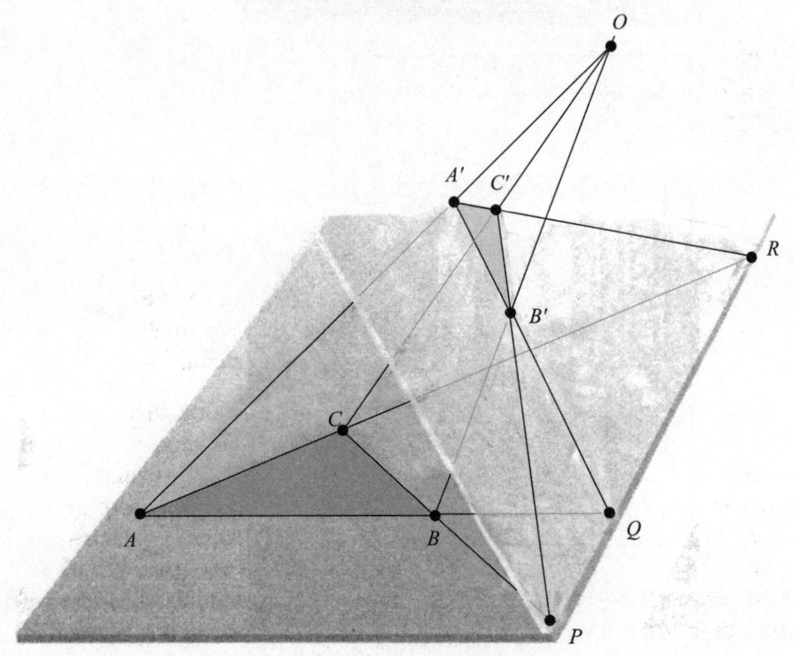

图 4.25　空间中的笛沙格定理

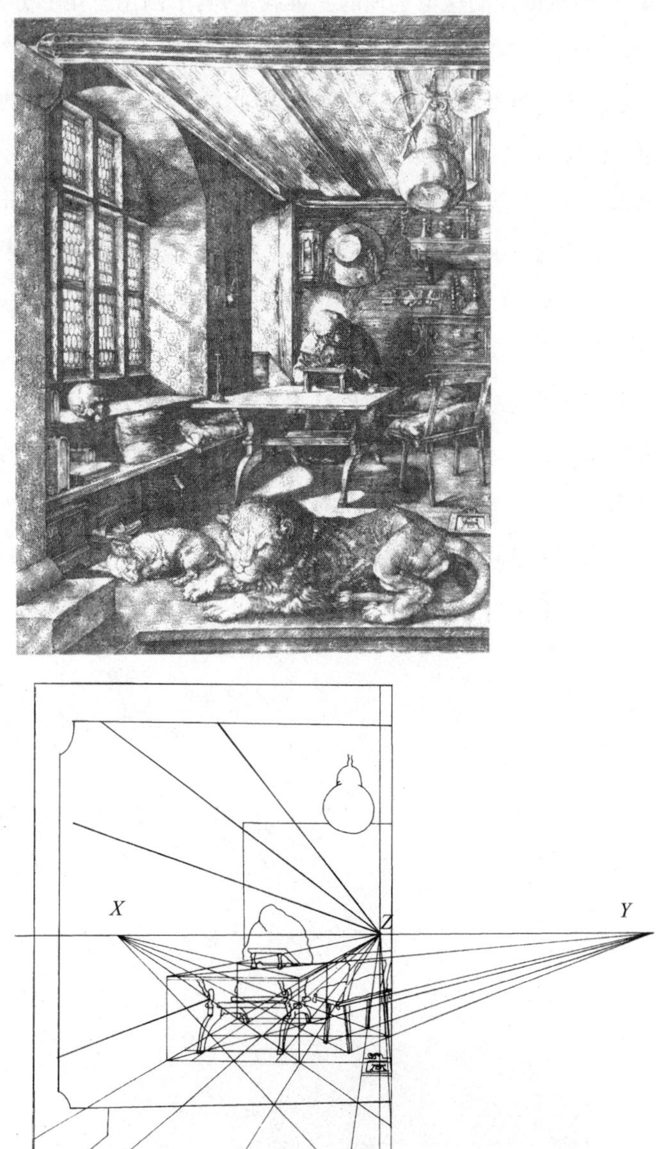

图4.26　阿尔布雷特·丢勒的木刻图 *St. Jerome*（上图）图解了散点透视（multiple-point perspective）。透视的分析（下图）显示，三个无穷远点（X、Y 和 Z）全都落在一条无穷远线上

同样地,发展投影几何的数学家认识到引进无穷远点非常方便。每条在
平面上的线都被假设会有个单一的“理想(ideal)点”,即“无穷远点”。任两条
平行线被假设会在它们共同的无穷远点相交。所有的无穷远点都被假设会在
一条单一的直线上,即“理想线”或者是“无穷远线”上。这条线上不会有无穷 177
远点以外的点。

要注意的是,每条线只会增加一个,而不是两个理想点,这是基于一条线是朝两个方向延伸到无限的想法。在欧氏几何中,一条直线会延伸(却不会到达)到两个方向的“无穷远点”,但是,在投影几何之中却不是这样:对于每一条线,就只有一个无穷远点,而该点一定在这一条线上。

理想点和理想线是为了避开平行性(parallelism)的议题——它本身并不
是投影几何的概念,因为投影可以摧毁平行性——而被构想出来的。因为它
欧几里得式的习性,人类心灵无法立即形象化平行线的相交,因此,要完全形 179
象化这个增加理想点和线的过程是不可能的。投影几何的发展势必需要公理
化。因为加入了理想点和理想线,平面投影几何便有了以下简单的公理:

1. 至少有一个点和一条线。
2. 如果 X 和 Y 是不同点,那只会有刚好一条线通过它们。
3. 如果 l 和 m 是不同线,那它们只会有一个交点。
4. 任一条线上至少会有三个点。
5. 并不是所有的点都会在同一条线上。

这个公理化并没有说明一个点或一条线是什么,或者一个在线的点或通过一个点的线有什么意义。这些公理捕捉到投影几何的本质模式,但并没有明确说明这些模式所展示的对象是什么。这就是抽象数学的本质。

在这个例子里,这种抽象层次带来的一个巨大好处,就是它实际上加倍了可以获得的定理数量。当我们证明了投影几何的定理时,被称为对偶定理(dual theorem)的第二个定理就会根据对偶原理(duality principle)立刻出现。这个原理说明,如果我们取任何定理并且将“点”和“线”这两个字互换,或者

"同一条线上的点"和"在一个点相交的线"互换,等等,那么,所获得的陈述一定也会是个定理,亦即第一个定理的对偶。

对偶原理是由公理的对称性得来的。首先,公理 1 在点和线之间完全对称,然后,公理 2 和 3 形成一个对称对(symmetrical pair)。公理 4 和 5 本身并不相称,不过,如果以如下陈述取代它们:

> 4′. 任一个点上至少会有三条线通过。
>
> 5′. 并不是所有的线都会通过同一个点。

如此所得的公理系统就会等价于第一个。因此,任何由这些公理证出的定理,在点和线互换(连同所有相关概念)的情况下,仍然为真。

举例来说,在 17 世纪,布莱士·帕斯卡证明了以下定理:

> 假设一个六边形的顶点交错地落在两条直线上,那么,对边相交的点一定落在一条直线上。

180 这定理如图 4.27 所示。一个世纪之后,查理·朱利安·布列安桑(Charles Julien Brianchon)证明了下列定理:

> 假设一个六边形的边交错地通过两个点,那么,连接对顶点的直线一定相交于一点。

布列安桑定理如图 4.28 所示。虽然布列安桑是从另一个论证获得这个结论,但今天的几何学家会立刻根据帕斯卡定理推演出对偶形式。

笛沙格定理的对偶就是它的逆定理:

> 假设在一个平面上,两个三角形被放置,使得其对应边若延长会相交于同一条直线上的三个点,则连接对应顶点的直线会交于一个单一点。

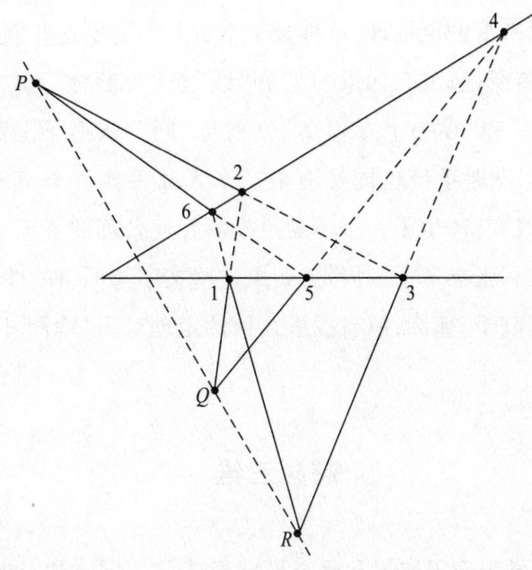

图 4.27　帕斯卡定理

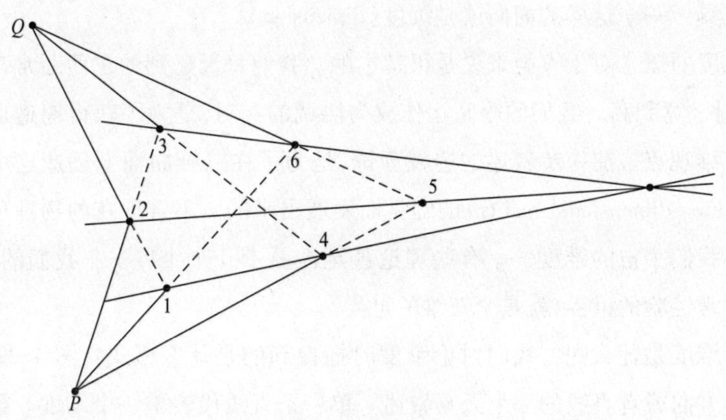

图 4.28　布列安桑定理

在这个例子中，对偶原理告诉我们笛沙格定理的逆定理也成立，而不需要任何更进一步的证明。

明显地，对偶原理只有在公理不依赖“点”和“线”是什么意思时才有可能成立。当一个数学家在研究投影几何时，他可能会有一个包含正常规点和

181 线的心智图像，并且可能画出熟悉的图表，以帮助他解决手上的问题。但是，这些图像只是用来帮助他推理；这种数学本身并不需要这些额外的信息。另外，就如希尔伯特所提议的，如果“点”和“线”被“啤酒杯”和“桌子”取代，然后，“同一条线上”和“在一个点相交”分别与“同一张桌子上”和“支撑同一个啤酒杯”互换，公理系统也同样有效。如果这些文字与词组是照原意来看，这个特别的改变，产生了一个不满足投影几何公理的系统。举例来说，一个啤酒杯只能在一张桌子上。但是，如果这些文字与词组的性质只能由投影几何的五个公理赋予，那么，所有投影几何的定理对于“啤酒杯”和“桌子”将都会成立。

超越三维

不同的几何学表现了捕捉和研究形状模式的不同方法。但是，形状有其他的面向，而研究它需要用到虽然和几何紧紧相关，却不被认为是几何学一部分的工具。一个这样的面向就是维度(dimension)。

维度的概念对于人类来说是很基本的。我们每天碰到的东西通常都是三维的：长、宽和高。我们的眼睛运作成为协调的一对，是为了获得周遭世界的一种三维观点。前一节叙述的透视理论，是为了在二维曲面上创造这个三维实在(three-dimensional reality)的幻觉而发展出来的。不管现在的物理理论如
182 何告诉我们宇宙的维度——有些理论甚至涉及十几个维度——我们的世界，我们日常经验的世界，就是个三维的世界。

但维度是什么呢？我们讨论维度时捕捉到的是什么模式？图4.29标示了基于方向或者直线的一个天真叙述。单一条直线代表单一个维度。第二条和第一条直线垂直的线，指出第二个维度。第三条和前两条垂直的直线，则指出第三个维度。这过程到此打住，因为我们目前找不到和前三条垂直的第四条线。

第二个有关维度的描述如图4.30所示，则是以笛卡尔引进的坐标系统来解说。取为轴线，一条直线决定了一个一维的世界。加入和第一轴线垂直

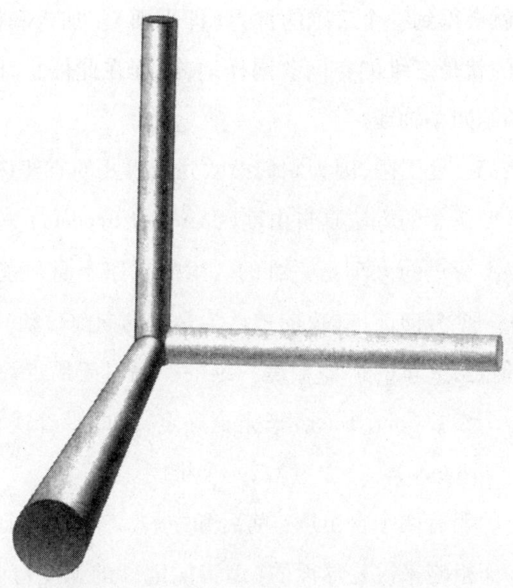

图4.29　如果三根棍棒被安排得每两个都在一个端点垂直地相遇，则它们将落在三个不同的维度内

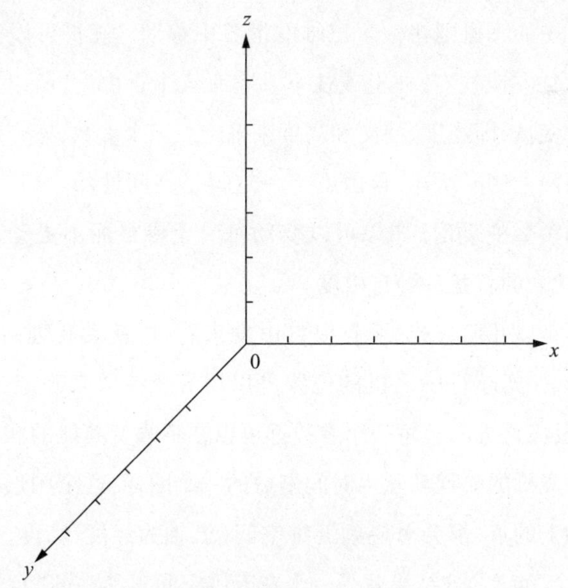

图4.30　三条互相垂直的轴构成三维空间的笛卡尔几何的基础

的第二条轴线，就会得到一个二维的世界（即平面）。加入和前两条垂直的第三条轴线，得到的就是三维的空间。同样地，过程在此停止，因为我们找不到和前三条垂直的第四条轴线。

这两种进路都过度受限，因为它们被欧几里得式的直线概念绑得太紧了。一种更好捕捉维度概念的方法是自由度（degree of freedom）。

183 一列在铁路上行进的火车是一维的。虽然铁路本身可能会弯曲或升降，但是火车只会往一个方向前进（反向被认为是负的向前移动）。铁路被嵌入一个三维的世界，但是，火车的世界却是一维的。相对于原点，火车在任何时候的位置可以用一个参数（parameter）来完全确定，亦即沿着铁轨度量到原点的有号距离（signed distance）。一个参数，一个维度。

一艘在海上的船有两个自由度：前后和左右。这艘船因此是在二维之中移动。虽然海平面粗略来说是球面的（因为照地球的弧度弯曲），也因此占据了三维的空间，但是，船所移动的世界是二维的。它在任何时候的确切位置可以用两个参数，即经度和纬度来确定。两个参数，两个维度。

一架航行中的飞机则在一个三维的世界中移动。飞机可以往前或（调头之后）往后飞，往左或往右，往上或往下。它有三个自由度，所以，它的确切位置可以用三个变量，即经度、纬度和高度来确定。三个参数，三个维度。

184 有如前面两个例子所述，自由度不一定得是空间性的。当一个系统因为两个或以上的参数变动时，如果可以变动每一个参数而不更动其他参数，那么，每个参数代表的就是一种自由度。

当维度不是以几何方式，而是以自由度来看时，就没有理由停在三（维）上。举例来说，一架航行中飞机的位置可以用五个参数来确定：经度、纬度、高度、速度以及飞行方向。每一个参数都可以在不改变其他的状态之下更动。假设我们想将飞机的航程表示为时间函数的一个图标，这个图形将是六维的，每个在时间轴上的点，都会对应到五维空间（五轴为经度、纬度、高度、速度与方向）上的一个“点”。这结果就是一个在五维空间里移动的“点”依于时间的“路径”或“曲线”。

可能的轴的数目在数学上并无限制。对于任何正整数 n，都会有一个 n 维的欧几里得空间，通常记作 E^n。对于 E^n 的 n 个坐标轴可以标记为 $x_1, x_2, \cdots, x_n$。一个在 E^n 上的点将是$(a_1, a_2, \cdots, a_n)$的形式，其中 $a_1, a_2, \cdots, a_n$ 为固定的实数。这样就可以视为笛卡尔平面坐标几何的延拓，按代数的方式来发展几何学。

举例来说，E^2 是我们熟悉的欧几里得平面。在这个几何中，一条直线会有以下形式的方程式：

$$x_2 = mx_1 + c,$$

其中 m 和 c 为常数。

在 E^3 中，以下形式的方程式：

$$x_3 = m_1 x_1 + m_2 x_2 + c$$

则代表一个平面。

诸如此类。数学的模式算是十分明显的。当你从 E^3 过渡到 E^4（及以上），所改变的就只有人类可视化这种情境的能力而已。我们可以想象 E^2 和 E^3，但无法可视化四维及以上的空间。

然而真的不行吗？也许真的有方法可以取得某种在四维空间里的视觉印象也说不定。毕竟，透视帮助我们从二维表征创造出一个三维物体的极佳图像。也许我们可以建构一个四维物体的三维"透视"模型，如一个四维的"超
立方体"（一个立方体在四维里的模拟）。这样的模型是用金属线或金属板建 185
造的，以便更能"看"到整个结构，并且显示由四维物体所投射出的三维"影子"。

在正立方体的例子中，面视观点（face-on view）是二维的，因此，我们看到的图形就是实际的景象。最接近的面是个正方形。因为透视的影响，最远的面是个在最近正方形中间的较小正方形，而剩下的面，全都被扭曲成菱形。

就像立方体的所有面都是正方形一样，四维超立方体的所有"面"都是立方体。一个四维的超立方体由八个"立方体面"组成。想象照片里实际的三维模型就在你面前。最外面的大立方体便是"最接近"你的立方体面，中央较小

的立方体便是离我们“最远”的立方体面，剩下的立方体面全部被扭曲成菱形底的角锥（rhombic pyramid）。

试图从三维模型（或者是该物体的二维图像）创造出一个四维物体的心智图像并不是件简单的事。甚至从二维图像重新建构三维物体的心智图像，都是一个高度复杂的过程，其中会牵扯到许多因素，包括背景、照明、遮光、阴影、结构以及你的期望。

这就是柏拉图在他的《理想国》（*The Republic*）第七卷里的洞穴寓言中想要提出的观点。一个种族受迫在出生后就住在洞穴里。他们对于外面世界所知道的一切，就是投影在洞穴墙上的无色阴影。虽然他们可以认识实体（比如瓮等）的真实形状，透过观察这些物体旋转时的影子变化；但是，他们的心智图像注定会永远贫瘠和不确定。

柏拉图的洞穴在 1978 年被布朗大学（Brown University）的托马斯・班科夫（Thomas Banchoff）和查理・施特劳斯（Charles Strauss）制作的电影《超立方体》（*The Hypercube: Projections and Slicings*）更新了。这部电影是以计算机创作，并且使用颜色和运动来表现一个四维超立方体的“真实形状”。

因为在心灵中从一个三维模型重建一个四维图形是如此困难，要得到像
186 是超立方体等物体的数据最可靠的方法，就是放弃可视化的企图，并诉诸另一种表现方法：坐标代数。事实上，《超立方体》正是利用这种方法创造的。计算机的程序被设计来执行必要的代数，并且在屏幕上按图表形式展示其结果，其中以四种不同颜色，来表示四个不同维度里的线。

利用代数，我们就能研究比如 n 维的超立方体、超球面（hypersphere）等几何图形。使用微积分的方法也可以研究 n 维空间的运动，并且计算各种 n 维物体的超体积（hypervolume）。举例来说，使用积分的方法就可以计算半径 r 的四维超球面体积，公式为

$$V=\frac{1}{2}\pi^2 r^4。$$

四维及以上维度图形的数学研究，不只是一个现实世界没有应用的智力游戏。今日工业广泛使用的计算机程序，就是这种研究的直接结果。这程序被称为

单纯形法(simplex method),它告诉一个经理如何在复杂情境中使利润(或利益)最大化。典型的工业程序牵扯到上百个参数:原料和组成零件、定价结构、不同市场、员工范围等。试图控制这些参数以提升利润,是一项令人畏惧的任务。美国数学家乔治·丹齐格(George Dantzig)在1947年发明的单纯形法,就提供了一个奠基于高维几何的解。这整个过程是以一个 n 维空间的几何图形来表现,其中 n 是牵扯到的独立参数。在一个典型的例子中,这个图形看起来会像是一个多面体的 n 维版本;我们称呼这种图形为多胞形(polytope)。单纯形法利用几何方法来研究多胞形,以找出可以获得最大利润的参数值。

另一个依赖高维度空间几何方法的应用,就是排定电话的通话。在这个例子中,由国家这端到那端的许多不同的排定通话的方法,可以利用 n 维空间多胞形的几何方式来表现。

当然,实行这些计算的计算机无法“看到”相关的几何图形,计算机只是单纯地运算程序设计好的代数步骤。一开始设计这个程序时,就是使用 n 维几 187
何。数学家虽然可以利用代数语言陈述他们的想法,但是一般来说他们并不那样想;甚至一个受过良好训练的数学家,都可能认为一个冗长的代数过程十分难懂。但是,我们每个人都可以轻松地操作心智图像和形状。借由将一个复杂的问题翻译成几何学,数学家可以好好利用这个人类的基本能力。

如同这一章一开始说明的一样,在某种程度上我们每个人都是几何学家。透过刚才叙述的将几何想法和代数的严谨方法结合起来,数学家就能将他们的观察化为实际的用途。

第五章　数学揭开美之本质

利用群研究的便利

189 几何学始于我们周遭世界的可见模式：形状的模式。但是，我们的眼睛感知到了其他的模式：可见的模式并不总是形状，而在于形式。对称的模式就是一个明显的例子。一片雪花或一朵花的对称，清楚地与那些物体明显的几何一致性有关。对称的研究捕捉到了形状更深刻、更抽象的面向之一。因为我们总是察觉这些深层的、抽象的模式为美，对它们的数学研究可以被描述为美感中的数学。

数学上有关对称的研究，是借由关注物体的变换来实行的。对数学家来说，一个变换（transformation）是一种特殊的函数。变换的例子有一物体的旋转、平移、镜射、伸缩或是收缩等。某一图形的对称（symmetry）是一种使图形保持不变的变换，也就是说，整体而言，这个图在变换后看起来与变换之前相同，即使图形上个别的点可能借由变换移动了位置。

对称图形的一个明显例子就是圆。让圆不变的变换就是对圆心的旋转

(经由任意角度或方向),在任意直径上的轴对称,或任意有限次的旋转和轴对称的组合。当然,在圆周上标示的一个点最终可能会落在一个不同的位置:一个有标记(marked)的圆,也可能对于旋转或轴对称不具有对称性。如果你 190
以逆时针方向将钟面旋转九十度,12 的位置将会落在左边,也就是之前 9 的位置。因此,钟面看起来就不一样了。再一次地,如果你在铅直线上将钟面上的 12 翻转到 6,那么,9 和 3 也会交换位置,所以,再一次地,其中所显示的钟面结果就会不同。因此,有标记的圆可能具有很少的对称性。但是,对于圆本身,忽略任何标记的话,就拥有对称性。

给予任何图形,图形的对称群(symmetry group)是保持图形不变的所有变换的集体。这个对称群中的任一个变换,会让图形在形状、位置或是方向(orientation)上,和之前看起来完全相同。

圆的对称群包含了对圆的旋转(经由任意角度或方向)以及轴对称(在任意直径上)的所有可能组合。对圆心旋转的圆,其不变性称为旋转对称性(rotational symmetry);对直径上轴对称的不变性,则称为轴对称性(reflectional symmetry)。这两种对称性都可借由视觉辨认。

如果 S 和 T 是圆的对称群中的任意两个变换,那么,先施行 S 然后 T 的结果,也是对称群的一员——因为 S 和 T 两者都使圆不变,所以,两个变换结合的运用亦然。通常,我们将这种双重变换标记为 $T \circ S$(对于这个看起来相当反常的顺序有一个好理由,与一个链接群和函数的抽象模式有关,但是,我在此处将不探讨此连接)。

这种结合两个变换给出第三个的方法,使人联想起加法和乘法,就是结合任意一对整数去得到第三个。对于总是留心于模式和结构的数学家而言,这样的运算究竟会呈现出何种性质,自然就是一个有意义的问题。

第一,此组合的运算是结合性的:如果 S、T 和 W 是此对称群的变换,那么

$$(S \circ T) \circ W = S \circ (T \circ W)。$$

从这个观点来看,这种新的运算与整数的加法和乘法非常相似。

第二,此种组合的运算有一个单位元素,会使得任何与它结合的变换保持不变,这就是单位变换。此种单位变换,称它为I,可以应用于任何其他的变换T而得到

$$T \circ I = I \circ T = T。$$

191 这个单位变换I在此处扮演的角色,很明显地如同整数0在加法中,以及整数1在乘法中的地位。

第三,每一个变换都有一个逆变换: 如果T是任一变换,就会有另一个变换S,使得

$$T \circ S = S \circ T = I。$$

一个变换的逆变换是在相反方向上的一个相同角度的旋转。一个轴对称的逆变换,正是相同的轴对称。为了获得任意变换和轴对称的有限组合之逆变换,你取逆变换以及再次轴对称(re-reflection)的组合,而这正是消解它的作用: 从最后一个开始,消解它,然后,再消解前一个,然后,再前一个,等等。

逆变换的存在,是一个被整数的加法所分享的性质: 对于每一个整数m,有一个整数n,使得

$$m + n = n + m = 0$$

(0是加法的单位元);简言之,$n = -m$。当然,对于整数的乘法就不同样正确: 并不是对于每一个整数m,都有一个整数n,使得

$$m \times n = n \times m = 1$$

(1是乘法的单位元)。事实上,只有整数$m = 1$和$m = -1$时,才有另一个整数n满足上式。

总而言之,一个圆的任意两个对称变换,可以借由结合运算的组合,给出第三个对称变换。而此种运算有结合性、单位元素及逆变换三种"算术"性质。

对于其他的对称图形也可以做类似的分析。事实上,我们刚观察到的以

圆为例的对称变换性质,在数学上其实相当常见,因此,被赋予了一个名称:群(group)。事实上,当我提到"对称群"时,就已经使用了那个名称。一般来说,无论数学家何时观察到某一对象集合 G,以及一个运算 $*$,结合 G 中的任意两个元素 x 和 y,在 G 中会产出另外一个元素 $x * y$,如果符合下述三种条件,他们就称这种集体为一个群:

G1. 对于所有在 G 中的 x,y,z,$(x * y) * z = x * (y * z)$。

G2. 对于所有在 G 中的 x 而言,在 G 中有一个元素 e,使得 $x * e = e * x = x$。

G3. 对于每一个在 G 中的元素 x,在 G 中有一个元素 y,使得 $x * y = y * x = e$,此处的 e 与条件 G2 所述相同。

因此,圆的所有对称变换的集体是一个群。事实上,你应该会毫无困难地让自己确信,如果 G 是任意图形所有对称变换的集体,$*$ 是结合两个对称变换 192
的运算,那么,其结果就是一个群。

从之前所做的评论,我们也应该可以很清楚地得知,如果 G 是整数所成的集合,运算 $*$ 是加法,那么,所产生的结构就是一个群,这种情况对于整数和乘法而言就不正确。但是,如果 G 是除了 0 之外所有有理数的集合,而 $*$ 是乘法,那么,结果就是一个群。

借由第一章所讨论的有限算术,我们提供了有关群的不同例子。对于任意整数 n,整数 $0,1,\cdots,n-1$ 以及模数 n 的加法运算,构成了一个群。而且,如果 n 是一个质数,那么,整数 $1,2,\cdots,n-1$ 在模数 n 的乘法运算下,也会构成一个群。

事实上,刚刚描述的三种例子仅仅刻画了群概念的表面;在现代数学中,不管是纯数或是应用,这个概念到处存在。诚然,群的概念第一次有系统的阐述,是在 19 世纪早期,当时并非与算术或是对称变换连接,而是属于代数学中多项方程式探究的一部分。其中的关键想法,或许是从埃瓦里斯特·伽罗瓦(Evariste Galois)的研究中发现,我们将于本章后面阐述。

一个图形的对称群是一个数学结构，就某一意义来说，它捕捉了图形可见的对称程度。以圆为例，它的对称群是无限的，因为对于一个圆的旋转，存在着无限多种可能的角度，而且，也有无限多条可能的直径可以被镜射。圆的对称变换群的丰富性对应了视觉对称的高等级——“完美对称”(perfect symmetry)，这是我们注视着圆时就能观察到的。

在系谱的另外一端，一个完全没有对称的图形，也有一个只包含一个单一变换的对称群——那就是单位(或者“什么都不做”)变换。很容易可以检验这个特殊的例子，确实满足了群的要求，正如同单一整数 0 与加法运算一样。

在考察群的另外一个例子之前，对于决定一个给定的对象集体以及一个运算，是否能够形成群的 G1，G2，G3 三个条件，花一些时间思考是值得的。

第一个条件 G1 是结合性的条件，从加法运算和乘法运算(虽然不是减法或除法)的例子中，我们已经非常熟悉。

193 条件 G2 断定一个单位元素的存在性。如此的一个元素必须是唯一的，因为如果 e 和 i 都有 G2 所表述的性质，那么，连续使用这个性质两次，你将可以得到

$$e = e * i = i。$$

因此，e 和 i 事实上是同一个。

上述的观察，也就表示只有一个元素 e 能出现在条件 G3 之中。此外，对于在 G 中的任一给定元素 x，在 G 中也只有一个元素 y 满足 G3 所提出的要求。这也相当容易演示，假设 y 和 z 在 G3 中都与 x 有关，也就是假设：

$$(1)\ x * y = y * x = e,$$

$$(2)\ x * z = z * x = e;$$

那么，

$$y = y * e(\text{由 } e \text{ 的性质})$$

$$= y * (x * z)[\text{由方程式}(2)]$$

$$= (y * x) * z(\text{由 G1})$$

$$= e * z$$[由方程式(1)]

$$= z$$(由 e 的性质)。

所以,事实上 y 和 z 是同一个。因为在 G 中恰好有一个 y 与给定的 x 有关,如 G3 所示,可以给此种 y 一个名称,它称为 x 的(群)逆变换,也经常被标记为 x^{-1}。由此,我已经证明了一个在数学主题中称为群论的定理,这个定理是说:在任何群中,每一个元素都有一个唯一的逆变换。借由逻辑地推演群公理 G1、G2 和 G3 三个初始条件,我已经证明了唯一性。

虽然这个特别的定理不管是陈述或证明都相当简单,它确实阐明了在数学上抽象化的巨大威力。在数学上,有很多很多群的例子:写下群的公理,数学家们从很多例子中捕捉到一个高度抽象的模式。只使用群的公理,就证明出群逆变换是唯一的。我们知道这个事实将适用于一个群中每个单一的例子,不需要进一步的研究。如果明天你偶然遇到了一种相当新的数学结构,你也确定这是一个群,你将立刻知道在你的群中的每一个元素,都有一个单一的逆变换。事实上,根据群的公理,你就知道新发现的结构,能以一个抽象的形式,确立它所拥有的每一个性质。

一个给定的抽象结构的例子愈多,例如一个群,应用此抽象结构所证明的 194
任何定理,也愈为普遍。这个大大提高效率的代价,是一个人必须学习与高度抽象结构——抽象对象的抽象模式——一起工作。在群论里,就绝大部分而言,一个群的元素是什么或群的运算为何,是无关紧要的。它们的类别并不起作用,元素可以为数、变换或另外种类的对象,而运算可以是加法、乘法、变换的组合或其他诸如此类。重要的是,这些对象以及运算,要能满足群公理 G1、G2 和 G3。

一个最后有关群公理的备注是顺序性(order)。在 G2 和 G3 两者中,组合写成两种方式。任何一个熟悉算术交换律的人可能会问,为何这公理要写成如此形式?为何数学家不仅用单向方式在 G2 写出

$$x * e = x,$$

以及在 G3 写出

$$x * y = e。$$

然后,再增加一个公理,交换律:

G4. 对于在 G 中所有的 x、y,$x * y = y * x$。

答案是:这个额外的要求,将排除很多数学家想要考虑的群的例子。

虽然很多对称群不满足 G4 的交换条件,有很多其他种类的群却可以。因此,满足额外条件 G4 的群有一个特别的名称,以挪威数学家尼尔斯·亨利克·阿贝尔(Niels Henrik Abel)命名,称为阿贝尔群。阿贝尔群的研究构成了群论一个重要的子领域。

另外一个对称群的例子,考虑图 5.1 所示的等边三角形。这个三角形恰有六个对称。有单位变换 I,逆时针方向旋转 120°的旋转 v 和逆时针方向旋转 240°的旋转 w,以及个别在 X、Y、Z 线上的反射 x、y、z(当三角形移动时,线 X、Y、Z 保持固定)。没有必要列出任何顺时针方向的旋转,因为一个 120°的顺时针方向旋转,等价于 240°的逆时针方向旋转,而 240°的顺时针方向旋转,与 120°的逆时针方向旋转有相同的作用。

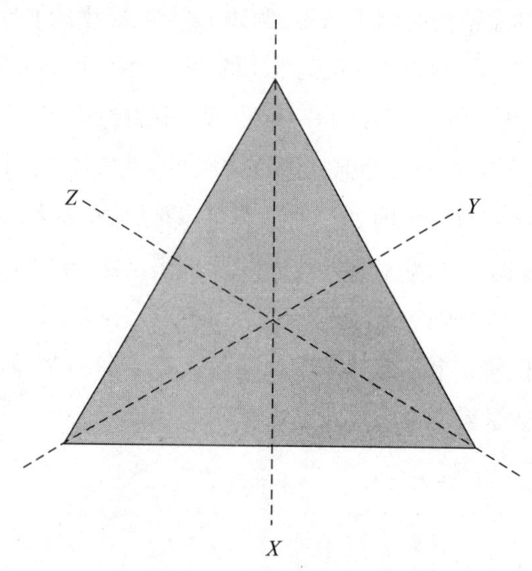

图 5.1　一个等边三角形的对称性

∘	I	v	w	x	y	z
I	I	v	w	x	y	z
v	v	w	I	z	x	y
w	w	I	v	y	z	x
x	x	y	z	I	v	w
y	y	z	x	w	I	v
z	z	x	y	v	w	I

图 5.2　这个三角形的对称群

此处也不需要包含这六个变换的任何组合。因为任何如此组合的结果，
都等价于六个的其中之一。图 5.2 的表给出了由运用任意两个基本变换所产 195
生的基本变换。例如，从这个表中找出 $x \circ v$ 的值，沿着标记为 x 的列看去，找
出行标记为 v 的项，意即 y。因此，在这个群里，

$$x \circ v = y。$$

类似地，首先运用 w 然后 x 的结果，意即，此群的元素 $x \circ w$，是 z。而且连续运
用 v 两次，意即 $v \circ v$，是 w。这个群表也显现出 v 和 w 互为逆变换，而 x、y、z 每 196
个都是自逆变换。

因为任何两个给定六个变换的组合是另一个变换，你只要连续地运用配对的规则，对于任意有限组合，结果也都如此。例如，$(w \circ x) \circ y$ 的组合等价于 $y \circ y$，也就等价于 I。

伽罗瓦

世人把群概念的提出归功于才华洋溢的法国青年伽罗瓦。1832 年 5 月 30 日，20 岁的伽罗瓦在一场决斗中遇难。伽罗瓦在其有生之年，从未目睹由他的研究所开创的数学革命。事实上，十年过去后，他的伟大成就才被承认。

伽罗瓦尝试求解一个特殊问题：对多项方程式的解找出简单的代数公

式，因而建构出了群的概念。每一个中学生都熟悉一元二次方程式的公式解。二次方程式 $ax^2+bx+c=0$ 的解可借由下列公式

$$x=\frac{-b\pm\sqrt{b^2-4ac}}{2a}$$

得出。与此类似，求解三次和四次方程式的公式仍旧存在，虽然更为复杂。一个三次方程式形如

$$ax^3+bx^2+cx+d=0,$$

而一个四次方程式就是多了一个包含 x^4 的项。这些方程式的公式是类似的，没有比牵涉到 n 次方根，或是根式（radical）的计算更复杂的了。

在 1824 年，阿贝尔证明对于一个有五次乘幂的多项式，也就是为人所知的五次多项式，没有上述那种规则。更正确地说，阿贝尔证明没有一个公式对全部的五次方程式都行得通。在五次或更高次多项式中，有一些可由根式求解，但是，其他则不能。

197 伽罗瓦寻找一个方法，去确定对于一个给定的多项方程式，是否可借由根式求解。这个任务就如同他的解出于原创一样，充满雄心壮志。

伽罗瓦发现一个方程式是否可借由根式求解，取决于方程式的对称性，而且，特别取决于那些对称性的群。除非你是另一个伽罗瓦，或是以前看过这个，你可能不会想到方程式可以具有对称性，或甚至它们有任何“形状”。然而，它们确实如此。一个方程式的对称性真的是高度抽象的，但是，它们所有的对称性，并非可见的对称，而是代数的对称。伽罗瓦使用一个习用的对称概念（比如对称群），建构了一个抽象的方法去描述它，然后，应用那个对称的抽象概念到代数方程式上。它是至今可见的一个“科技转移”（technology transfer）的杰出例子。

为了获得伽罗瓦推理的一些想法，取方程式

$$x^4-5x^2+6=0$$

为例。这个方程式有四个根：$\sqrt{2}$、$-\sqrt{2}$、$\sqrt{3}$ 和 $-\sqrt{3}$。任何一个代入 x，都可以

得到答案0。

为了忘记数字本身而专注于代数模式，分别称这些根为 a、b、c、d。很清楚地，a 和 b 形成一对，c 和 d 也是。事实上，这个相似性比 b 相等于 $-a$ 及 d 相等于 $-c$ 来得更深刻。在 a 和 b 以及 c 和 d 之间，有一个“代数对称”。任何多项方程式（有着有理系数）被 a、b、c、d 的一个或多个所满足，也将被下列条件所满足：如果我们交换 a 和 b，或者交换 c 和 d，又或者同时做交换。如果方程式只有一个未知数 x，交换 a 和 b 即是简单地在方程式中用 b 代换 a，反之亦然。例如，a 满足方程式 $x^2-2=0$，b 也是。在方程式 $x+y=0$ 中，$x=a$，$y=b$ 是一个解，$x=b$，$y=a$ 也是。一个有四个未知数 w，x，y，z 的方程式中解出 a，b，c，d，同时做两个真正的交换是可能的。如此，a 和 b 难以辨别，c 和 d 也是。另一方面，很容易可以辨别比如 a 和 c。例如，$a^2-2=0$ 为真，但是，$c^2-2=0$ 却为假。

四个根的可能置换（permutation）——交换 a 和 b、交换 c 和 d，或者一起交换两者——构筑了一个称为原始方程式的伽罗瓦群（Galois group）。它是有关被这四根满足的多项方程式（有着有理系数以及一个或多个未知数）的对称群。因为很明显的理由，由置换所构成的群，伽罗瓦群是其中一例，被称为置换群（permutation group）。

伽罗瓦在群上找到了一个结构性的条件——也就是说，一个性质某些群 198
会拥有而其他不会——当且仅当伽罗瓦群满足那个结构性的条件，使得原始的方程式将有一个根式解（a solution by radicals）。此外，伽罗瓦的结构性条件只依赖于群的算术性质。因此，原则上一个给定的方程式是否可以借由根式求解，可以单独借由检验伽罗瓦群的群表列（group table）来决定。

直接从历史的记录来看，伽罗瓦并没有用一个如前文所说的，以三个简单公理G1、G2、G3清楚而利落地构造一个抽象群的概念。群概念的构造是阿瑟·凯莱（Arthur Cayley）和爱德华·亨廷顿（Edward Huntington）约在本世纪（20世纪。——编者注）交替之际所努力的结果。但是，本质的想法无疑是从伽罗瓦的研究中发现的。

随着伽罗瓦的理念为人所知，一些数学家就取得了更进一步的发展，也找到其他的应用。柯西和拉格朗日(Joseph Louis Lagrange)执行置换群的探究,而在1849年,奥古斯特·布拉菲(Auguste Bravais)为了分类结晶体的结构,使用对称群于三维空间,在群论和结晶学(crystallography)之间,创造了一个延续至今的紧密交互作用(第224页)。

对于群论的发展,另一个主要的刺激,发生在1872年。当年菲利克斯·克莱因(Felix Klein)在德国耶尔郎根(Erlangen)大学的演讲,奠定了现在为人所知的埃尔朗根纲领(Erlangen program)。这个一统几何学为单一学科的尝试大获成功。在之前章节的讨论中,应该指出为何数学家们觉得如此的统一是必要的。在19世纪,欧式几何统驭了两千年之后,世界范围内突然出现不同几何学:欧氏的、波里耶-罗巴切夫斯基的、黎曼的、投影的,以及其他多种,包括最新莅临的——也是最难以下咽的一种"几何"——拓扑学,我们将在下一章讨论。

克莱因提议:一种特定的几何学(a geometry)就是研究图形在一个特定的变换群(属于平面的、空间的,诸如此类)下维持不变的那些性质的学问。例如,平面的欧氏几何,是那些图形性质在旋转、平移、镜射以及相似性下维持不变的研究。因此,当两个三角形全等时,如果借由欧氏的一个对称、一个平移、一个旋转,以及可能是一个镜射的组合,其中一个可以变换到另一个(欧几里得定义两个三角形如果对应边都相等,它们即全等)。同理,平面的投影几何
199 是研究图形在平面的投影变换群的成员(亦即一个变换)底下,那些性质维持
不变的学问。而拓扑学则是对于图形性质借由拓扑变换维持不变的研究。

由于埃尔朗根纲领的成功,不同几何学更高一层的抽象模式被揭露了:这个高度抽象的模式,是借由决定这些几何学的群的群理论结构来描述的。

如何堆放橘子

数学模式无所不在。每当你凝视一片雪花或是一朵花时,你便看到了对称性。你到当地的超市,那里也可以提供另一种模式。瞧一瞧橘子堆(见图5.3),它们是怎么堆放起来的?在运送途中,它们如何被排列在包装箱里?在

图 5.3　超市中橘子常见的堆放方式

展示水果时，堆放的目的是稳固；在运输时，要求的则是要怎么样才能在特定的包装箱里摆进最多的橘子。除了没有边墙，使得橘子的展示堆必须为某种金字塔形式这个相当明显的事实之外，这两种排列方法会不会一样？装填排列的稳固性和效率性，会不会导向相同的排列？如果会，你怎么去解释为什么？

换句话说，超级市场常见的橘子堆放方式是不是最有效率的？也就是说，  200
在这个可用空间里，这种方式是不是能放进最多的橘子？

就像对称性，涉及物体装填的模式也可以用数学研究。数学家把超市管理人员有效率地装填橘子的问题叫作球装填（sphere packing）。怎样才是装填相同球体最有效率的方法？尽管针对这个主题探究的历史，至少可回溯至 17 世纪开普勒的研究，但是，时至今日对于球装填，还是有一些最基本的问题悬而未解。

因此，比较聪明的方法，或许是暂时忘掉复杂恼人的球装填，先把问题焦点拉回显然比较简单的类似问题：二维空间的模拟——圆装填（circle packing）。在给定的区域内，什么是装填相同圆（或圆盘）最有效率的方式？

充填区域的形状和大小必然会造成差异，因此，为了让问题变得精确及具数学意义，你必须照着数学家们面对这种情况通常会做的事去做：选择一个特定案例，让案例的设定能切合问题的核心。因为这个议题的重点是装填的模式，而不是容器的形状或大小，所以，你应该专注于填满整个空间的问题——二维空间运用圆盘案例，三维空间则运用球体案例。在这种数学家的理想化下，你所获得的任何答案，将预设为适用于日常生活中足够大的容器，而且容器愈大，得到的近似值愈佳。

图 5.4 所示为两种最常用的圆盘装填方式，称作矩形和六边形排列（这个术语是依照相邻圆圈的共同切线所形成的图形而得）。在装填最多圆盘的条件要求下，这两种排列方式的效率如何？若要聚焦在装填整个平面，则表示你必须小心翼翼地使用精确的术语来阐述这个问题。测量任何装填效率的数据毫无疑问地采用密度（density）来表示，也就是，对象装填所占用的全部面积或容积除以整个容器的面积或容积。但是，当容器范围设定为所有的平面或空间时，以这种方式计算密度会产生∞/∞的无意义答案。

要跳出这样的困局，可以从第三章中描述过的方法着手。装填的密度可以运用带给牛顿及莱布尼茨解开微积分之钥的相同模式来计算，那就是极限的方法。首先，通过计算对象充填所占用的全部面积或容积，比上愈来愈大的
201 有限容器之面积或容积，你可以定义一个装填排列的密度；接着，当容器的边界扩充到无限（意即愈来愈大，没有边界限制）时，你计算这些比的极限值。于是，就圆盘装填这个例子来说，你可以计算这些尝试填满愈来愈大的方形区域

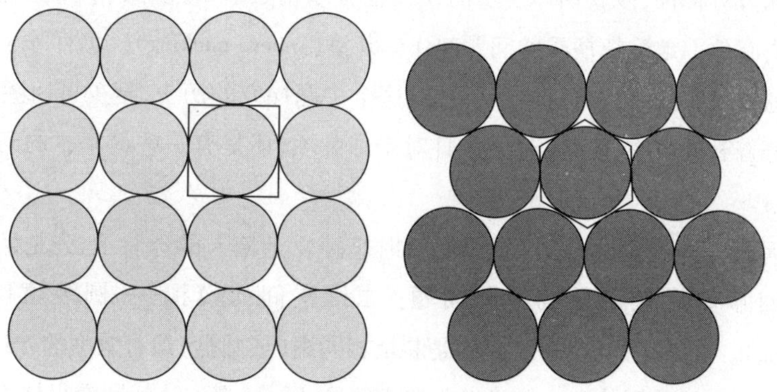

图 5.4　两种装填相同圆盘填满平面的方式：矩形排列和六边形排列

的(有限的)装填密度比,直到边界扩大到无边际为止。当然,在微积分的演算上,我们没必要真的去计算一个无穷尽的真实有限比,而是在一个公式的形式中去寻找一个适当模式,然后,在此模式中计算极限值。

从平面上装填圆盘的案例来看,开普勒沿用了这一策略。他发现矩形排列的密度是 $\pi/4$(近于 0.785),而六边形排列的密度是 $\pi/2\sqrt{3}$(近于 0.907)。六边形排列可得较高的密度。

当然,这样的最后结论并不令人惊讶:因为只要稍稍看一眼图 5.4 就可以发现,六边形排列会让相连接的圆盘中间留下比较少的间隙,也因此在两个排列方式中,是比较有效率的一个。但是,这并没有清楚地显示六边形排列是最有效率的一种方式——意即,它会比其他任何装填的密度都要来得高。有关 202
圆盘所有可能的排列方式,无论如何复杂,也无论圆盘规则或不规则,这类问题经常出现。事实上,要解答哪一种圆盘装填最有效率的问题是如此困难,不如先看看在一种特例情况下哪种方式是合理的,这个特例提出了比一般案例更多的模式,也是数学家们最后完成解答所采用的方式。

1831 年,高斯证明在所谓的格子装填(lattice packing)中,六边形排列有最高的密度。格子(lattice)是高斯的概念,这个概念提供了所需的关键额外结构,也推动了这方面的许多进展。

在一个平面上,所谓的格子是一些点的聚集,这些点是一个规则的二维网格的顶点。网格可以由正方形、矩形,或是相同的平行四边形组成,如图 5.5 所示。在数学术语上,(平面)格子的图形重点特征是具有平移的不变性或平移的对称性。也就是说,平面只要不旋转,特定的平移会让整个格子叠加在原来的位置上,让它看起来就像没有改变。

一个圆盘的格子装填,就是这些圆盘的中心点连接所形成的格子。这种排列明显有着高度的规则性。圆盘的矩形排列和六边形装填,很明显就是格子排列。把在平面上圆盘的格子装填关联到数论,以及利用拉格朗日的一些 203
数论研究成果,高斯确定六边形是最有效率的格子排列。

当然,高斯的发现留下了下列待解问题:六边形(不论规则与否)排列是否为所有圆盘装填中最有效率的?1892 年,阿克塞尔·图厄(Axel Thue)宣称

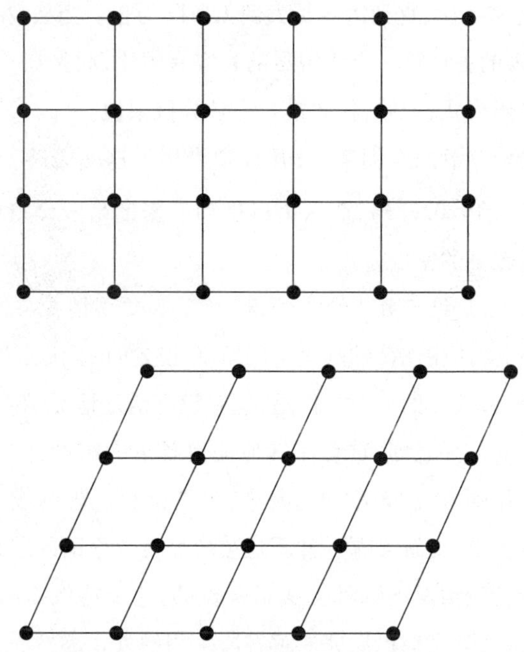

图 5.5 两个平面格子图形,正方形网格组成的格子(上图),以及由相同的平行四边形网格组成的格子(下图)

这个答案是正确的;但是,直到 1910 年,他才提出完整的合理证明。

当这个二度空间问题逐渐淡去,原本的三度空间球形装填问题又有什么发展呢?再一次地,问题又回到高斯所做过的努力,首先聚焦在格子装填上。在这种方式下,这些球形的中心形成三维格子——一个规则的三维网格。

总共刚好有十四种不同的三维格子。在 1848 年,法国植物学以及物理学家布拉菲以一些数学家的研究为基础,建立了这个结果。因此,有时候也被称作布拉菲格子。

在一个规则的格子形式下排列球体,一个很明显的方式,是一层一层地排列,很像是超市的工作人员堆放橘子一样。为了得到有效率的装填,考虑每一层的排列,使得球体的中心形成前面所提及的矩形或六边形两种平面格子形式之一,这是合理的做法。如此,会得到三种不同的三维排列,如图 5.6 所示。而它们的形成过程如下。

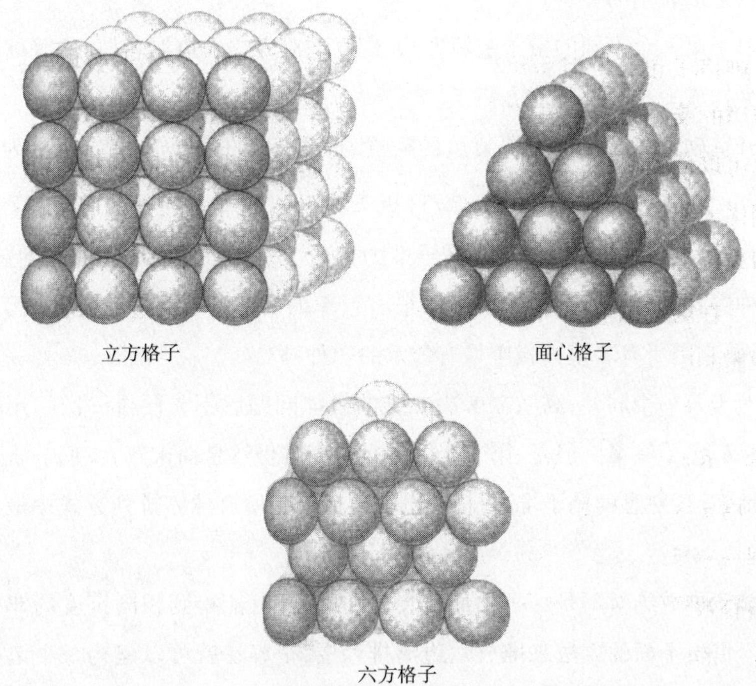

图 5.6　依规则性层次堆放的三种不同方式的球体排列。球体的中心会分别构成一个立方体、一个面心立方体,以及一个六方格子

如果你选择矩形方式排列每一层,会有两种堆放方式出现:一种是每一层球体直接堆放在另一层的上方;另一种是交错堆放,让每一个上层的球体,置于下层四个球体所造成的凹槽中间(第二种方式就是一般为求稳固的堆放橘子的方式)。前者的排列会让这些球体的中心形成一个立方格子,而后者这些中心,则会形成一个我们认知的面心(face-centered)格子,也就是每个立方体都"占据一个角落"(stood on one corner)的一种立方格子。

另外一种方式是每层都呈现六方格子形式,而同样层与层的堆放,也有对 204
齐堆放和交错堆放两种方式。这样全部产生了四种不同的三维格子包装,但事实上只有三种。因为球体的六边形装填与矩形装填的交错堆放,其实是等价的,两者只是观察的角度不同而已。你可以借由常见的交错堆放成金字塔状的橘子堆中,轻易地看出等价关系。如果你从其中一个斜面来看,就会看见交错六边形装填的一层。

对于第三个不同的格子装填方式，也就是对齐的六边形装填，这些球体的中心会构成一个三维的六方格子。

开普勒计算这三种格子装填的密度，得到下面的数据：立方格子为 $\pi/6$（近于 0.523 6），六方格子为 $\pi/3\sqrt{3}$（近于 0.604 6），面心格子为 $\pi/3\sqrt{2}$（近于 0.740 4）。因此，面心格子——橘子堆的排列——是三者中最有效率的装填。但这种方式是否是所有格子装填中最有效率的呢？或者更广泛地说，无论规则与否，它是所有装填方式中最有效率的一种吗？

205 对于第一个问题，高斯在解决二维的模拟问题后不久便再一次利用数论的结果提出了答案。但是，第二个问题直到今日仍然悬而未解，我们一直不能明确地知道，熟悉的橘子堆放排列方式，是否就是所有球体排列方式中最有效率的。

橘子堆放绝对不是唯一的最佳装填，因为还有能得到相同密度的非格子装填。借由下面的方法来堆放六边形排列层，很容易就可以建构一个诸如此类的非格子填装：置放一个六边形排列层；接着，将第二层紧贴排列在第一层的凹槽上；然后，同样排列第三层紧贴在第二层的凹槽上。我们有两种不同的方式来进行这样的堆放，一种是将第三层的球体，放置在对应的第一层球体正上方，另一种是不做这样的对齐。如果我们采用第二种方式重复堆放，就会形成一个面心格子。而采用第一种方式，就会形成一个与第二种方式有相同密度的非格子装填。

确实，借由堆放六边形排列层，且在每一层中随机选用前述两种方式中的任何一种，你会得到一个在垂直方向上为随机的球装填；但是，它却与面心格子的排列有着相同的密度。

在结束球装填的话题之前，我必须说明，虽然数学家们无法明确知道超市是否以最有效率的形式堆放橘子，但是，他们知道所使用的这种排列非常接近最佳结果。已经得到证明的是，没有任何一种球装填的密度能超过 0.778 36。

雪花和蜂巢

在此必须指出,开普勒并不是因为受到水果堆放启发,而对装填球体产生不可抗拒的兴趣。他是受到另外一种相同的实际现象——雪花的形状所激发。而且,开普勒的研究确实牵涉到水果:不是一般的橘子,而是(在数学上)更有趣的石榴。蜂巢也出现在他的探究里面。

正如开普勒观察到的,虽然任两片雪花在很多地方都有细微的差异,但它们都有六重的或六边形对称的数学特性:如果你将一片雪花旋转 60 度(一个完整旋转的六分之一),那么,就像一个六边形,它看起来像是没有改变一样(见图 5.7)。开普勒问:为什么所有的雪花都有这样基本的六边形形状呢?

一如往常,开普勒在几何学中寻求他的解答(请记住,他最出名的成就是发现行星绕着椭圆形轨道运行。同时也请记住,他醉心于柏拉图奠基自五个 206
正多面体的原子论,他也试图运用与本书第 162 页所描述的相同几何图形来描述太阳系)。他的想法是,自然力量使得一些看起来不同的物体,成长为规则的几何结构,如雪花、石榴以及蜂巢。

图 5.7　雪花的六重对称性。无论你将一片雪花以 60 度(一个完整旋转的六分之一)的任何倍数进行旋转,结果看起来都一样

开普勒的关键性结构概念,是认为可以让几何立体彼此密合地充满整个空间。他建议有一个自然的方式来得到这样的图形。首先,从球体的排列开始,想象每个球体持续扩张,直到完全填满中间空隙。假设大自然总是采用最有效率的手段来达到目的,那么,这些蜂巢和石榴的规则模式,以及雪花的六边形形状,都可以透过检视球体的有效率装填,以及观察所产生的几何立体来说明。

特别的是,排列在一个立方格子的球体,会扩充成为一个立方体;排列在一个六方格子的球体,会扩充成六角柱体;而排列在面心格子的球体,则会扩充成为开普勒所称的菱形十二面体(rhombic dodecahedron)(见图 5.8)。确实,这些理论性的结果似乎在石榴身上成立:成长中的石榴籽一开始是球状
207 的,以面心格子排列。当石榴持续成长,石榴籽也持续扩充,直到形成菱形十二面体,完全填满整个内部空隙。

除了激发球装填的数学探究之外,开普勒的理念也为许多装填的实验性研究做了铺垫。例如,有着愉悦标题的《蔬菜静力学》(*Vegetable Staticks*),是 1727 年英国人斯蒂芬·哈尔(Stephen Hales)的作品,该作品描述了他如何将豌豆装满在壶内,并尽可能地挤压,据此观察到每颗豌豆都呈现正十二面体的

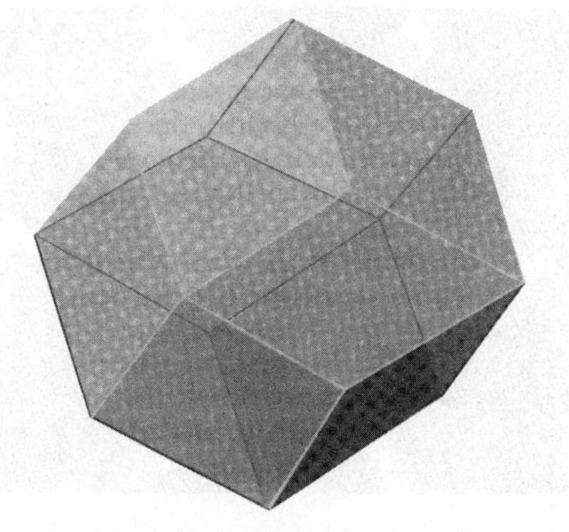

图 5.8　菱形十二面体,每一个图形有十二个相同的菱形面

形状。事实上,哈尔的说法可能有些夸大,因为正十二面体无法填满整个空间。然而,虽然球体的随机初始排列并不会形成正十二面体,但会产生不同种类的菱形体。

1939 年,两位植物学家马文(J. W. Marvin)和马茨克(E. B. Matzke)利用熟悉的橘子堆放方法,将铅丸排列在钢制圆柱内,然后以活塞加以挤压,得到了理论上可预测的开普勒菱形十二面体的结果。采用随机装填铅丸的方式重复实验,出现了不规则的十四面体图形。

对这个特性的进一步实验,也显示了随机装填一般来说不如面心格子排列来得有效率。随机排列的最高密度大约落在 0.637;相对地,我们所熟悉的 208
橘子堆放密度则是 0.740。

接着,看看蜂巢(见图 5.9)如何形成它们的六边形呢。合理的推测是蜜蜂分泌液态的蜡质,然后,这些蜡质在表面张力的影响下形成我们观察到的六边形。最小化表面张力(minimizing surface tension)确实会导致六方格子形状,这是由名著《形式的法则》(*Law of Form*)的作者迪亚西·汤普森(D'Arcy Thompson)提出的理论。另外一个可能性,是蜜蜂一开始挖空圆筒状蜡质,然

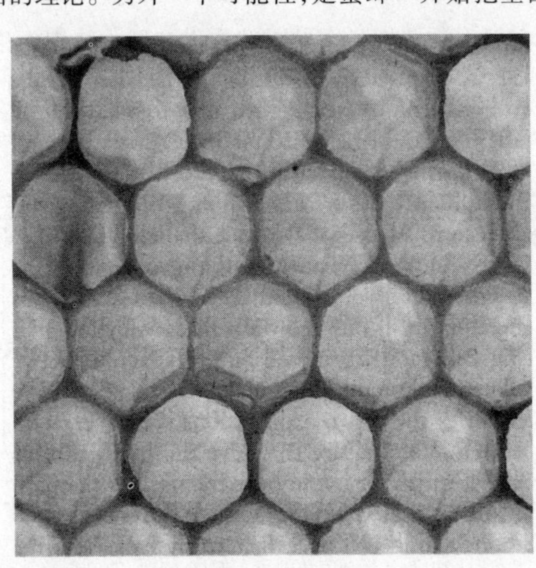

图 5.9　蜂巢的特写图

后,将每一个蜡质筒壁向外推展,直到碰到相邻的蜂室,而且填满了蜂室间的空隙为止。查尔斯·达尔文(Charles Darwin)便认为是如此发生的。

事实上,这两种说法都不正确。因为蜂巢优雅又对称的形状并非无生命的自然法则造成的,而是蜂群自己建构的。蜜蜂分泌的蜡质原本是固态的薄片,然后,一个蜂室接着一个蜂室,一个表面接着一个表面,它们把蜂巢建造成这样的形状。在某些方面,辛勤的蜜蜂像是带有高超技能的几何学者,它们的演化赋予它们建造数学上最有效率的蜂巢这项任务的能力。

最后,到底是雪花的什么特性激发了开普勒开始对球装填的初始研究?在开普勒死后,科学家们才逐渐相信他是对的,而且也相信结晶体规则且对称
209 的形状,反映出一个高度有秩序的内部结构。在 1915 年,借助于新开发的 X 光衍射(diffraction)技术,劳伦斯·布拉格(Lawrence Bragg)才能确定地展示这种结构。结晶体确实是由排列在规则格子上的相同粒子(原子)组成的(见图 5.10)。

雪花一开始是一个很小的六边形冰晶种,存在于高空大气层中。当气流带着它们上上下下,穿过不同的高度以及温度,这些晶粒便开始增长。雪花产生的模式,实际上要看这些增长中的雪花在大气层中特别的移动过程而定。但是,由于雪花很小,因此每边都会产生同样的增长模式,所以原始晶种的六边形形状会被保留下来。这样的增长过程形成了我们熟悉的六边形对称(附

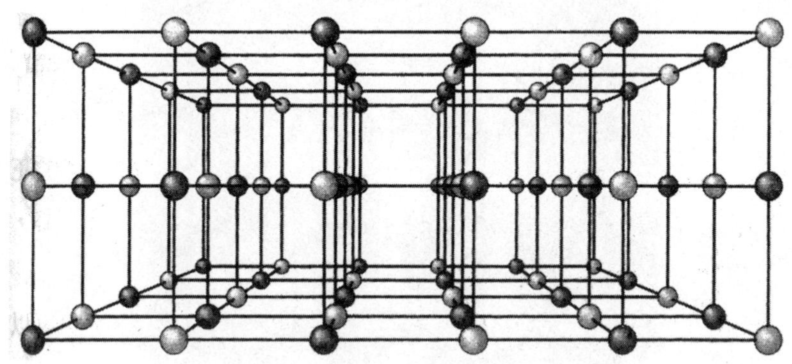

图 5.10　常见的盐(氯化钠)晶体形成完美的正立方体。它们的外在形式反映出盐分子内部的立方格子结构,由钠离子(深色球体)以及氯离子(浅色球体)四面八方交替而组成

带说明，英文的 crystal 一词是从希腊文的 ice 一词转化而来）。

到现在已经很清楚了，数学上的球装填研究，可以帮助我们了解某些出现在我们周遭的现象。终究，这也是开普勒开始进行这个研究的原因。最可以确定他没预期到的，是球装填研究在 20 世纪数字通信科技中的应用。这是由球装填问题延拓到四维或四维以上空间的研究衍生出的结果。这个令人惊讶的近期发展，只是可以说明实际应用源自纯数学家追寻人类心智特有的抽象模式的另一个例子。

在四维或五维中，最稠密的空间格子排列是类似面心格子的排列，但是，五维以上就不再是这种排列。其关键因素在于，当维度的数目不断增加，各种
不同的超球面（hyperspheres）中间就会有愈来愈多的空隙。例如，在八维时的 210
面心格子包装中，就有如此多未被占用的空隙，以至于可以让另一个复制的相同装填挤进可用间隙，而没有任何的球体重叠。这样的装填是在八维中最稠密的格子包装。此外，此种装填的某些截面是在六维或七维中最稠密的格子装填。这些结果于 1934 年被布利克弗尔特（H. F. Blichfeldt）发现。

为了让高维度空间的球装填变得有意义，我们来看一些简单的例子。

图 5.11 显示四个半径为 1 的圆，紧贴着被装填于一个 4 × 4 的正方形内，相邻的圆只是相互碰触。很明显地，我们可以原点为圆心，放进一个比较小的第五个圆，使得它刚好碰触到原来的四个圆。

图 5.12 显示在三维中类似的情况。八个半径为 1 的球体可以紧紧地装填在一个 4 × 4 × 4 的立方盒内。很明显地，正中央可以放进一个比较小的第九个球体，使得它刚好碰触到原来八个球体中的每一个。

虽然你无法看到，但是，你可以在四五维，甚至任何维度的空间运用相同的方式。举例来说，你可以把十六个半径为 1 的四维超球体装填在一个规格
为 4 × 4 × 4 × 4 的四维超立方之内；然后，你可以在正中央放进一个额外的超 211
球体，使得它刚好碰触到原来的每一个超球体。于是，这就出现了一个明显的模式：在 n 维中，你可以在一个边长都是 4 的超立方体内，装填 2^n 个半径为 1 的超球体；然后，你可以在正中央放进一个额外的超球体，使得它碰触到原来所有的超球体。

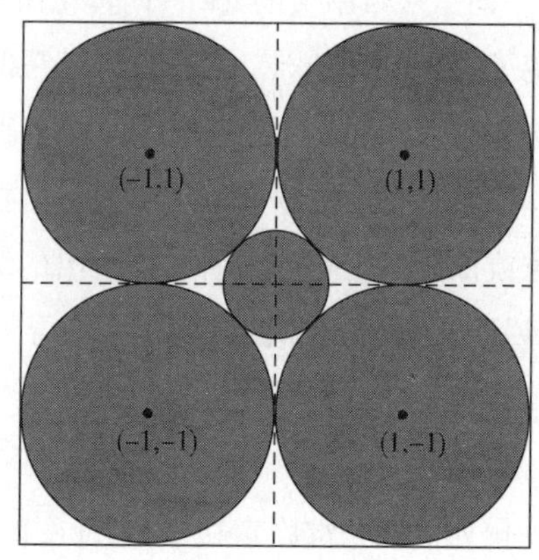

图 5.11　在一个正方形内的四个圆中间放置一个较小的第五个圆。如果四个大圆的圆心是在点(1,1),点(1,-1),点(-1,-1),点(-1,1),那么,第五个圆的圆心会落在原点,如图所示

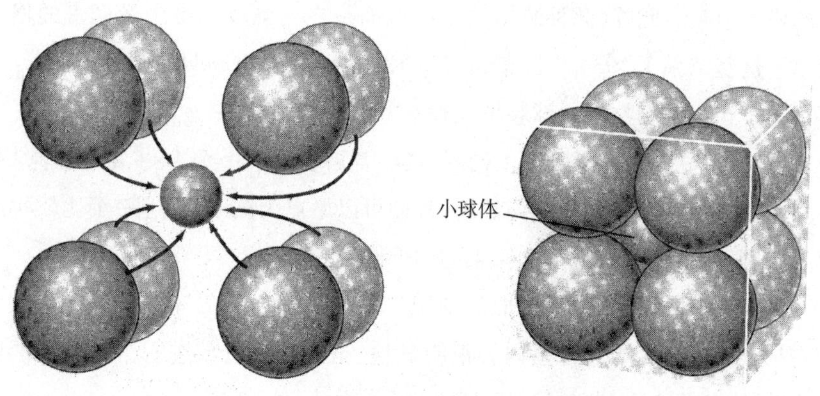

图 5.12　将第九个小球体置放在一个正立方体内的八个球体中间

让我们来看看是不是还有其他模式。在原来二维的范例中,额外的第五个圆圈,包含在有界的正方形框里面;而在三维的范例中,额外的第九个球体,也包含在有界的正方体容器里面。

同理,在四维、五维和六维中,这个额外增加的超球体应该位于包含原有那些超球体的超立方体中。这种模式如此清楚,只有极少人否认这个模式在任何多维空间都应成真。但是,事实上却潜藏着令人惊讶的状况。当你延伸到九维时，奇怪的事情发生了：在九维空间里，这个额外增加的九维超球体，实际上已经碰触到包容它的超立方体的每一面；而且，在十维以及十维以上，这个额外增加的超球体实际上已经突出到包容它的超立方体之外。这个突出部分，会随着维度的增加而不断地加大。

这个令人诧异的结论，很容易用代数演算得到。在二维的范例中，额外增加的圆的半径应该多大，才能让它刚好接触到原有的四个圆？利用勾股定理，从原点到四个给定圆的圆心距离是：

$$\sqrt{1^2+1^2}=\sqrt{2}。$$

由于原有的每一个圆的半径都是 1，所以，这个额外增加的圆半径应该是$\sqrt{2}-1$，近似值大约是 0.41。明显地，这个半径约是 0.41 的额外增加圆的圆心位于原点，因此，它可以很轻易地被包含在原本 4×4 的正方形容器中。

在 n 维的范例中，借由勾股定理的 n 维版本，从原点(小球体被放置的中 212
心)到每一个给定的超球体圆心的距离是：

$$\sqrt{1^2+1^2+\cdots+1^2}=\sqrt{n}。$$

因此，这个额外增加的 n 维超球体一定会有$\sqrt{n}-1$ 的半径。例如，在三维里，额外增加的这个球体半径约为 0.73，它同样可以很轻易地被包含在有界的4×4×4 正立方体里面。但是，当 $n=9$ 时，这个额外增加的超球体应该会有$\sqrt{9}-1=2$ 的半径，这就表示它会刚好触碰到这个有界超立方体的各个面；而且，当 $n>9$ 时，半径$\sqrt{n}-1$ 将会大于 2。因此，这个额外增加的超球体，将会突出在这个有界超立方体的各个面之外。

重点在于维度愈多，介于原有超球体中间的空间愈大。就算从二维到三维，额外增加的“超球体”大小，会变得愈来愈接近有界的“超立方体”：它的半径约从 0.41 增加到 0.73。额外增加的超球体最后的突出情况会令人诧异，只因为它直到九维时才发生，而九维空间超出了我们的日常生活经验。

我之前提到，球装填在通信科技上的应用，是从思考二十四维空间的球体排列衍生而来。1965 年，约翰·李奇(John Leech)在一个现在被称作李奇格子(Leech lattice)的基础上,建构了一个了不起的格子装填模式。这个格子模式和群论紧密相连,让一个二十四维度空间的球装填,几乎确定达到了最高密度的格子装填。在这个模式里,每一个超球体会碰触到除它以外的196 560个超球体。李奇格子的发现促成了一个在数据传输设计上的突破,现在被称作侦错码(error-detecting codes)以及除错码(error-correcting codes)。

虽然乍看之下令人惊讶,但球装填和数据编码设计之间的链接其实相当简单(不过,为了说明这个一般的理念,我将大大简化细节)。想象你面对一个任务,需要运用数值格式设计一套可以编制个别字体的编码,以便在一些通信
213 网络上传送信息。假设你决定采用八位二进制的数串作为编码,于是,每一个字会被编制成一个数串,就像是(1,1,0,0,0,1,0,1)(0,1,0,1,1,1,0,0)等。在传输途中,可能因为传输管道的信号干扰,而造成其中一个或两个位的传送失误,使得在发送时的数串(1,1,1,1,1,1,1,1),到了接收时或许变成(1,1,1,1,0,1,1,1)。为了能够侦测这类传输失误,你必须去设计你的编码结构(scheme),让这两个数串的第二位留空,使它很容易在传输失误中被辨识出来。如果你的设计可以从这些接收来的传输失误的数串辨识出它原来最可能的数串,然后加以改正,那就更好了。为了达到这两个目的,你必须选择编码数串,让任两个被采用的编码数串至少有三个二进制元的不同。另一方面,为了编制所有需要被传送的信息代码,你必须有一个尽可能最大的编码数串库。如果你现在从几何上来看这个问题,它就是一个八维空间的球装填问题。

为了更清楚地了解这个状况,把所有可能的暗语想象成八维空间里的点。这个集体很清楚地构成了一个(超)立方体格子,格子里所有点的坐标都是0或1。对于每个被选定为暗语的数串 s 来说,你想要确定的是,没有其他被选为暗语的数串与 s 有四个位以上的不同。用几何术语来说,就是必须确定没有另外一个落在以 s 为圆心,半径 $r=\sqrt{3}$ 的球体范围内的格子点,也是一个编码数串。把数串数量极大化,而且让任两个数串不会落在彼此距离是 r 的范围内,就等同于求出在这个格子上半径为 $r/2$ 球体的最密集装填。

于是,从雪花和石榴一直到现代电子通信技术,都可通过多维空间的几何

学,得到相关问题的解答。

有多少种壁纸模式?

相比于数字通信,壁纸模式的设计听起来似乎无足轻重;但是,既然雪花和石榴的研究都能导致除错码的设计,那么,谁也无法确定壁纸模式的探究,会产生什么样的结果。当然,壁纸模式的数学最终变成了深刻且有着相当内涵的趣味。

对数学家来说,壁纸模式的特性最有趣的,就是它以一个不断重复的规则形式,填满一个平面。依据这个特性,数学家们对"壁纸模式"(wallpaper patterns)的研究,也散见于他们对亚麻油毡地板、模式化图纹的布匹、大小型式的各类地毯等的研究上。在这些实际生活的例子中,此模式不断重复一直到
墙壁、地板或材料的终端为止;不过,数学家们的模式却是从各个方向延伸到 214
无限。

任何壁纸模式背后的数学理念,是一个被称作狄利克雷域(Dirichlet domain)的想法。在一个平面格子上给定任何一点,这个点的狄利克雷域(在原给定的格子上),是由平面上相较于格子上其他点较近于这个给定点的整个区域所组成。格子的狄利克雷域提供了格子对称的一个"砖状模型"(brick model)。

设计一个新的壁纸模式时,首先要做的,就是在整张纸上的一部分制作一个模式;然后,在纸上所有部分都按照这个模式一再重复。更明白地说,就是先从一个网格开始,用一种模式填满一个特定的狄利克雷域;然后,把模式重复在其他的狄利克雷域上。纵使设计师并没有刻意地按照这种方法进行,任何壁纸模式其实都可被视为依照这个方法制作。

在平面上总共可以产生恰好五种个别的狄利克雷域,每一种的形状不是
四边形就是六边形。这五种类型显示于图 5.13。 215

当然,可以被设计出来的壁纸模式种类并没有限制,但是,按这种方式制造的模式,到底有多少种在数学上属不同,也就是说,有不同的对称群?这个

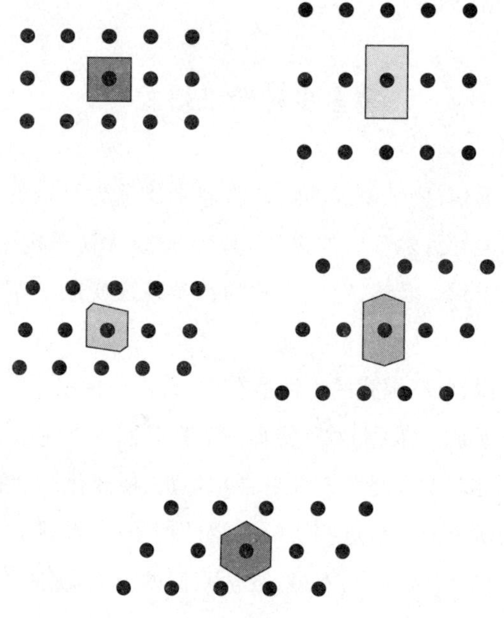

图 5.13　二维格子上五种不同的狄利克雷域

答案可能会让你觉得惊讶。尽管对于可以画出的不同模式之数量并无限制，每个模式都将只是恰好十七种不同对称群中的某一个。这是因为实际上壁纸模式的对称性，总共只能够对应到十七种不同的群。要证明这个事实确实非常困难。有关历史上艺术家和设计家们曾经采用的各种重复模式的研究，已经揭露出所有十七种可能的范例。

狄利克雷域和壁纸模式的概念当然可以延拓到三维。图 5.14 所列的五种独特的狄利克雷域，组成一组立体，其中每一个如同五个柏拉图立体一样基本，虽然它们并不为人们所熟知。

这五个狄利克雷域在三维的壁纸模式上，衍生出刚好 230 种不同的对称群。这些三维模式很多来源于自然界和结晶体的结构。该结果让对称群的数学，在结晶学上扮演了一个重要的角色。事实上，在 19 世纪末期，大多数有关这 230 种不同的对称群的分类工作，是由结晶学家执行的。

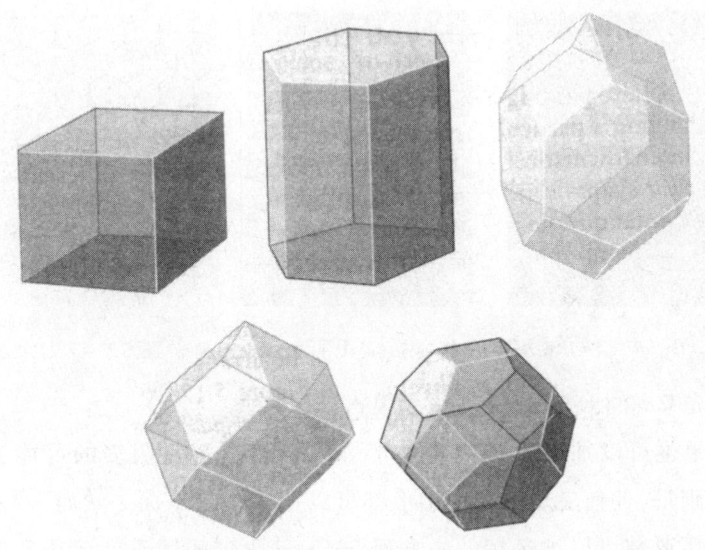

图 5.14　三维格子上五种不同的狄利克雷域

你能用多少种方式铺设地板?

当球装填被用来解决特定形状——球体——的最佳排列方案,以便得到 216 
最高密度的时候,数学上对于地砖铺设问题的研究,看起来却是稍有不同:哪些形状可以完全铺满整个空间?这个基本问题可以模拟为物质分裂成原子,以及自然数分解成质数乘积之探讨。

譬如说,从二维的例子开始,正方形、等边三角形以及正六边形的每一个,都可以完全地填满或铺设(tile)整个平面,就如图 5.15 所示。是不是只有这几种正多边形可以铺满平面?(一个正多边形是一个各边等长,而且各个内角相等的多边形。)这个问题的答案为:是的。

如果采用两种或更多种的地砖,但加上额外的要求,也就是相同多边形的数组围绕着每一个顶点,那么,就会出现恰好八种另外的可能性,由三角形、正方形、六边形、八边形以及十二边形组合而成。这十一种铺设地砖的规则性足以让人赏心悦目,因为每一种都为地板铺设提供了吸引人的模式,或许也可以

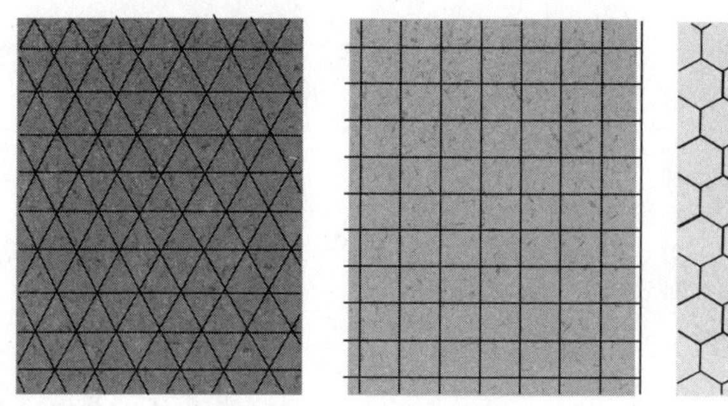

图 5.15　有三种正多边形可以排列铺满整个平面：等边三角形、正方形以及正六边形

补充早先考虑的十七种基本的壁纸模式中的一种。

217 如果也可以加入不规则多边形，那么，将会有无限多的可能铺设方式。特别是，任何三角形或四边形都可以用来铺设平面。然而，并不是每一种五边形都可以被运用。一方面，含正五边形的铺设就无法完全铺满平面，而会留下空隙；另一方面，任何五边形只要有一对平行边就可以铺满整个平面。到目前为止，数学家总共辨识出十四种不同的五边形可以铺满整个平面，最新近的一组在 1985 年被发现；但是，我们并不知道是否还有别的形状（这个发现需要一点限制：它只适用于那些所有的角都突出向外的凸五边形）。

在六边形方面，早在 1918 年就被证出恰好有三种凸六边形可以铺满整个平面。到了六边形，只用一种不规则凸多边形来铺满整个平面的可能性就结束了。没有七边或七边以上的凸多边形可排列以填满整个平面。

如同球装填的例子，其中一开始的研究区别了格子装填与不规则的形式，地砖的铺设也能分成两种方式：一种具有平移对称性，以重复（或周期性）的模式铺设这个平面，如图 5.15 所示；另一种是不具平移对称性、非周期性的（aperiodic）铺设。周期性和非周期性的砖铺设方式，其差别多少类同于有理数和无理数间的不同；后者在小数点以下会无限展开，而没有循环节的出现。

有关周期性铺设我们所知甚多。尤其是，任何这种平面的地砖铺设，都必须有如前面小节讨论过的十七种壁纸模式群之一的对称群。但是，非周期性的模式又是怎样的情形呢？是否的确有任何一个这样的铺设方式？铺设的平面是否可以分割成相同形状的小区块，但是又不像周期性排列那样？1974 年，英国数学家罗杰·彭罗斯(Roger Penrose)给出了这个或许让人惊讶的答案：是的。彭罗斯发现一对多边形可以密合地铺满整个平面，但是，只有在非周期性的形态之下——也就是说，没有平移对称性。彭罗斯原本发现的这一对多边形并不都是凸多边形，但是随后，也可在非周期性情况下铺满整个平面的两个凸多边形被发现了，这个形状可以参照 5.16 的图示（新发现的这一对多边形，与彭罗斯原本发现的那一对多边形密切相关）。按照彭罗斯原本的地砖演示，为了迫使任何非周期性的地砖铺设使用这些图形，这些多边形的边缘——两者皆为菱形——必须指向一个特定的方向；而且，地砖的铺排必须使得这些方向与任何接连处相合无缝。

另外一个方式可以达成相同结果，但不需在铺设的程序上加上这个额外的限制，只需在这菱形图案加上楔形和凹槽，如图 5.17 所示。

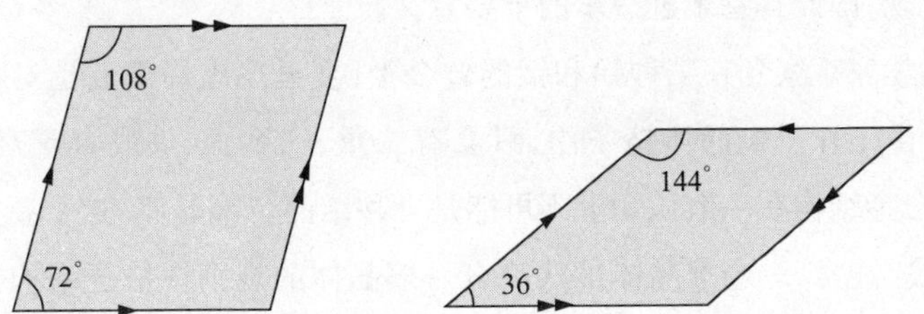

图 5.16　彭罗斯的地砖铺设。把这两种形状的地砖按照箭头标示的方向接合相邻的边，可以铺设成一个完整的平面，但是只有在非周期性的方式下才能达成

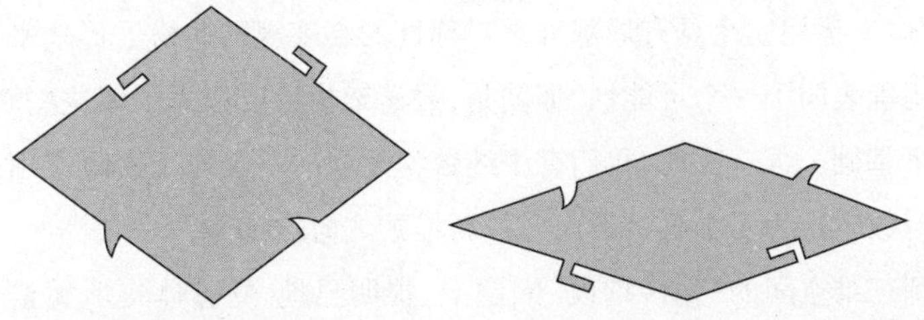

图 5.17　彭罗斯的地砖铺设。在这些地砖上加上楔形和凹槽，就可以让多边形铺设成整个平面——但只在非周期性的方式下——而不需限定地砖的对齐方向

218 到目前为止,读者应该已逐渐适应在看起来很不相同的情况下,不断重复出现的各种数值模式,可能不至于对这些外表下潜藏的黄金比例 ϕ(近于 1.618)感到非常惊讶。如果图 5.16 的两个菱形各边的边长都是 1,那么,左边菱形的长对角线应该是 ϕ,而右边菱形的短对角线应该是 $1/\phi$。当整个平面用这两种图形铺满时,较宽的地砖相对于较窄地砖使用的数量比,如果计算其极限值,则应该是 ϕ。

如果仔细地看着彭罗斯地砖一段时间,你会注意到这种铺设模式的小区块带有一个五重对称性(fivefold symmetry)——如果你像旋转一个正五边形那样旋转这个小区域,这个小区域看来没有变化。然而,这个五重对称性仅是局部的。即使这种铺设方式的各种有限区域带有五重对称性,整个无限范围的铺设就没有这种对称性。因此,纵使正五边形不能铺满一个平面,然而,还是可以用展示局部五重对称性的图形铺设这个平面。当结晶学家在 1984 年发
219 现了今日为人所知的准晶体(quasicrystals),这个源自彭罗斯单纯消遣的探究的数学发现,因此具备了进一步的重要意义。

结晶学家观察到在某种铝和锰的合金上,会显现出局部五重对称性的分子结构。由于在一个晶体格子中,只会有二重、三重、四重或六重对称性,所以,这种合金结构在一般认知上不可能是一种结晶,“准晶体”这个新术语因而有了意义。通常,一个准晶体虽然没有一般晶体的规则性格子结构,然而,它的原子却以显示出局部对称性的高度规则形态来排列。

虽然还不清楚任何已知的准晶体结构是否就属于彭罗斯地砖铺设,但可以确定的是,对于准晶体的研究仍处于初期阶段,而且也并非没有争议。然而,平面可以运用一个具有局部五重对称性的高度规则非格子形式来铺设,这一事实明确表明了一个可能性,那就是,数学架构可以作为了解这些新发现物质的一个基础。再一次地,我们有了纯数学发展的一个先于实际应用的例子,它发现自数学家为了本身目的而寻找新模式之时。

回到三维空间的“地砖铺设”问题上,很明显地,立方体将填满整个空间。事实上,这是唯一可以做得到的正多面体。我们已经在图 5.14 中,看到在格子形式中填满整个空间的五种非规则多面体。非周期性彭罗斯地砖铺设的三

维模拟物，已经为人所知很多年了。彭罗斯自己发现了一对菱面体（压扁的立方体），当它们按照各种对齐条件排列（很像二维的类似范例）时，会以非周期性方式填满整个三维空间。

在1993年，令大多数数学家们感到惊讶的事发生了。一个能填满整个空间的单一凸多面体被发现了，但只按非周期性的排列方式。发现这个不寻常立体的荣耀，归属于英国数学家约翰·何顿·康威（John Horton Conway）。康威的新立体如图5.18所展示，就是已知的一个双棱柱体（biprism），也就是由两个斜三棱柱体融接在一起时所形成。它的面由四个全等的三角形和四个全等的平行四边形组成。为了用这个多面体填满整个空间，你必须一层一层地进行排列。每一层都是周期性的。但是，为了把次一层叠在前一层上面，次一层必须按照一个固定的无理数度数的角（irrational angle）加以旋转，而这样的扭转保证这种地砖铺设在垂直方向上是非周期性的（一个使用非凸多面体以非周期性地砖铺设来填满一个空间的方法，之前已被奥地利数学家彼得·施密特〔Peter Schmitt〕发现）。

图5.18　这张照片显示了用纸板做的双棱柱体模型，按照空间的非周期性地砖铺设排列的一部分。这种双棱柱体在公元1993年由约翰·何顿·康威发现

220 尽管这种对地砖铺设的研究与设计师有关,或者是数学家偶发的兴趣消遣,至少一直到最近的二十五年前左右,它还是属于数学领域里比较冷僻的一个分支。但是,现在已经是一个相当兴盛的研究领域,并在其他数学领域中找到许多令人惊讶的应用,如在供给的配送和电路设计的任务上。因为这些不断扩增的兴趣,数学家们发现,地砖铺设的领域还有很多他们不明了的地方。而这也提供了更进一步的证据,说明深层和具有挑战性的数学问题,皆源自我们生活的各个层面。

第六章　当数学到位

同时是对与错的地图

伦敦地铁地图最早画于1931年。它的创造者,29岁的亨利·贝克(Henry 221
C. Beck),是伦敦地铁公司(London Underground Group)的一位临时绘图员。他总共花了两年的时间说服上司出版现在大众习以为常的地图。即使如此,这家公司的出版部门还是只印制了很少的数量而已。他们担心地图上完全舍弃的地理精确度,将导致地铁乘客无法理解。不过他们错了。到了使用的第一年年底,大众相当喜爱,于是,这个地图的更大版本遂贴满了整个地铁沿线。无须任何说明或训练,一般大众不仅轻易地克服了他们与这个地铁网络一个真实拓扑表征(topological representation)的初次接触,也立刻认识到它比起我们较熟悉的几何描绘更加好用。

今日的伦敦地铁地图,除了后来因地铁系统扩充而增加的一些路线之外,大致保存了原始的形式。它的长盛不衰正好宣示了其实用性与审美诉求。不过,从几何的角度上说,它确实令人绝望地失准。它并非按照比例绘制,而且

如果你将它叠上伦敦标准地图,你将会发现这个地铁地图的车站位置并不完
222 全正确。正确的是这个网络的表征:这个地图告诉你搭哪条路线从 A 点到 B 点,而且如有必要,应该在哪一站换车。这毕竟是地铁乘客唯一关心的事——我们几乎不会观赏途中的风景吧!从这一角度来看,这张地铁地图是正确的——完全正确。因此,它非常成功地捕捉到伦敦地铁系统的地理学模式。这个模式被数学家称为拓扑模式(topological pattern)。

在二维中,众所周知的数学门类拓扑学(topology),经常被称为"橡皮几何学"(rubber sheet geometry),因为它研究曲面经过伸展或扭曲之后,其上之图形保持不变的性质。这个地铁地图的拓扑本质,经常出现在今日伦敦制造与出售的纪念T恤衫上(地图画在胸部位置)。这些地图继续为搭乘地铁提供可靠的引导,无论它们所装饰的身体形状为何——虽然受限于礼节,拓扑学的研究者并未将这一特殊角度的研究推得太远。

拓扑学是今日数学的一个最根本分支,延伸至数学的其他许多领域、物理学乃至其他科学。拓扑学这个名称来自希腊文,亦即"位置之研究"(the study of position)。

哥尼斯堡的七座桥

就和数学里常发生的一样,拓扑学这个广泛主题,源自一个看起来简单的娱乐谜题——哥尼斯堡七桥问题(Königsberg bridges problem)。

位于东普鲁士的普列格河(River Pregel)上的哥尼斯堡市,包含着两座小岛,以及连接它们的桥梁。如图6.1所示,一个小岛和两岸各有一座桥连接,而另一个小岛和两岸则各有两座桥连接。哥尼斯堡比较有活力的市民习惯在每个星期天全家一起出门散步,而且非常自然地,他们的路径常常会带领他们越过许多桥。一个明显的问题就是:是否有一条路径,能使他们只会越过每座桥一次。

欧拉在1735年解决了这个哥尼斯堡七桥问题。他意识到小岛和桥的精确陈列是无关紧要的,重要的是桥以什么方式连接——也就是说,由桥梁所形

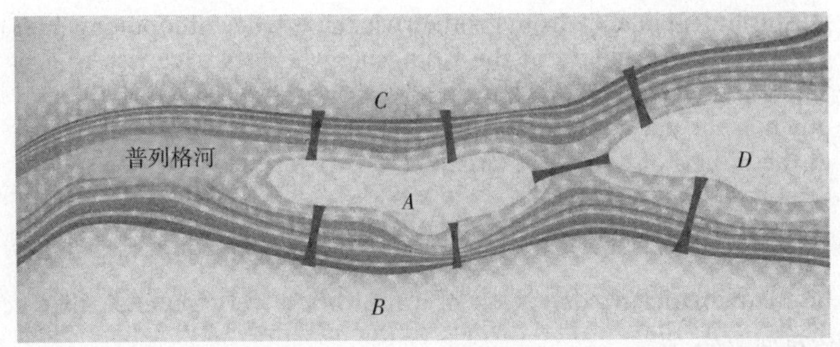

图 6.1　哥尼斯堡七桥问题：有没有可能进行一趟哥尼斯堡之旅，使得只通过每座桥恰好一次？在 1735 年，欧拉证明这是不可能的

成的网络(network)，如图 6.2 所示。河流、小岛和桥梁的实际陈列——也就是说，这问题的几何——无关紧要。使用我们现在就要定义的术语，在欧拉的网络中，桥是由边(edge)表示，两岸和两个小岛则是由顶点(vertex)表示。按网 
络的观点来看，这里提问的是：是否有一条路径只会沿着每个边刚好一次。

欧拉的论证如下：考虑这网络的顶点。任何在该路径上非起点或终点的顶点，一定会有偶数个边相遇，因为这些边可以被配对成路径的进出对。但是，在桥的网络中，所有的四个顶点都有奇数个边相遇。因此，这种路径不可能存在。所以，刚好只通过每座桥一次的哥尼斯堡之旅，也是不可能存在的。

欧拉得以解决哥尼斯堡七桥问题的关键，在于他领悟到这问题和几何学

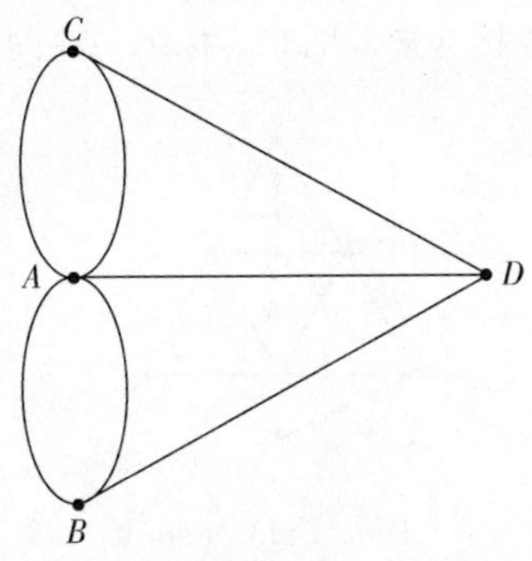

图 6.2　欧拉依赖他最先观察到的网络的决定性风貌为一种由桥构成的网络，而解决了哥尼斯堡七桥问题。点 **A**，**B**，**C**，**D** 这些顶点对应到图 6.1 地图中的点 **A**，**B**，**C**，**D**。至于直线——边——则代表桥梁

几乎没有关联。每个小岛和每个岸边都可以被视为一个点,而重要的是这些点被连接的方式——不是这些连接的长度或形状,而是那些点和其他点连接的方式。

224 这个由几何学独立出来的精髓就是拓扑学。欧拉解决哥尼斯堡七桥问题的答案,引发了拓扑学中一个被称为网络理论(network theory)的重要分支。网络理论在现代有许多运用,其中非常明显的两个例子就是传播网络的分析和计算机回路的设计。

数学家的网络

数学家对于网络的定义是非常一般性的。取任意集体的点(网络的顶点),并且将其中一些以线(网络的边)连接起来。边的形状不重要,但任意两条边除了顶端以外不能相交,而边也不能和自己相交,或是形成一个封闭的圈(不过,你可以将两条或以上不同的边在端点合并成一个封闭的回路)。在平面上的网络,或者其他二维的曲面(比如说球面)上,这个不得相交的需求是非常具有限制性的。我在这里就是要讨论这类网络。对于三维空间的网络来说,边通过其他边不会有任何问题。

另一个限制就是,一个网络必须是连接起来的,也就是说,顶点和顶点之间必须可以由边的路径连接起来。图 6.3 标了一些网络的例子。

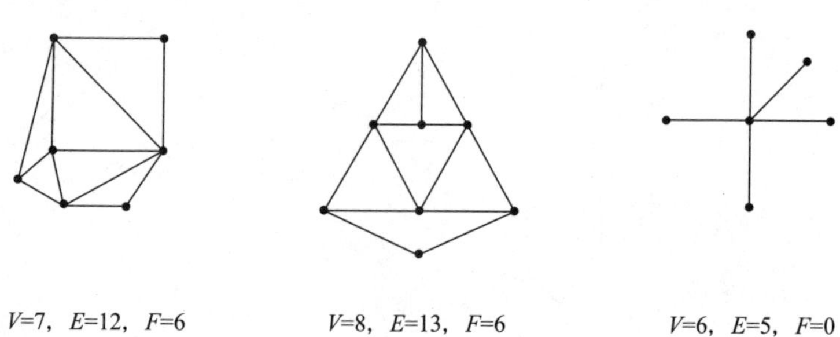

图6.3 适用于网络的欧拉公式。欧拉证明,对任何画在平面上的网络而言,$V-E+F$ 恒等于1,其中 V 是顶点的个数,E 是边的条数,F 是由网络的边所围成的面的个数

有关平面上网络的研究带来了许多令人惊讶的结果,其中之一就是欧拉在 1751 年所发现的欧拉公式。对于平面或是其他任何二维曲面上的网络,该网络的边会将曲面(平面也被视为一种曲面)分成称为网络的面(face)的不同 225
区域。取任何网络并且计算顶点的个数(称为数目 V)、边的个数(称为数目 E),以及面的个数(称为 F)。如果你现在计算

$$V - E + F$$

的和,你会发现答案永远都是 1。

很明显,这答案相当引人注意:不管你画的网络多么简单或复杂,不管你的网络有几条边,以上的和永远都会是 1。要证明这个事实不难,以下就是证明。

给定任何网络,如图 6.4,从外围往内开始将边和顶点擦掉。消去一个外围的边(而不消去两端的顶点),会将数目 E 减掉 1,V 不变,F 也减 1。因此,这个 $V - E + F$ 的和的值会是 1,因为 E 和 F 的减少会彼此互消。

当我们有个"悬荡的边"——在一个顶点终止,没有和其他边连接的一条边——的时候,将该边和闲置的顶点(free vertex)移除(如果两个顶点都是闲 226
置的,移除一个顶点并且孤立另一点。要移除和孤立哪个顶点都可以)。这会将 V 和 E 各减掉 1,并且使 F 不变。因此,再一次地,$V - E + F$ 这个和的值不会因此过程而改变。

如果你按这种方式一个接一个,继续消去外围的边、成双的悬荡边以及顶点,你最终只会剩下一个单一的、孤立的顶点。对于这个最简单的网络,$V - E + F$ 的和很明显是 1。但是,这个和的数值在这整个消减的过程之中完全没有改变,因此,它在最后的值会与一开始一样。所以,$V - E + F$ 的初始值一定是 1。而这也就是证明!

所有网络的 $V - E + F$ 之值等于 1 这一事实,可以模拟为所有平面上的三角形内角和等于 180°。不同的三角形可以有不同的角和不同长度的边,但是,内角和永远都是 180°;相似地,不同的网络可以有不同数量的顶点和边,但是,$V - E + F$ 的和永远都是 1。不过,三角形的内角和非常依赖形状,因而是几何

移除外围边

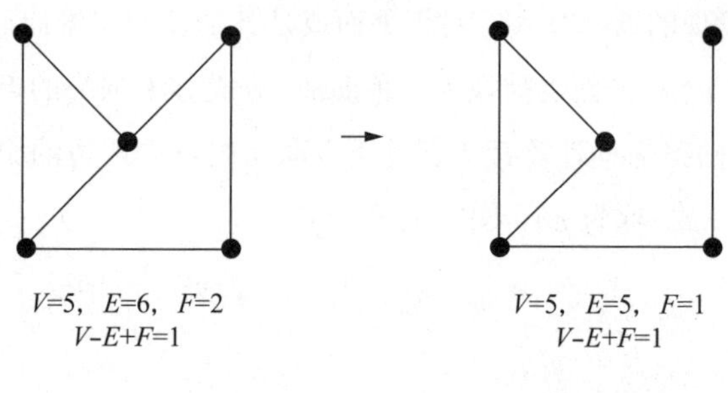

移除悬荡边

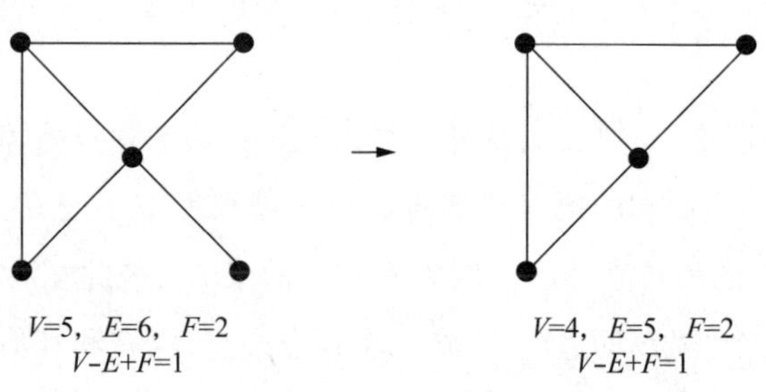

图 6.4　平面网络的欧拉公式证明中的两个关键步骤

学的一个事实；欧拉的 $V-E+F$ 结果却完全与形状无关。网络的线可能是直的或弯的，同时，网络所在的曲面可能是平直的或波浪形的，甚至是折起来的。而且，如果网络被画在可以拉长或缩小的物质上，这些操作中都不会影响结果。所有这些确实都是不证自明的。这些操作中的每一个都会影响几何事实，但是，这个 $V-E+F$ 并不是一个几何事实。一个不依赖弯曲、扭转或伸缩的图形事实，就是一个拓扑学的事实。

而当网络不画在平面而在球面（球体的曲面）上，会发生什么事呢？你可以试着用软头彩笔在橘子上画个网络。假设你的网络覆盖了整个曲面（也就是说，假设你不只用一部分的曲面，像使用弯曲纸张一样），你会发现 $V-E+F$ 的和不是 1，而是 2。因此，当弯曲、扭转、拉长或是缩小一片平面纸张，不会影响这个和的值时，将纸张改为球面却会造成不同的结果。另一方面，要说服我们自己弯曲、扭转、拉长或缩小这个球面,也不会改变 $V-E+F$ 这个值永远是 2,也是很简单的(我们可以在气球上画个网络来确认)。

证明球面上网络的 $V-E+F$ 和之值永远是 2,与证明平面上类似的结果一样简单,只要运用同样的论证即可。不过,有另一种方法可以证明这个事实。它是一个对于平面上网络的欧拉公式的结果;同时,它可运用拓扑推理之 227
前的结果推论得到。这种拓扑推理是相对于几何推理,即欧几里得用以证明《几何原本》定理的方法。

要开始这个证明,假设你画在球面上的网络完全可以伸缩(这种物质还未被发现,不过,这并不是问题,因为数学家的模式通常都存在于心灵之中)。移除一整个面。现在将包围着移除面的边延长,使得整个剩下的曲面压扁成为一个平面,如图 6.5 所示。这个延长的过程,很明显不会影响该网络的$V-E+F$之值,因为它不会改变 V、E、F 中的任何一个。

当延长完成时,我们就有一个平面上的网络。可是,我们已经知道,在这情况之下,$V-E+F$ 的值会是 1。从球面上原本的网络变成平面上网络的过程中,我们只移除了一个面,而顶点和边完全没动到。因此,这一开始的举动造成了 $V-E+F$ 这个值减少了 1。所以,这个 $V-E+F$ 的原始值一定刚好比我们得到的平面网络多 1,也就是说,画在球面上网络的原有值是 2。

和这个球面上网络的结果紧密相关的,就是下列有关多面体的事实:如果 V 代表多面体的顶点个数,E 为边的条数,且 F 为面的个数,那么,

$$V-E+F=2。$$

这个拓扑证明相当明显。假想这多面体被"吹"成球面的形状,球面上的线代表多面体(之前)边的位置。而结果就是:球面上的网络拥有和原来多面体相同的 V、E、F 值。

事实上,在 1639 年,$V-E+F=2$ 这个等式被笛卡尔以适用于多面体的结果发现时就是这个形式。不过,笛卡尔并不知道如何证明这个结果。当应用在多面体上时,这个结果就称为多面体欧拉定理(Euler's polyhedra formula)。

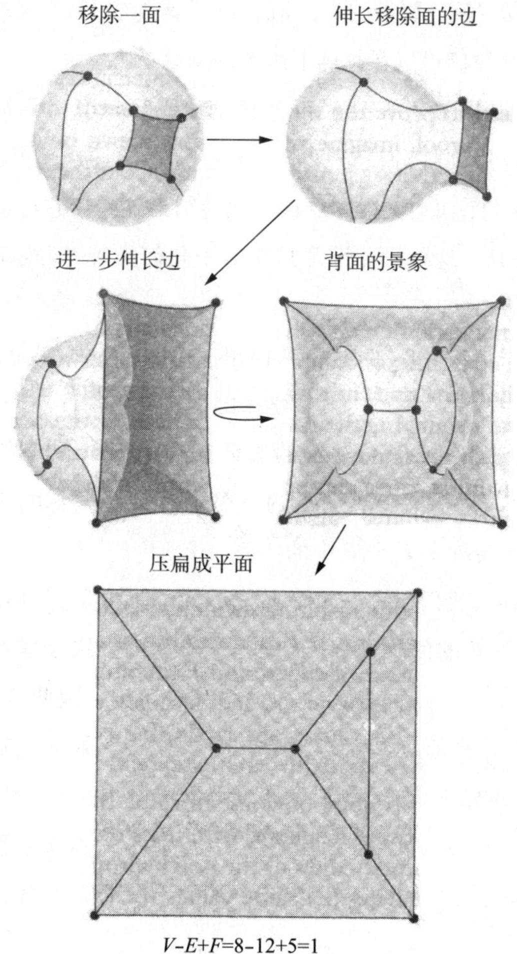

图6.5　移除一个单一的面，并且将剩下的曲面拉长成为平面，如此一来，球面上的网络就会变换成为平面上的网络。后者的顶点数与边数将与前者相同，但是少了一个面

莫比乌斯和他的带子

欧拉并不是18世纪唯一研究拓扑现象的数学家。柯西和高斯两人都领悟到，图形拥有的形状本质比几何学的模式来得更为抽象。不过，反而是高斯的学生奥古斯特·莫比乌斯（Augustus Möbius）在给出拓扑变换（topological transformation)的精确定义之后,真正启动了现在称为拓扑学的数学学科的发展。根据莫比乌斯的定义,拓扑学是有关拓扑变换后保持不变的图形性质的研究。 228

拓扑变换是从一个图形映射另一个图形的变换,其中原图形中任意两个紧紧相邻的点,在变换过的图形中依然紧紧相邻。要了解这定义里"紧紧相 229
邻"(close together)的精确意义,需要下一点功夫;特别是,延长是允许的,尽管这项操作明显会增加这些点之间的距离。不过,这个直观应该是够明显的了。这个定义所禁止的最重要操作就是切开或撕开,不过,下列情况除外:当一个图形为了要进行某种操作而切开,之后再粘回去,然后,原来切开前紧紧相邻的点,在变换完成之后,还是紧紧相邻。

拓扑学早期的大部分研究都指向二维曲面的学问。莫比乌斯和高斯的另一个学生约翰·利斯廷(Johann Listing)在早期有一个特别迷人的发现。他们发现构造单面的曲面(one-sided surface)是有可能的。如果你取一片长条形的纸带——比如说2.54厘米宽、25.4厘米长——给它一个单半转,然后将两端粘起来,就会得到一个只有单面的曲面,今日被称为莫比乌斯带(见图6.6)。如果试图将莫比乌斯带的一面着色,你会发现最后这图形的"两面"都会被我们上色。

这个呢,就是数学家通常将莫比乌斯带呈现给孩童或是刚开始学习拓扑学的学生的(表演)方式。不过,和往常一样,真实的故事更为精巧。

首先,数学的(mathematical)曲面并没有"面"(sides)。面这个概念是从周围三维空间观察一个曲面而来的。对于一个被限制在曲面"里面"的二维生物来说,面的概念完全没有意义,就像我们讨论我们自己的三维世界拥有面一样

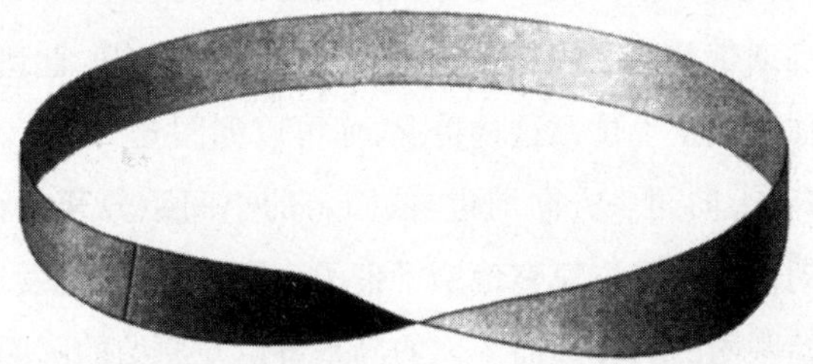

图6.6 莫比乌斯带经由下列方式构造而得:一片长条形纸带之单半转,将两端粘起来成为一个封闭圈。在科普界,它通常被描述为只有一个边与一个面的曲面

230 没道理。(由四维的空间时间来看,我们的世界是有面的,也就是过去和未来。但是,这些概念只有在我们加入时间这个额外的维度时才有意义:过去和未来指的是世界在时间里的位置。)

因为数学曲面并没有面,因此,你无法在曲面上的“一面”画图形。数学的曲面是没有宽度的;一个网络可能在一个曲面里,但不在它的上面。(要注意的是,数学家通常会说“在一个曲面上画网络”。毕竟,这个说法对于我们每天会碰到的非数学曲面来说是合适的。但是,当进行数学分析时,数学家会小心地视一个网络或其他的图形在一个曲面里,而非曲面“上”。)

因此,说莫比乌斯带只有“一面”在数学上是不正确的。那么,到底是什么使得莫比乌斯带不同于另外一个未曾半转的纸带所粘成的一般圆柱面带子呢?答案就是:正规的带子是可定向的(orientable),而莫比乌斯带则是不可定向的(nonorientable)。可定向性这个数学概念是一个数学曲面或有或无的真实特质。直观地看,可定向性是指可以明显区别顺时针和逆时针,或者左手向和右手向(left-handedness and right-handedness)的不同概念。

要获得这个抽象概念的初始理解,先假想有两条带子:一条简单的圆柱面带子和一条莫比乌斯带,由透明胶卷(比如说透明的照相胶卷,或是投影机的幻灯片)制成(或者,做出这两条带子,并且实际顺着讨论更好)。在每条带子上画一个小圆圈,然后,在上面加一个箭头指示顺时针方向。当然,要称这方向为顺时针或是逆时针,必须依赖你如何在周围的三维空间里观察它。使用透明胶卷允许你从两“面”看到自己的圆圈;这个物质的使用,也因此提供了有关真实数学曲面的一个比起不透明纸张更好的模型。

先从莫比乌斯带开始。假想将你的圆圈绕带子一周,直到它回到原来的位置上。要在你的模型上仿照这种情况,你可以如图 6.7 所示,从自己的圆圈开始,并且在带子上向同一方向前进,依固定的小间距分开,画下相继的圆圈以及其上的方向箭头。当你完整地绕了带子一圈之后,你会发现,最后的圆圈会在胶卷上原始圆圈的另外一面。你的确是可以在原始的圆圈上面重叠这最后的圆圈。不过,从原始圆圈上复制的方向箭头,却会与原始圆圈的方向相
231 反。这个在带子上移动的过程改变了圆圈的定向。但是,因为这圆圈一直待

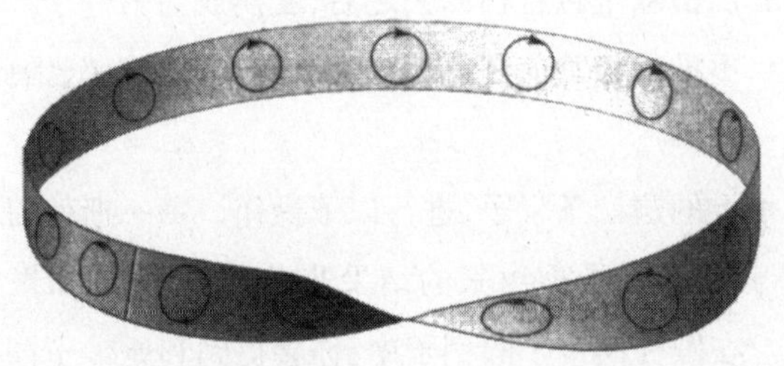

图6.7　对应到"只有一面"的莫比乌斯带的真实拓扑性质，就是它是不可定向的。在这个带子上绕一圈，我们可以将一个顺时针方向变换成逆时针方向

在曲面"里面"，并且只单纯地移动，这个结果就意味着，对于这个特定的曲面而言，完全没有顺时针或逆时针这种东西；这个概念是没有意义的。

另一方面，如果你在圆柱面带子上重复这个过程，得到的结果就会完全不一样了。当你完成了这一条带子的绕行，并且在圆圈回到原始的位置之后，方向箭头指的方向依然会与之前相同。对于在圆柱面带子"里面"画的图形来说，你无法按移动图形的方式，来改变带子的定向。

这个可定向的抽象概念也可以手性（handedness）来理解。如果你在（透明的）莫比乌斯带上画出人手的轮廓，并且绕带子一周，你会发现他的手性改变了：你（在周遭的三维空间里看这带子时）可能认为左手或右手的方向已经互换了。但在莫比乌斯带里，并没有左手性或右手性的概念。

可定向性（orientability）是一个曲面的真正拓扑特质。因为圆柱面带子是可以定向的，而莫比乌斯带却不能；如此，这两种曲面从拓扑观点来看，一定是不同的。所以，利用拓扑变化不可能将一条圆柱面带子变换成莫比乌斯带。这与我们的直观一定是相符的。唯一可以将莫比乌斯带"物理地"变换成圆柱面带子的方法，就是切开它，消除那个半转，再将切开的两端粘回去。但是，这个消除半转的动作，表示当这两个自由端重新接起来时，因切割而分开的原本紧紧相邻的点，彼此就不再相邻了，也因此，这个变换并不是一个拓扑变换。

而曲面特质和周遭空间特质的区别，可以利用第三条带子的建构来生动 232
地解说。这一条新带子和莫比乌斯带不同的地方，是在切割后粘回之前，要将带子做个全转（而不是半转）。然而，这条新带子与圆柱面带子是拓扑等价的，因为它可以在切开、消除全转且粘回去之后,变换成为另一个。在带子割开的任何一边上的点,不论是切割前还是切割后,都会紧紧相邻,因此,这是一个真正的拓扑变换。

现在,对你手上的这三条带子,进行以下操作。拿一把剪刀沿着中心点且绕着带子剪开。这三条带子剪出来的结果非常不同,而且如果你之前没有看过,会相当意外。在圆柱面带子的例子中,你会得到和原带子同长度的两条分开的圆柱面带子。剪开莫比乌斯带子,会得到一条全转的带子,长度是原带子的两倍。至于剪开一个全转的带子,则会得到两条相扣的全转带子,这两条的长度和原来的相同。你可能会认为剪开圆柱面带子和莫比乌斯带子的结果差别,是因为这些曲面的拓扑差别所致;但是,剪开圆柱面带子和全转带子的结果,却无法这样解释,因为这两条在拓扑学上是等价的。这些不同的结果,源自这些带子被嵌入周遭三维空间的方式。

你也可以再试一个更进一步的实验。取你手上的三条带子,并且用之前剪开的方法再剪一次,只不过这次不是由中间开始剪,而是从距离一边三分之一的地方开始。这次的结果和之前会有什么不一样呢?

可定向性不是可以用来区别曲面的唯一拓扑特质。边的条数也是曲面的一个拓扑特征。一个球面没有边,莫比乌斯带有一条边(你可以用彩笔照着莫比乌斯带的一边着色,以确认它只有一条边),圆柱面带子则有两条边。因此,边数是另一种拓扑特质,可用来分辨莫比乌斯带和圆柱面带子。另一方面,以边来说,莫比乌斯带和一个二维的圆盘(只有一条边)是相同的。在这个例子中,可定向性就是一个可以用来分辨这两种曲面的拓扑特质:圆盘是可定向的,但莫比乌斯带则不行。

然则圆盘中间有个洞又如何?这个曲面是可定向性的,有两个边,就和圆
233 柱面带子一样。而事实上,这两个曲面在拓扑学上是等价的;要看出如何将一
个圆柱面带子变换成中间有洞的圆盘是很简单的事,只要(数学上)将圆柱面
拉开并压扁就好。

这些的确很有趣,更具有娱乐效果。但是,曲面的拓扑特质却不只是天赋的趣味而已。通常,当一个数学家发现一种真正基本种类的模式时,它会变得

具有广泛的应用性。这对拓扑模式来说,更是特别正确。

在历史上,真正促成拓扑学这个新学科成为现代数学中流砥柱的,是复变分析的发展,那是我们在第三章末讨论的微分学方法从实数扩充到复数的延伸。

因为实数落在一条一维的线上,一个由实数到实数的函数可以表征为平面上的一条(曲)线——函数的图形。但是,复数是二维的,因此由复数到复数的函数是由曲面而非一条(曲)线来表征。最简单的假想例子,是由复数到实数的连续函数。这个函数的图形是个三维空间里的曲面,其中这个函数在任何复数点的实值,被视为一个在复平面(complex plane)上面或下面的"高度"。正是由于黎曼在复变分析里使用曲面的关系,才使得数学家在20世纪之交将曲面的拓扑性质研究带到数学的最前线,一直到今天仍然如此。

你如何分辨咖啡杯和甜甜圈

在曲面研究的重要性建立起之后,数学家需要一种可靠方法,用来进行曲面的拓扑分类(topological classification of surfaces)工作,即曲面的什么特色足以进行拓扑的分类,而使得任意两个拓扑等价的曲面可以分享那些特色,同时,使拓扑上不等价的两个曲面也可以被这些特色所区别。举例来说,在欧氏几何中,多边形可以依它们边的条数、边的长度以及它们的夹角来分类。拓扑学也需要一个可以模拟的方案。

所有拓扑等价的曲面都会共有的特质,就称为*拓扑不变量*(topological invariant)。边的条数是可以用来分类曲面的一种拓扑不变量。可定向性则是另外一种。用这些来分辨比如球面、圆柱面、莫比乌斯带没有问题。但是,它
们无法分辨球面和轮胎面,这两者都没有边,并且都可以定向。当然,我们可 234
以说轮胎面中间有个洞,而球面没有。问题是,这个洞不是曲面本身的一部分,就像边也不是一样。轮胎面的洞是该曲面处在三维空间里的一个特征。一个被限制在该轮胎面里面的渺小二维生物,永远不会碰到这个洞。而曲面的分类者所碰到的问题,就是要找到该曲面的某些拓扑本质,使得这种生物可

以认识轮胎面和球面是不同的。

而除了边的条数和可定向性之外,还有什么拓扑不变量呢?一个可能性即,这是受欧拉对于曲面里面网络之值 $V-E+F$ 的研究结果启发而得来的。给定网络里的 V、E、F 值在网络所在的曲面经过拓扑变化之后还是不变。除此之外,$V-E+F$ 这个量的值,并不需要依赖实际画出来的网络(至少平面和球面是不用的)。因此,这个 $V-E+F$ 的量是一个曲面的拓扑不变量。

而它的确如此。欧拉用来建立 $V-E+F$ 对于平面或球面里的网络恒久不变的那种消去方法,可以应用于任何曲面上的网络。这个对于给定曲面上任何网络的 $V-E+F$ 的不变值,就称为该表面的*欧拉示性数*(Euler characteristic)(你必须要确认的是,这个网络真正包覆了整个曲面,而不只是一个曲面上一小部分的平面网络)。以轮胎面的例子来说,所得到的欧拉示性数为 0。因此,这个拓扑不变量即可用来分辨轮胎面和球面(欧拉示性数为 2)的不同。

现在,我们就有三种可以用来分辨曲面的特征了:边的条数、可定向性,以及欧拉示性数。还有其他的吗?更重要的是,我们还需要其他的,或是这三种已足够用来分辨任何在拓扑上非等价的一对曲面吗?

也许有点令人惊讶,不过,我们的确只需要这三种不变量而已。证明这个事实是 19 世纪数学的伟大成就之一。

这个证明的关键,就是今日称之为*标准曲面*(standard surfaces)的发现:足以用来刻画所有曲面的特定种类曲面。下列事实已经被证明:任何曲面拓扑等价于一个有零个或大于零个洞、有零个或大于零个"柄"(handle),以及有零个或大于零个*交叉帽*(crosscap)的球面。因此,对于曲面的拓扑学研究,可以简化成对这些修饰过的球面的探讨。

假设你有一个和给定曲面拓扑等价的标准曲面,这个标准曲面里的洞对
235 应到原曲面的边。我们已经在核证有关球面上网络的欧拉公式时,见过最简单的例子了。我们移除了一面,制造一个洞,然后,将洞的边延伸成为平面(的曲面)的界边(bounding edge)。因为这个球面的洞和一个曲面的边连接,对于

通例来说相当典型,所以,从现在起,我会将注意力放在没有边的曲面上,如球面或轮胎面。这类曲面称为*封闭曲面*(closed surfaces)。

要将一个柄附着在一个曲面上,你只要切两个圆洞,再将一个圆柱面的管子连接到这两个新的边上,如图 6.8 所示。任何可定向的封闭曲面和一个有特定数量柄的球面在拓扑上是等价的。柄的个数是曲面的一个拓扑不变量,称为它的*亏格*(genus)。对每个自然数 $n \geqslant 0$,亏格 n 的标准(封闭)可定向曲
面,是个连接有 n 个柄的球面。举例来说,球面是个亏格 0 的标准可定向曲 236
面;轮胎面拓扑等价于一个有单一柄的球面,也就是亏格 1 的标准可定向曲面;一个有双洞的轮胎面拓扑等价于一个有两个柄的球面,也就是亏格 2 的标准可定向曲面。图 6.9 说明了一个由高弹性物质制造的双洞轮胎面如何被操作,变成一个有两个柄的球面。

一个有 n 个柄的球面,其欧拉示性数是 $2-2n$。要证明这一点,你从一个

图 6.8 为了将一根柄贴到一个曲面上,在该曲面上切开两个洞,并且用一个中空圆柱管将它们连接起来

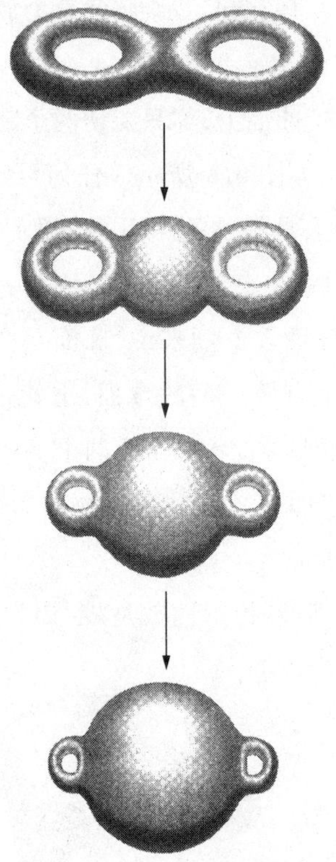

图 6.9　将中间区域吹大，缩小两圈，一个有双洞的轮胎面可以变换成一个有双柄的球面

球面上（相当大）的网络（当 $V-E+F=2$）开始，然后加入 n 个柄，一次一个。你得小心加入每个柄，使得它连接的两个洞是由移除网络的两个面而来。为
237 了确保网络会真正完整地覆盖曲面，在柄上新加两条边，如图 6.10 所示。切割两个洞，会将 F 的值减少 2；将柄（以及新的边）连接上会在 E 和 F 的值上增加 2。因此，加上柄的净值，$V-E+F$ 的值会减 2。这在我们每加入一个柄时都会发生，因此，如果加入了 n 个柄，那么，欧拉示性数就会减少 $2n$，最后的值就是 $2-2n$。

亏格 n 的标准非可定向（封闭的）曲面，是一个加入了 n 个交叉帽的球面。要加上一个交叉帽到球面，你只要切一个洞，然后连接一个莫比乌斯带上去，如图 6.11 所示。莫比乌斯带的整个边都必须缝接在圆形的洞上；在三维空间中，这只有在允许曲面和自己相交时才有可能达成。要想不和

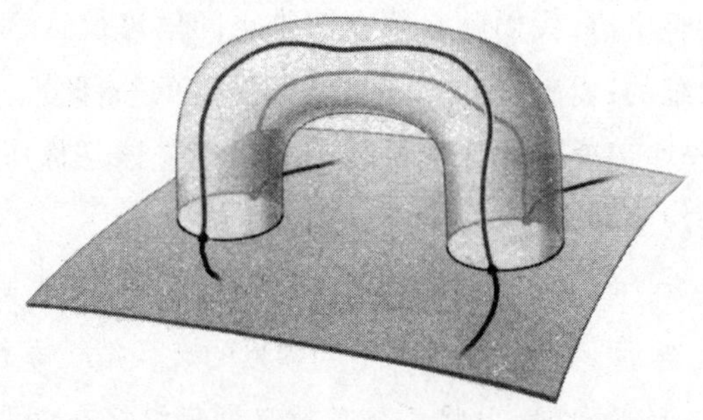

图6.10 在球面上增加柄数，以便计算得出的曲面的欧拉示性数

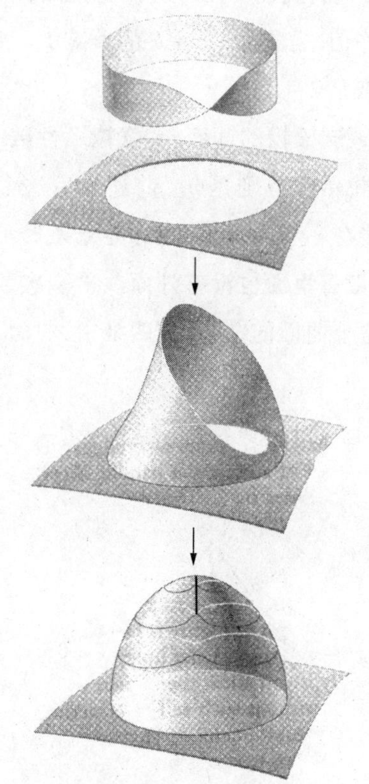

图6.11 为了在球面上添加一个交叉帽，在曲面上切开一个洞，且缝上一个莫比乌斯带。在三维空间中，连接莫比乌斯带只能按理论形式完成，允许这条带子自交。交叉帽是一种需要四维空间才能恰当建构的曲面

自身相交且缝接整个边，我们就必须在四维空间里进行这个过程。（记住，任何曲面都是二维的；周围空间并不是曲面本身的一部分。要建构平面之外的任何曲面，至少需要三维才能进行。交叉帽应该是你所碰到第一个需要用到四维的情况。）

为了计算有一或多个交叉帽的球面之欧拉示性数，应从一个球面里适当大小的网络开始，然后，一次一个加入恰当数量的交叉帽。每个交叉帽取代网络的一个完整面：将面切掉，并将一条莫比乌斯带缝接在该面的界边上。在莫比乌斯带上画一条新的边，然后如图 6.12 所示，将边连接到自己身上。移除一个边会将 F 的值减 1；将莫比乌斯带缝接上，会加入一个边和一个面。因此，加入一个交叉帽的净值，是将 $V-E+F$ 的值减 1。所以，一个有 n 个交叉帽的球面，其欧拉示性数是 $2-n$。

238 尤其是，一个有单一交叉帽的球面，其欧拉示性数 $V-E+F=1$；而有两个交叉帽的球面，其欧拉示性数则是 0。前述最后这个曲面，可以沿着单边将两条莫比乌斯带缝接在一起而构成，通称为*克莱因瓶*（Klein bottle）。当它被视为某种容器时，它没有里面也没有外面。再一次地，这个自身相交是企图在三维空间里认识这个曲面的结果；在四维中，曲面不需要通过自己。

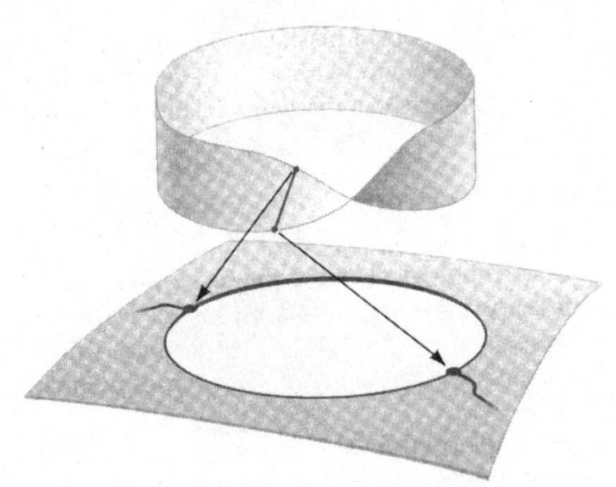

图 6.12　在一个球面上添加交叉帽，以便计算所得曲面的欧拉示性数

图6.13　咖啡杯与甜甜圈。对拓扑学家来说，这两者完全等同

为了完成所有曲面的分类，只要证明任何封闭曲面（比如，没有边的任何
曲面）拓扑等价于标准曲面即可。给定任何封闭曲面，一直移除与圆柱面或莫 239
比乌斯带拓扑等价的部分，然后，以圆盘来取代它们，这个过程最终会导出一
个球面。一个圆柱面以两个圆盘取代，莫比乌斯带则以一个圆盘取代。这个
过程称为割补术（surgery）。由于这个细节非常具有技术性，因此，我在此不打
算说明它们。

最后，这一节的标题有什么意义呢？你要如何分辨咖啡杯和甜甜圈（图
6.13）呢？如果你是拓扑学家，那么，这个答案就是：你无法这么做。如果你拿一 240
个塑料黏土做的甜甜圈，你可以将它转变为（只有一个柄的）咖啡杯的形状。这
就表示，你可以将拓扑学家形容成一位无法分辨咖啡杯和甜甜圈的数学家。

四色定理

一个最早被研究的拓扑问题与地图的着色有关。1852 年成形的四色问题，在拥有共同边界的两个区域不得是同色的前提之下，提出究竟需要多少种颜色才足以画一张地图的问题。

许多简单的地图无法只用三个颜色着色。另一方面，对于许多地图来说，四个颜色就足够了。四色猜想（four color conjecture）提议，要为平面里的任何地图着色，只需要四个颜色就已足够。多年来，许多数学家和数学业余爱好者都企图证明这个猜想。因为这个问题问的是所有可能的地图，而不只是一些特定的地图，光看特定地图来证明四种颜色足矣是不可能的。

这个问题很明显属于拓扑学范畴。其中有意义的，不是地图里区域的形状，而是它们的图面配置——哪些区域和其他区域拥有共同的边界。特别是，需要的颜色数量在我们操作地图所在的曲面时不会变化——虽然答案可能会在每种曲面之间有所不同，如画在球面上的地图和画在轮胎面上的地图。不过，为任何地图着色所需颜色的最小数量，对于球面上的地图或平面上的地图都是一样的；因此，四色猜想也可以等价地适用于球面上的地图。

1976 年，肯尼斯 · 阿佩尔（Kenneth Appel）和沃尔夫冈 · 哈肯（Wolfgang Haken）解决了这个问题，于是，四色猜想成了四色定理。他们的证明里有一个革命性的观点，就是计算机使用的不可或缺。四色证明是第一个无人能解读其完整证明的定理。论证的一部分需要非常多案例的分析，使得没有人能搞懂它们的全部。无奈，数学家只得以确认检查所有这些案例的计算机程序来满足自己。

地图着色的问题自然会延伸到画在非平面上的曲面地图上。20 世纪开始时，佩西 · 希伍德（Percy Heawood）找到了一个看起来除了一个特例之外，可
241 算出在任何封闭曲面上给任何地图着色，所需要的最少颜色数量之公式。对于欧拉示性数为 n 的一个封闭曲面，这公式预测所需要的最少颜色数量为

$$\frac{7+\sqrt{49-24n}}{2}。$$

举例来说，根据这个公式，要为轮胎面（$n=0$）上任何地图着色所需要的最少颜色数量为 7。对于球面（$n=2$），这公式给的答案是 4。（可惜的是，希伍德无法证明他的公式对于球面的例子给出了正确的答案；因此，这个公式并没有帮他证明四色猜想。）

我们现在已经确认希伍德的公式除了克莱因瓶之外，对于其他所有例子所给的最少颜色数量都是正确的。对于这个曲面，它的欧拉示性数和轮胎面

一样都是0,因此,根据这个公式,只需要用到七个颜色;可是,任何在莱茵瓶上的地图着色,却只需要六个颜色即可。

流形的各式各样可能性

一个曲面可以被视为由一些——可能是个极大的数字——小的、本质上是平面的片断组合而成。在这些组成的片断之中,曲面就像是欧氏平面的一部分。曲面的整体性质依这些片断组合的方式而产生。举例来说,不同的组合方式,结果会导致球面或轮胎面的差异性。在这两者的任何小区域上,曲面看起来就像是欧氏平面;然而,在整体上,这两种曲面非常不同。基于自身的体验,我们对于这个现象非常熟悉:纯粹根据我们每天和周围环境互动的经验,无法说出我们居住的星球到底是平面的、球面状的,或者是轮胎面状的。这就是为什么欧氏平面几何的概念和结果,对我们的日常生活关系如此重大。

在平滑方式接成的曲面(即没有尖锐的角或是折叠)以及尖锐的边组成的曲面(如多面体)之间,可以做出区别。前者的曲面被称为*平滑曲面*(smooth surfaces)(因此,数学家在这个脉络中赋予“平滑”一个专门的意义。幸好,该专门意义和我们平常使用它的意思是一样的)。在某些连接有尖锐的角之曲面的情况下,围绕该连接的曲面部分,并不像是欧氏平面的一部分。

根据以上讨论的想法,黎曼引进了流形(manifold)的概念,以便作为曲面 242
向更高维度的一个重要延拓。一个曲面是一种二维的流形,或者简写为2-流形(2-manifold)。球面和轮胎面正是平滑2-流形的例子。一个n维的流形,或称为n-流形,由许多小片断接合而成,每个小片断都可以算是n维欧氏空间的一个小区域。如果片断接合的接缝处没有尖锐的角或是折叠,那么,这个流形就是平滑的。

一个物理学的基本问题是,我们居住的物理宇宙是什么类型的3-流形呢?局部来说,它和其他任何3-流形一样,看起来像是三维的欧氏空间。但是,整体的形状是什么呢?它每个地方都会像欧氏三维空间吗?或者它是一个三维球面或三维轮胎面,还是其他种类的3-流形呢?这个答案没有人知道。

除去宇宙的本质不谈，流形理论的基本问题就是，要如何分类所有可能的流形。这就表示要找出可以分类拓扑上不等价流形的拓扑不变量。这些不变量将是用来分类所有封闭 2 -流形的可定向性和欧拉示性数的高维模拟。这个分类问题还没有彻底解决。数学家直到现在都还在试图克服一个障碍，那是进行第一次分类工作的研究时就已经遭遇到的。

亨利·庞加莱（Henri Poincaré，1854—1912）正是最早寻找可应用在更高维流形的拓扑不变量的几个数学家之一。为此，他协助建立了现在称为代数拓扑学（algebraic topology）的一个拓扑学分支；其中，他企图利用代数的概念来分类和研究流形。

庞加莱的发明之一，就是一个称为流形的基本群（fundamental group）的东西。这个如图 6.14 所示的基本想法会在以下说明。你在流形里固定一点 O，
243 然后视所有通过流形的循环（loop）都在 O 点开始和结束。接着，你试图将这些循环变成一个群。这就表示你必须找到一个可以将任意两个循环结合成第三个的运算，然后核证此运算满足群的三个公设。庞加莱考虑的运算是群之和（group sum）：如果 s 和 t 为循环，那么群之和 $t+s$ 就是先包含 s 再包含 t 的循环。这个运算是结合性的，因此，我们离一个群已经不远了。此外，这里有一个明显的单位元素，即永远不会离开点 O 的零循环（null loop）。因此，如果所有的元素都有个逆变换，我们就会得到群了。下一步，就是要看看这个基本群的代数本质可以刻画流形到什么程度。

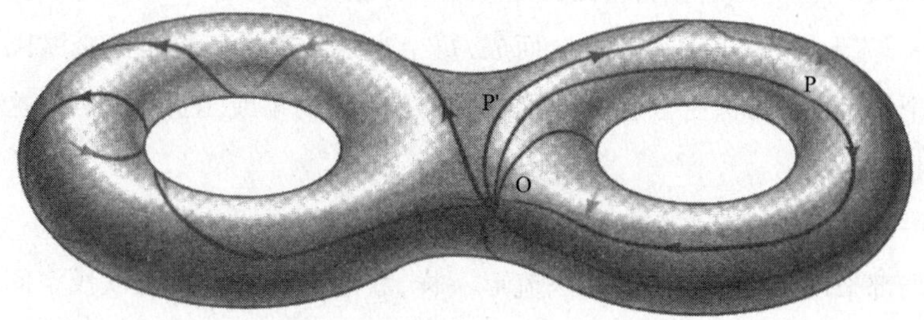

图 6.14　一个流形的基本群

对于一个给定循环 l 的逆变换有一明显候补，也就是和 l 走一样路径却反方向的反循环(reverse loop)，可以 $-l$ 表示。问题在于，虽然 $-l$ 会取消 l 的效果，但是，$-l+l$ 的组合却不是零循环，就像从纽约飞到旧金山然后再飞回来，并不等于从来没离开过纽约一样。在这两个例子中，我们的确都在纽约开始和结束，但是，它们之间发生了什么事情，可就非常不一样。

走出这个两难的方法，就是宣告如果任意两条循环的其中一条可以在流形中连续地变形(continuously deformed)为另一条，那么，这两条循环就是等同的。举例来说，在图 6.14 中，路径 p 可以在流形中连续变形(也就是，拓扑变换)成 p'。由于 $-l+l$ 明显可以连续变换成为零循环，所以，我们就成功解决这个难题了。

一个从一条循环或路径映射另一条的连续变换(continuous transformation)称为同伦(homotopy)，而庞加莱依此方法得到的基本群，就称为流形的*同伦群*(homotopy group)。在流形为圆(一个 1-流形)的最简单情况下，两条循环之间的唯一差别，就是各自绕着圆的旋转数，而该情况下的基本群，就会变成加法下的整数群。

就它们本身来看，基本群并不足以分类流形。但是，这个一般性想法很不错，庞加莱和其他的数学家们将此想法更向前推进一步。利用 n 维的球面而非一维的循环，对于每个自然数 n 而言，他们建构了称为 n 维的*更高阶同伦群*(higher homotopy group)。任何两个在拓扑上等价的流形，必定会有一样的同伦群。如此一来，问题就成为：所有同伦群所成的集合，足够用来分辨任两个在拓扑上不等价的流形吗？

由于 2-流形的分类问题已经解决了，第一个要探讨的例子，就是维度 3。 244
这例子的特殊情况就是，如果一个 3-流形 M 和 3-球面 S^3 有一样的同伦群，那么，M 会拓扑等价于 S^3 吗？庞加莱本人在 1904 年提出了这个问题，而这个答案为是的猜想，在后来被称为*庞加莱猜想*(Poincaré conjecture)。

庞加莱猜想以直截了当的方式延拓到 n-流形的情况：如果一个 n-流形 M 和 n-球面 S^n 有同样的同伦群，那么，它们在拓扑学上是等价的吗？

使用 2-流形的分类，在例子 $n=2$ 时，答案是如此没错(这个问题化约成检视与标准曲面有关的同伦群)。但是,许多年来,没有人在更高维的情况中获得更多进展,也因此,庞加莱猜想在拓扑学中开始得到有如数论里费马大定理的地位。事实上,这个比较对庞加莱猜想而言并不公平。当费马大定理愈久没被证明而更加出名的时候,它并没有引出什么重大的成果。相对而言,庞加莱猜想却是为数学开辟出一片新天地的关键,是我们想要更加了解流形的一个基本障碍。

看到庞加莱猜想里二维的情况如此轻易就被解决,我们可以想象下一个就是三维,然后四维,等等。但是,和维度有关的问题,通常都没这么单纯。虽然问题的复杂度和难度普遍会随着维度在一、二、三的增加而提升,但是,在达到四维或五维时,却有可能极度地简单化。额外的维度看起来给了我们更多的移动空间,提供了有更多工具的机会来解决我们的问题。

这也刚好是发生在庞加莱猜想中的情况。1961 年,斯蒂芬·斯梅尔(Stephen Smale)证明了这个猜想在 $n=7$ 和以上的情形。不久,约翰·斯托林斯(John Stallings)将结果往下推到 $n=6$;然后,克里斯托弗·齐曼(Christopher Zeeman)则更进一步将成果推进到 $n=5$。现在,就只剩下两个情况要证明了!

一年过去了,然后两年,然后五年,然后十年,然后二十年……更进一步的进展,看起来似乎是无望了。

终于,在 1982 年,迈克尔·弗里德曼(Michael Freedman)打破僵局,找到了证明庞加莱猜想在四维为真的方法。现在,就只剩下 $n=3$ 的情况了。而这个情况,直到今天还挫败着所有人。在除了三维以外的所有庞加莱猜想都已被证明的此际,我们的确很想说该猜想对所有维度皆成立。而且,大部分拓扑
245 学家或许都期待事实就是这样没错。然而,预期并不等于证明。所以,在这时候,庞加莱猜想还是拓扑学里尚未解决的最大问题之一。①

---

① 译者按:本书出版时(第一版 1998 年,第二版 2000 年),此一猜想尚未成为定理。然而,庞加莱猜想目前已经成为定理。这是俄罗斯的隐士数学家佩雷尔曼(Grigory Perelman)的伟大贡献,他选择将研究结果公开在网页上,而非在著名期刊上发表。他在 2006 年荣获有数学界诺贝尔奖之称的菲尔兹奖(Fields Medal),不过,他成为该奖项的第一位拒领者。

一个可能处理该问题的方法——同时也是3-流形的全面分类——就是使用几何学的技巧。至少,这是20世纪70年代由数学家威廉·瑟斯顿(William Thurston)所提出的方法。瑟斯顿的方法让人联想到克莱因的埃尔朗根纲领,其中正是用群论来研究几何学(第207~208页)。尽管拓扑的本质是高度非几何性的,瑟斯顿还是认为几何模式可能对于3-流形的研究会有帮助。

执行这样的纲领并不容易。首先,瑟斯顿自己在1983年证明了三维中需要应付八种不同的几何。其中的三种会与三个平面的几何相对应,也就是欧氏3-空间、椭圆3-空间(与二维的黎曼几何对应),以及双曲3-空间(与二维的双曲几何对应)。剩下的五种几何是全新的,由瑟斯顿的研究而产生。

虽然瑟斯顿的纲领绝非完备,但有不少进展,并再度说明了当一个领域的模式被应用到另一领域时,数学交互丰富(cross-fertilization)的惊人力量。在这个例子中,瑟斯顿的纲领分析了可能的几何(要记得,任何几何都是由变换的一个特定群来决定)的群论模式,然后,将这些几何模式应用在3-流形的拓扑研究上。

这里应该说明的是,预期庞加莱猜想所剩下的最后一个情况最终为真,不是因为其他情况都已被证实。如果拓扑学家真的认为所有维度都有差不多相同的表现,那么,他们会因为一个年轻的英国数学家西蒙·唐纳森(Simon Donaldson)在1983年的发现,而被迫彻底改变看法。

物理学家和工程师在三维或三维以上的欧氏空间研究中,频繁地使用微分学。根据第三章的叙述,将微分概念从二维延拓到三维是相当直截了当的。不过,物理学家们特别需要在欧氏 n-空间之外的平滑流形上,使用微分学的技巧。由于(根据定义)任何 n-流形都可以被拆成像欧氏 n-空间的小片断,其中每一片上我们都知道如何进行微分,因此,我们可以严格地按局部方式 246
(local way)将微分学应用在流形上。问题是,微分可以全部进行吗?一个微分的全部方案(global scheme)即称为微分结构(differentiation structure)。

20世纪50年代中期,已知任何平滑的2或3-流形都可以给出一个唯一的微分结构,并且假设这个结果最终可以延伸到更高的维度上。不过,让每个人都意外的是，约翰·米尔诺（John Milnor）在1956年发现了7-球面可以有28种不同的微分结构，而且不久之后，类似的结果也在其他维度的球面上发现。

然而，拓扑学家可以安慰自己，这些新的结果并不能应用在欧氏 n-空间上。他们认为，对于这些熟悉的空间，也就是牛顿和莱布尼茨的原始方法可以应用的空间来说，只有唯一的一种微分结构，这应该没错。

不过真的是这样吗？我们的确知道欧氏平面和欧氏3-空间具有唯一的微分结构，也就是标准的那一个。我们也知道这个标准的微分结构对于 $n=4$ 以外的所有欧氏 n-空间，都是独一无二的。不过，令人好奇的是，没有人可以证明四维的情况。然而，某个人偶然获得想法的正确组合只是时间上的问题，不是吗？数学家对于无法提供一个证明而有挫败感，因为这正是在四维时空里工作的物理学家最关心的。物理学家们正在等待他们的数学家同事来解决这个问题。

不过，这次却是正常合作模式反了过来的罕见情况，不是物理学家使用数学的新想法，而是物理方法帮助了数学家。1983年，借由应用于物理学里被称为杨-米尔斯规范场（Yang-Mills gauge fields）的想法（为了研究基本粒子的量子行为而引进），以及弗里德曼为了证明维度 $n=4$ 的庞加莱猜想而发展的方法，唐纳森证明了如何在寻常的微分结构之外，建构欧氏4-空间的一个非标准微分结构。

事实上，这个情境很快就变得更加奇异了。克利福·陶布斯（Clifford Taubes）之后的研究表明，欧氏四维空间里平常的微分结构只是不同微分结构里的无穷家族之一！唐纳森和陶布斯的结果完全出乎意料，而且，这结论也和每个人的直觉相反。看起来欧氏4-空间的特殊重要性，不仅在于它是我们所居住的空间（如果加入时间的话），对于数学家来说，它也是最有趣以及最具有挑战性的空间。

247 我们会在不久之后回到这项研究上。在此同时，我们先来看看拓扑学的另外一个分支：纽结（knot）的研究。

作“结”自缚的数学家

第一本有关拓扑学的书籍，是 1847 年出版，由高斯的学生利斯廷撰写的《拓扑学的初步研究》(*Vorstudien zur Topologie*)。这个专题著作的一大部分都是在讨论纽结，一个此后一直迷住拓扑学家的主题。

图 6.15 说明了两个典型的纽结，即熟悉的反手结(overhand knot)和八字结(figure-of-eight)。大部分人都会同意这两种是不同的纽结。但是，要说两个纽结是不同的，到底是什么意思呢？它们不是由不同的绳子绑成，绳子本身的形状也没有关系。如果你将这两个纽结的其中一个拉紧，或者改变循环的大小、形状，它的整体外观可能会有巨大的改变；但是，它还会是同一个纽结。不管如何拉紧、放松，或者重新排列，一个反手结都无法变成一个八字结。区别每个纽结特征的，无疑就是它的结性(knottedness)了，也就是它圈住自己的方式。这是数学家开始定义纽结理论时，所研究的抽象模式。

因为绳索的结性不会因我们拉紧、放松，或者操弄个别圈圈的形状而改变，所以，纽结的模式是拓扑的。你可以预期利用拓扑学的想法和方法来研究

反手结

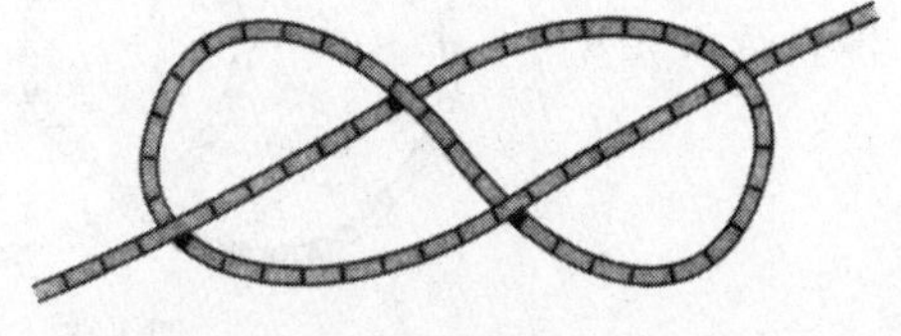

八字结

图 6.15　两种熟悉的纽结：反手结与八字结

248 纽结。不过，你必须小心。譬如，在拓扑学上的确有个极简单的方法，可以将反手结变成八字结：只要将反手结解开，并改绑成八字结即可。在这个过程之中，没有剪切或是撕开的动作；以拓扑学的观点来看，这个过程是非常合法的。但很明显，如果你想要利用数学方法研究纽结，我们就必须排除这个解开一个纽结、再绑成另一个纽结的变换方法。

因此，当数学家研究纽结时，他们要求纽结必须没有未联结的末端，如图6.16所示。在分析一个特定的纽结之前，数学家先将未联结的两个末端绑起来，变成一个封闭的循环。图6.16的两个纽结，是将反手结和八字结的未连接末端绑起来的样子，分别称为*三叶纽结*(trefoil knot)和*四纽结*(four-knot)。对于由绳索做成的实物纽结来说，将两末端联结起来，就代表将它们粘在一起。

将我们的注意力限制在绑成封闭循环的纽结上，就解决了将纽结解开并重绑这个没有价值的问题；而且，保留了结性的本质概念。无疑，我们不可能
249 将图6.16里的三叶纽结，变换成同图所示的四纽结。（你可以自己试试看。拿一条绳子并绑成一个三叶纽结，将末端粘在一起；然后，试着在不解开末端

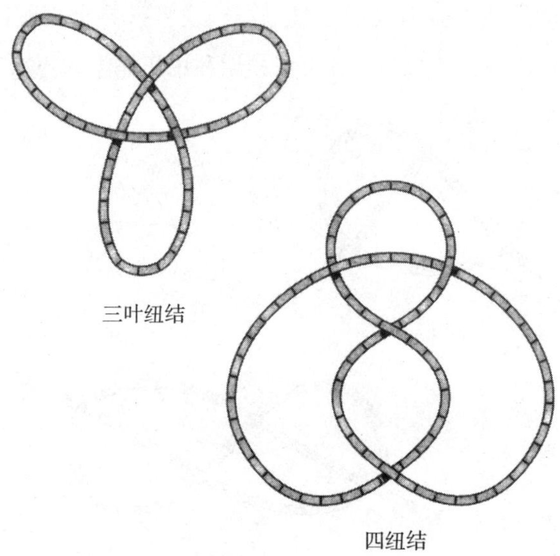

图6.16　两种数学纽结：三叶纽结与四纽结。数学纽结包含空间中的封闭循环

的情况下，将它变成一个四纽结。）

在决定忽略纽结构成的物质，并坚持这纽结没有未连接的末端之后，我们得到了一个纽结的数学定义：它是一个三维空间里的不与自己相交的封闭循环。（从这个观点来看，图 6.15 的两个“纽结”根本就不是纽结）。作为一个空间里的循环，数学纽结当然没有厚度；它是一个一维的物件——更精准地说，它是一个 1 -流形。

我们现在的任务，就是要研究纽结的模式。这表示我们要忽略紧度、大小、个别循环的形状、纽结在空间里的位置，以及可定向性等问题；数学家不会去区别拓扑上等价的纽结。

但是，最后那一句“拓扑上等价”到底是什么意思？毕竟，还是有将一个三叶纽结变成四纽结的既简单又合乎拓扑学的方法：将绳子剪断、解开，重绑成四纽结；然后，将未连接的末端粘起来。在这过程之前的相邻点，之后还是相邻的，因此，这是个可允许的拓扑变换。但是，它明显违反了我们的本意：在纽结的研究中，我们不允许的一件事，就是剪切。

数学纽结的要点就是，它的模式源自它所在三维空间里的方式。这个模式是拓扑的，但相关的拓扑变换是整个 3 -空间的变换，而不单是纽结而已。当数学家说两个纽结是拓扑等价时（也因此，事实上是“同一个”纽结），他们说的是有某种 3 -空间的拓扑变换，将一个纽结变换成另一个。

虽然这个纽结等价的正式定义（official definition）对于纽结深入的数学研究很重要，但它不是非常直觉性的。不过，这个定义的本质就是，它排除了剪开纽结循环的情况，而又允许其他任何拓扑变换。只有在纽结理论更进一步的研究之中，也就是，当拓扑学家检视纽结从 3 -空间里移除所剩下的复杂 3 -流形时，他们才会更仔细地注意整个空间。

纽结研究是数学家处理新研究时的一种典型例子。首先，观察一个特定的现象——在这个例子中，是结性。然后，数学家将看起来和研究无关的问题全部抽离，并且为重要的概念构造精确的定义。在本例中，这些重要的概念为纽结和纽结等价。下一步，就是找出描述和分析不同种类纽结的方法——不 250
同的纽结模式。

举例来说，我们要怎么分辨三叶纽结和空结（null knot）——一个未打结的圈呢？当然，它们看起来是不一样的。但是，如我们之前所提到的，一个纽结长什么样子——一个特定的纽结如何展示或者表现——是不重要的。问题是，三叶纽结可以在不剪开圈圈的情况下，变换成未打结的循环吗？看起来它像是的确不行。除此之外，如果你用绳子绑出一个三叶纽结且玩弄一会儿之后，你可能会发现无法解开它。但是，这并不等于一个证明，因为也许你只是没有照正确的组合进行罢了。

实际上我们可以争论，在一个如三叶纽结之类的极简单例子中，心智或是实体操作，等同于一个证明，除了最严格的形式逻辑之外——那种形式最严格的证明，几乎是所有真正的数学定理都不曾坚持的标准。但是，在更复杂的纽结例子中，这种进路并不会构成一个证明。此外，我们要的不是应付一个特定、极简单例子的方法，而是一个对于所有纽结——包括目前没人见过的——都有效的普遍方法。我们在使用例子时都必须小心。为了要适用其本身，例子必须简单，但是，它的目的就是要帮助我们了解可应用在更复杂例子里的基础议题。

一个用来分辨两个纽结的更可靠方法，就是找出某个它们相异的纽结不变量（knot invariant）——一个在我们将纽结做任何允许的操弄时不会改变的纽结性质。为了寻找纽结不变量，我们必须先找出某种表征纽结的方法。一个代数的符号最终可能会有帮助，但是，在研究的一开始，最明显的表征就是图表了。事实上，我在图6.16中已经呈现了两个纽结的图表。数学家在画类似图表时，唯一的修饰就是，他们不会画出一个由细线或绳子构成的实体纽结图形，而是使用简单的线条，来画出指明纽结模式本身的图形。图6.17给出了一些例子，包括右向三叶纽结，之前在图6.16中展示过。线条在纽结通过本身时以断线来表示。这种纽结的图解表征（diagrammatic representation）通常被称为纽结表现（presentation）。

理解复杂纽结结构的一个方法，就是试着将它拆成更小、更简单的纽结。举例来说，平结（reef knot）和祖母结（granny knot）都可以被拆为两个三叶纽结。用相反的方式来表示，一个构成（数学上的）平结或祖母结的方法，就是将

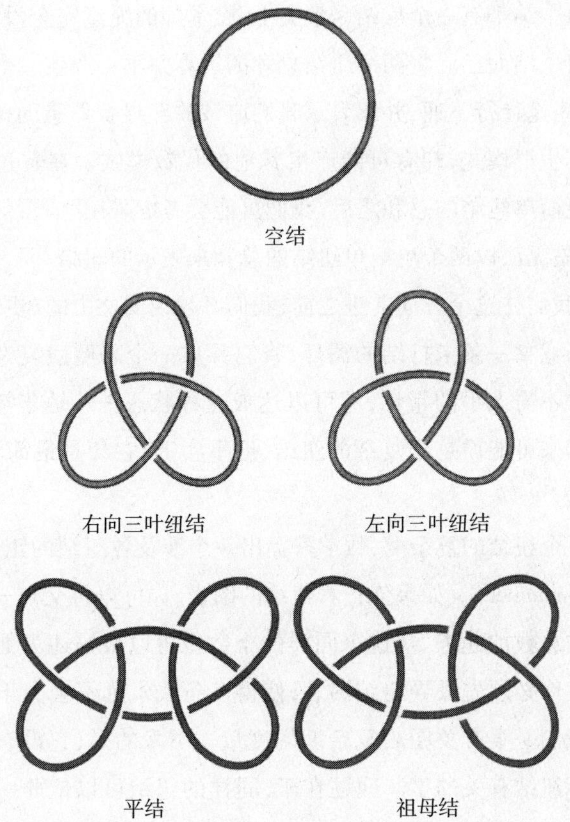

图 6.17　五种纽结理论家表征的简单纽结。在短暂的思考之后，任何一种都异于其他四种，似乎是显然的事实，但并不容易证明。这也就是说，任何操作都无法将这些纽结中的任何一种，变换成其他四种中的任何一种

两个三叶纽结绑在同一条数学线上，然后，将未连接的末端粘起来。这个将两 251
个纽结绑在同一条线上的过程，很自然地被称为构成两个纽结的"总和"。

总和的运算是结合性的，而且，零循环很明显是个单位运算（identity operation）。在这时候，一直在寻找新模式的数学家，会开始好奇这是否是群的另外一个例子。现在，就只需要每个纽结有个反结（inverse）就行了。给定任
何纽结，是否有可能引进另一个纽结到同一条数学线上，使得结果变成零循环 252
呢？如果有，那么，以操弄细线的方式打结的循环，就可以变换成一个未打结的循环。虽然舞台上的魔术师知道如何利用这个性质，以解开特定的"纽结"，

这并不代表每个结都有一个反结。事实上,魔术师的绳索完全没有打结;它只是看起来像打了结而已。将两个纽结总和的运算并不会产生一个群。

不过,一条途径行不通,并不表示我们应该放弃寻找熟悉的模式。纽结总和可能不会产生群模式,却有可能产生其他的代数模式。在看过平结和祖母结可以拆成更简单纽结的总和之后,我们可能会考虑采用"质"结(prime knot)的概念,也就是无法以两个更简单纽结的总和来表示的纽结。

不过,在我们往这个方向前进之前,我们必须说明文中的"更简单"到底是什么意思。毕竟拿一条未打结的循环,将它弄成一个恶魔般复杂的纽结——精致的项链常不需人手的帮忙,就可以达成这种状态——是非常容易的。得到的纽结看起来可能像是个复杂的纽结,但事实上,它却是最简单的纽结,也就是空结。

要定义一个纽结的复杂度,数学家提出一个涉及各纽结的正整数,称为交叉数(crossing number)。如果你查看纽结的图表,你可以将交点——线通过自己的点——的总数加起来。(这个同样的个数也可以被描述为如图所示之线断裂的个数。你必须先操弄纽结图表,使得三条线永远不会交于同一点。)交叉数提供给我们一个有关图表复杂度的度量。不幸的是,它没有办法告诉我们太多和实际纽结有关的事。问题在于,同样的纽结可以依此一方法被赋予无穷多个不同的数值:你在不改变纽结的情况下,总是可以简单地在循环上,借由一个新的扭转动作,使得该数值以加 1 的方式递增,要多少次都可以。

但是,对于任何纽结,都会有一个得到唯一最小交叉数的方法。这个最小数无疑是该纽结复杂度的一个度量;图解中交叉数所代表的,就是纽结最简单的可能形式,它在循环上完全没有多余的扭转。这个最小的交叉数值才被称为交叉数。它告诉我们:为了制造出这个纽结,循环必须要通过自己几次,而不管纽结在特定的呈现中实际上通过了自己几次。举例来说,三叶纽结的交叉数是 3,而平结和祖母结的交叉数都是 6。

253 你现在有方法可用来比较两个纽结了:若纽结 A 的交叉数比纽结 B 小,那么,纽结 A 就比纽结 B 更简单。你可以继续定义一个质结为一个不能表示为两个更简单的纽结(两者都非空结)之和的纽结。

早期纽结理论的一大部分研究,包含了许多企图确认拥有特定交叉数的全部质结。在 20 世纪开始时,有许多交叉数到 10 的质结已经被确认了;这些结果可以纽结的图解表呈现(见图 6.18)。

这魔鬼般的研究很困难。首先,除了最简单的例子之外,要分辨两个看起来不同的图表是否代表同一个纽结,极度地困难;因此,没人可以确定最新的 254
图表是否有重复的项目。然而,1927 年,在亚历山大(J. W. Alexander)以及布里格斯(G. B. Briggs)的研究之下,数学家确信交叉数表到 8 为止,是没有重

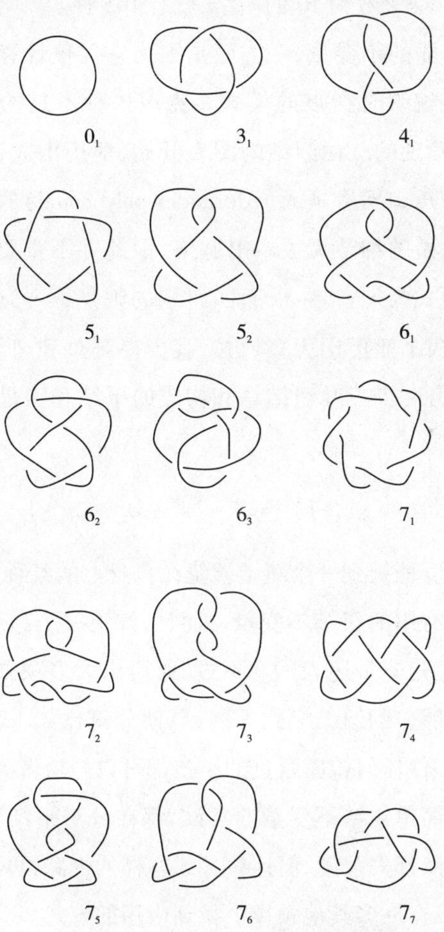

图 6.18　纽结的图表,显示所有带有七个或更少交叉点的纽结

复的；然后紧接着，赖德迈斯特（H. Reidemeister）也确认交叉数 9 是没有问题的。交叉数 10 的情况也终于在 1974 年被佩尔库（K. A. Perko）拍板定案。所有这些进展能够达成，都是因为利用了各种不同的纽结不变量来分辨不同纽结的缘故。

交叉数是个非常粗糙的纽结不变量。虽然知道两个纽结有不同的交叉数，的确表明这两者肯定不等价，而且，它也的确提供了一种比较纽结复杂度的方法，但是，拥有同样交叉数的纽结太多了，以致这种纽结的分类方法没什么太大用处。比如，交叉数为 10 的质结，就有 165 种。

交叉数是个薄弱的不变量，一方面是因为它仅仅计算了交点而已，并没有捕捉纽结在自身编织时交点的模式。克服这种不足的一种方法，是由亚历山大在 1928 年发现的。由纽结的图表开始，亚历山大证明了如何计算一个在今天被称为*亚历山大多项式*（Alexander polynomial）的代数多项式，而不是一个数目。这么做的细节无关本书脉络，因此并不重要。对于三叶纽结，它的亚历山大多项式为 $x^2 - x + 1$，而四纽结的则是 $x^2 - 3x + 1$。当两个纽结加在一起时，相乘两个亚历山大多项式，就会得到总和纽结的亚历山大多项式。举例来说，皆由两个三叶纽结总和构成的平结和祖母结，其亚历山大多项式为

$$(x^2 - x + 1)^2 = x^4 - 2x^3 + 3x^2 - 2x + 1$$

由于它从代数的角度捕捉到一个纽结缠绕在自身上的某种方式，因此，亚历山大多项式的确是个有用的纽结不变量。而且，知道一个纽结模式可以部分地被代数模式捕捉，也是非常迷人的。不过，亚历山大多项式还是有一点粗糙；它并没有捕捉到足够多的纽结模式面向，以便分辨比如一个平结和祖母结有什么不同，而这是一件任何曾露营过的小孩都可以轻松做到的事。

其他试图找出简单纽结不变量的尝试，都在分辨平结和祖母结时以失败告终。这些方法虽然都失败了，但这些各式各样的进路，再次凸显了数学家编织的不同模式，可以在许多其他领域中找到应用的方式。

255 亚历山大多项式是由另一个更强大的、称为*纽结群*（knot group）的纽结不

变量推演而来。这就是纽结补集(knot complement)的基本群(或同伦群),这个补集是在纽结本身被移除时所剩下的3-流形。这个群的成员是封闭的、定向的(directed)循环,它开始并结束于某个不在纽结上的固定点,且会围绕这个纽结。如果纽结群里的一个循环可以在不经过剪切、穿越纽结的情况下,变成另一个循环,那么,它们两个就被认为是等同的。图6.19说明了三叶纽结的纽结群。

纽结群提供给数学家一个根据群的性质来分类纽结的方法。一个纽结群的代数描述,可以从纽结的图表推演而来。

另一种用来分类纽结的巧妙方法,就是对于任意给定纽结建构一个可定 256
向的(比如,"两面的")曲面,并使纽结成为它的唯一边;然后,取该曲面的亏格为纽结不变量。由于按这种方式,可能有多于一种可以结合同一纽结的曲面,你就取依这方法所产生的最小亏格数。如此所得到的数目,就称为纽结的

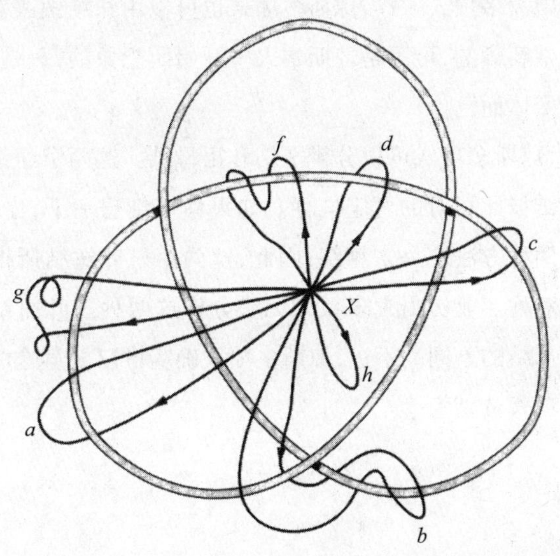

图6.19 三叶纽结的纽结群。这个群的成员是始于点 X 且终于同一个 X 的封闭、定向循环。循环 a,b,g 被视为相同,因为我们可以不必切开或穿越这个纽结而将一个循环变换成另一个循环。循环 c 和 d 被视为相异,因为它们是以相反方向穿越这个纽结。循环 h 等同于没有长度的零循环,是这个纽结群的单位元素。这个群的运算是循环的组合,其中循环 x 与循环 y 的"和" $x+y$ 包含了循环 x 接在循环 y 之后(当两个循环被组合时,穿越基底点 X 的中间步骤会被忽略)。例如,$d+d=f$ 且 $c+d=h$

亏格,是一个纽结不变量。

不过,到目前为止提到的纽结不变量,都无法分辨平结和祖母结,而且在经过这许多年之后,要找到一个简单的分辨方法似乎是无望了(纽结理论家可以用更复杂的想法来分辨)。但是,这些都在1984年改变了,当时一位名为沃恩·琼斯(Vaughan Jones)的新西兰数学家,发现了有关纽结相当新的一类多项式不变量。

这个发现十分偶然。琼斯本来是在研究一个在物理学里可以应用的分析问题。它与一个称为冯·诺依曼代数的数学结构有关。在检视这些冯·诺依曼代数由更简单的结构组成的方式时,他发现了一些模式,而这些模式使他的同事联想到某些和纽结有关的模式(由埃米尔·阿廷〔Emil Artin〕在20世纪20年代发现)。他自己意识到他可能碰巧发现了一个意外的、隐藏的连接,琼斯找来了纽结理论家琼·伯曼(Joan Birman)以及其他人商量,而事情就是这样了。和亚历山大多项式一样,琼斯多项式也可以由纽结图表获得。不过,这个多项式是非常新颖的,可不是琼斯本人一开始所想象的,只是亚历山大多项式的一个简单变体而已。

特别的是,琼斯多项式可以分辨平结和祖母结。这两个纽结的不同,就在于两个三叶纽结彼此相对的可定向性。如果你仔细想一下,你可以领悟一个三叶纽结可按两种方法之一来缠绕;因此,这两个三叶纽结所得到的形状,恰好彼此互为轴对称。亚历山大多项式无法分辨这两种三叶纽结,因此也无法分辨平结和祖母结的不同。不过,琼斯多项式确实可以分辨这两种三叶纽结。这两个琼斯多项式分别为

$$x + x^3 - x^4,$$

$$x^{-1} + x^{-3} - x^{-4}。$$

严格来说,上面的第二式并不是一个多项式,因为它包含了变量 x 的负次方。不过,针对这个案例,数学家还是使用这个名词就是了。

257 事实上,琼斯一开始的突破不只非常有意义,还为大量的新多项式不变量开辟了道路,并且导致了纽结理论在研究成果上的戏剧性暴增,有些是由它在

生物学和物理学里不断被发现的令人兴奋的新应用所激发,我们待会儿会讨论它们。

首先,生物学方面。人类的一条DNA(脱氧核糖核酸)可以有1米长。将它卷起来,可以塞进直径约为五百万分之一米的细胞核里面。很明显地,DNA分子必须要紧密交织。然而,当它分裂成两条相似的单链DNA时,这两个复制品可以毫不费力地滑开。到底是什么样的纽结,允许这种平滑分离发生呢?这只是生物学家在他们了解生命秘密的道路上,所碰到的诸多问题之一。

这可能是个经由数学的帮助才可以解决的问题。自20世纪80年代中期以来,生物学家和纽结理论家连手,企图理解大自然为了在基因里储存信息而使用的纽结模式。将单条的DNA分离,再将它的末端连起来变成一个数学的纽结,并且以显微镜观察它,因此就有可能应用包含琼斯多项式等数学的方法,来分类和分析这些基础的模式(见图6.20)。

此项研究的一个重要应用,就是找出和病毒感染战斗的方法。当一个病毒攻击细胞时,它通常会改变该细胞DNA的纽结构造。由研究被感染细胞的DNA纽结构造,研究人员希望可以了解该病毒如何作用,从而研究出一个对策或解药。

由生物学转到物理学,我们应该说明早在1867年,开尔文勋爵(Lord Kelvin)便提出了一个原子理论,提倡原子是以太(ether)里的纽结。这个称为 258
旋涡原子理论(theory of vortex atoms)的提议,有一些合理的理由。它解释了物质的稳定性,并且提供了一个许多不同原子的集合;这些不同的原子都是从纽

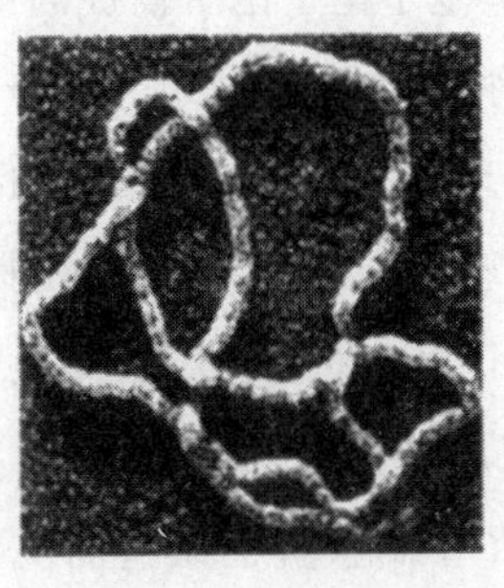

图6.20 左:一束DNA的电子显微镜图;右:以曲线描绘出来的DNA分子纽结结构

结理论家正在分类的丰富纽结集合中借来的。它也提供了对于其他各式各样原子现象的解释。开尔文的理论受到重视,提供了纽结分类一开始的数学研究动力;特别的是,他的共同研究者泰特(P. G. Tait)制造出了大量的纽结表。尽管数学上非常优雅,旋涡原子理论和我们在第四章叙述的柏拉图原子论走上了同一条路。这理论在之后被尼尔斯·玻尔(Niels Bohr)提出的想法,亦即原子是个小型的太阳系所取代。

在玻尔的理论因为太幼稚而被舍弃的时日里,纽结理论再度回到了前沿。物理学家建议物质是由所谓的超弦(superstring)构成,这种更基本的东西,是在空间—时间里非常微小、打结、封闭的一种循环,它们的性质与其结性程度密切相关。

现在回到原来的主题:1987 年琼斯多项式被发现之后,基于统计力学(应用数学的一个领域,研究液体和气体的分子行为)的想法,更多有关纽结的多项式不变量被发现了。不久之后人们观察到,琼斯多项式捕捉到的纽结理论模式也会在统计力学里出现。纽结看起来似乎到处都是——或者更精确地说,纽结展示的模式到处都是。

纽结的无所不在,更可以格外戏剧性和影响深远的方式,由迅速崛起的拓扑量子场论(topological quantum field theory)来说明,这是一个由爱德华·威滕(Edward Witten)在 20 世纪 80 年代末期发展出的新物理理论。数学物理学家迈克尔·阿蒂亚爵士(Sir Michael Atiyah)最早提及琼斯多项式捕捉到的数学模式,对于了解物质宇宙的结构可能会有帮助。响应阿提亚的建议,威滕想出一个单一且非常深刻的理论,它延拓并奠基于量子论所捕捉的模式、琼斯多项式,以及我们在前一节提到的西蒙·唐纳森的基本研究。这个针对一些想法的一种强而有力的崭新组合,提供给物理学家一种观看宇宙的全新方式;同时,也给数学家们带来有关纽结理论的新洞见。这个结果是拓扑学、几何学和物理学三者非常丰富的合并,也给这三个学科更进一步的发现带来了更多的希望。我们会在第八章再度回到这个议题上面来。在此同时,我们应该注意到发展纽结的数学理论时,数学家创造了了解世界的某些面向——像是 DNA
259 的生命世界,以及我们生活的物理宇宙——的新方法。毕竟,除了认识此类或他类的模式之外,所谓的理解还能是什么呢?

再回来看费马大定理

现在,我们终于可以完成从第一章开始的费马大定理的描述了。

你应该还记得,费马所留下的挑战,就是要证明如果 n 大于2,那么方程式

$$x^n + y^n = z^n$$

没有(有意义的)整数解。因为每天的生活都和熟悉的整数有关,我们可能会认为这问题如此简单,要找到证明应该不会太困难。但是,这个印象只是一个错觉。这种特定问题(ad hoc questions)的难题就是,为了找到答案,我们必须发掘出深刻而隐藏的模式。对于费马大定理这个案例来说,相关的模式证明非常多样化,而且的确非常深刻。事实上,整个世界可能不会超过几十个数学家能完全理解这个问题最近的研究。值得给该研究一个简短说明的原因,是它提供了一个强力的说明,指出数学中显然不同的领域,可以拥有深刻、有底蕴的联结。

对于这个问题的研究,过去五十年的起始点,都是将费马的断言改变成方程式的有理数解。首先注意,为如下的方程式形式

$$x^n + y^n = z^n$$

找出整数解(包含 $n=2$ 的情况),正如同为如下方程式

$$x^n + y^n = 1$$

找出有理数解。因为,如果第一个方程式有整数解——比如,$x=\mathrm{a}$,$y=\mathrm{b}$,$z=\mathrm{c}$,其中a,b,c为整数——那么,$x=\mathrm{a}/\mathrm{c}$,$y=\mathrm{b}/\mathrm{c}$ 就是第二个方程式的有理数解。举例来说,

$$3^2 + 4^2 = 5^2,$$

因此,$x=3$,$y=4$,$z=5$ 就是第一个方程式的整数解。相除找出 z 的答案,也就 260
是5之后,我们会得到第二个方程式的一个有理数解,也就是 $x=3/5$,$y=4/5$,

$$(3/5)^2 + (4/5)^2 = 1。$$

然后,如果第二个方程式有一个有理数解,比如说 $x = a/c, y = b/d$,使得

$$(a/c)^2 + (b/d)^2 = 1。$$

那么,将两个解的数目乘以它们分母的乘积 cd(实际上,最小公倍数即可),你就会得到第一个方程式的整数解,也就是 $x = ad, y = bc, z = cd$:

$$(ad)^n + (bc)^n = (cd)^n。$$

当费马问题被转化成有理数解的问题时,我们就可以拿几何和拓扑的模式来延伸它了。比如,方程式

$$x^2 + y^2 = 1$$

是半径为 1,中心为原点的圆方程式。想要找这个方程式的有理数解,就相当于要找在这个圆上两个坐标都是有理数的点。因为圆是一个如此特别的数学模型——对许多人来说,所有几何物体中最为完美的——使用以下简单的几何模式来找出这种点相当容易。

参考图 6.21,首先在圆上选择某一点 P,任何点都行。在图 6.21 中,P 为点$(-1,0)$,选这个点使该问题简单了一些。这个问题的目标,就是要找出在这个圆上坐标都是有理数的点。对于圆上的任何点 Q,画一条由 P 到 Q 的直线。这条线会在某个点通过 y 轴。设 t 为这个在原点以上或以下的高度。接下来,只要使用简单的代数和几何,就可以确认点 Q 的坐标只有在数字 t 为有理数时才会是有理数。因此,为了要在原本的方程式中找出有理数解,我们只需要从点 P 画线穿越 y 轴,在原点以上或以下的距离 t 为有理数,然后,直线和圆相交的点 Q 就会有有理数的坐标。因此,我们这个方程式就有有理数解了。

261 举例来说,如果我们设 $t = 1/2$,经过计算之后显示点 Q 的坐标为(3/5,4/5)。同样地,在 $t = 2/3$ 时坐标为(5/13,12/13),然后 $t = 1/6$ 时坐标为(35/37,12/37)。这些数值分别和(整数的)毕氏三元数组(3,4,5)(5,12,13)(35,12,37)相呼应。事实上,如果你分析这个几何进路,你会看到它导出了一

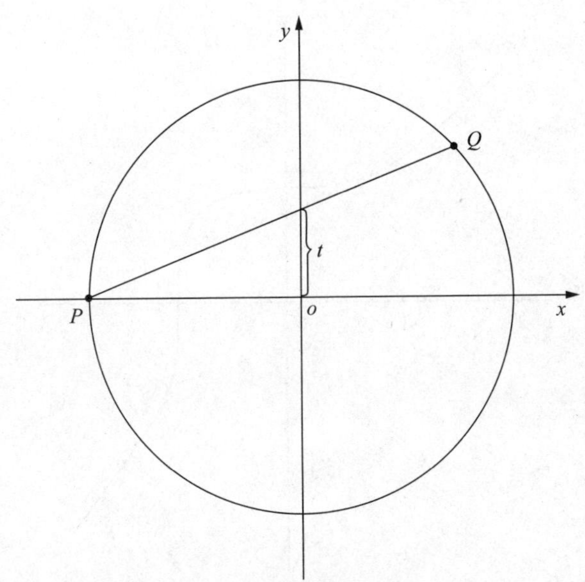

图6.21　决定毕氏三元数组的几何方法

个生成所有毕氏三元数组的公式，正如同在第48页里提到的。

因此，在这指数 $n=2$ 的特殊例子中，圆形的良好性质允许你利用几何研究下列方程式的有理解：

$$x^n + y^n = z^n。$$

但是，对于其他 n 值，也就是曲线不再为简单、优雅的圆形之后，就没有这么简单的分析了（见图6.22）。利用几何名词重述，这个问题就如同在寻找下列曲线：

$$x^n + y^n = 1。$$

拥有有理数坐标的点仍然是行进的正确方向。但是，当 n 大于2时，这一步只是漫长和折磨人的路径的开始。

问题就是，在缺乏圆形的宜人几何结构之后，你所得到的曲线和圆的方程 262
式比起来，一点也不容易分析。面对这个障碍，大部分凡人都会放弃，然后寻找其他的方法。但是，如果你是对于我们现在理解费马大定理有贡献的许多

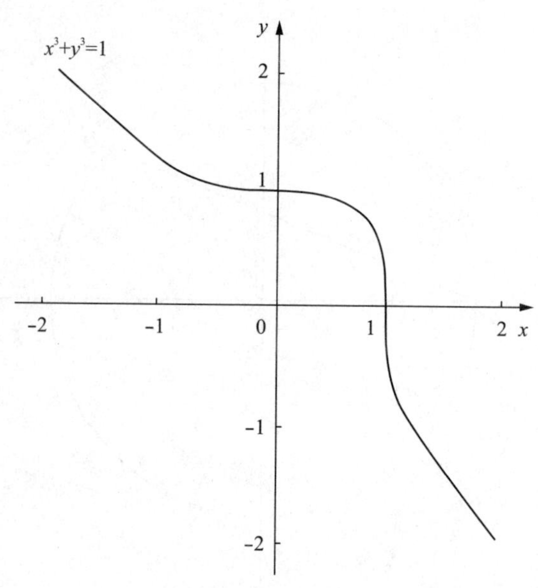

图 6.22　费马曲线：曲线 $x^3+y^3=1$

数学家之一，就不会放弃，而会前进，寻找曲线几何之外的额外结构。你所希望是这个额外结构的递增复杂度可以提供有用的模式，以便帮助你获得整体的了解，并且在最终得到证明。

首先，你可以延拓这个问题，允许两个未知数里有任意多项式。对这样的方程式，你可以问是否有任何有理数解；然后，也许再检视这一类的所有方程式，你可能会察觉到能帮助解决费马原始问题的模式。不过结果是，这种延拓的程度还是不够：在有用的模式开始出现之前，你需要更多的结构。曲线看起来就不像是会给出足够有用模式的样子。

因此，作为更进一步的延拓，假设方程式里的未知数 x 和 y 被视为不只是
263 实数，而有可能是复数，那么，与其产生一个曲线，这方程式反而会决定一个曲面——更精确地说，是一个封闭、可定向的曲面。实际上，并不是所有方程式都会产生一个美好、平滑的曲面，但是，加入一些额外的努力可以做点修补，使得所有事情都顺利完成。这步骤的重点就是，曲面是种呈现许多有用模式的直观物体，其中有许多丰富的数学理论可供使用。

比如,有一个已臻完善的有关曲面的分类理论:每个封闭、可定向的、平滑的曲面,在拓扑上和一个有明确柄数量的球面是等价的。这个柄的数量,称为曲面的亏格。在这个由一个方程式产生的曲面例子中,我们很自然地称呼该数目为该方程式的亏格。指数为 n 的费马方程式,其亏格算出来是

$$\frac{(n-1)(n-2)}{2}。$$

后来,寻找方程式的有理数解(亦即,曲线上的有理数点)的问题,变得与方程式的亏格(相关曲面的亏格)有紧密的关系。亏格愈大,曲面的几何愈复杂,也使得要在曲线上找到有理数点更为困难。

最简单的例子,就是当亏格为0时,它就像下列毕氏风格的方程式一样:

$$x^2+y^2=k,$$

其中k为任何整数。在这个例子中,只有以下两个结果之一是有可能的。一个可能性是这方程式缺少有理数点,如下列方程式:

$$x^2+y^2=-1,$$

第二个选择就是,假设有一个有理数点,那就有可能在所有的有理数 t 与曲线上所有的有理数点之间,建立一个一对一的对应关系,就像我对圆所做的一样。在这种情况下,存在有无穷多的有理数解,而这个 t-对应关系,给了我们一个计算这些解的方法。

曲线亏格1的情况,则更为复杂。拥有亏格1的方程式之曲线称为椭圆曲线(elliptic curves),因为它们是在计算椭圆的部分长度时产生的。椭圆曲线
的例子可见图6.23。椭圆曲线有一些使它们在数论里极其有用的特质。举例 264
来说,已知用来分解巨大整数为质数(在计算机上)的某些最强而有力的方法,就是根据椭圆曲线的理论而来的。

就像其他亏格为0的曲线一样,一个椭圆曲线可能没有有理数点。但是,如果有的话,一件有趣的事情就会发生,如同英国数学家路易斯·莫德尔
(Lewis Mordell)在20世纪初期发现的一样。莫德尔证明了虽然有理数点的个 265

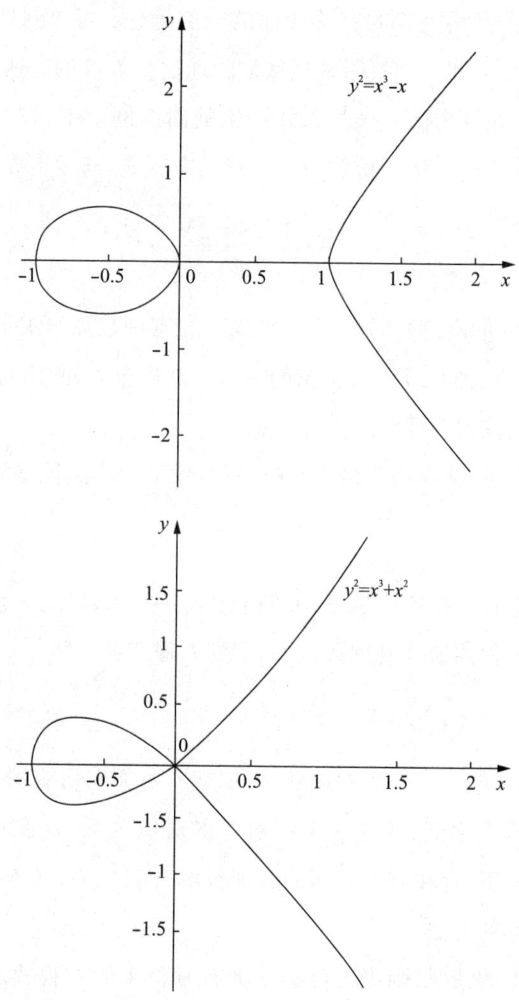

图6.23　两条椭圆曲线。上面的曲线是一个单一函数的图形，即使它断成两个分离的部分，数学家还是指称它为一个单一的“曲线”；至于下面的曲线则在原点自交

数可能是有限或无穷的，但永远都会存在有一个有限多的有理数点的集合——称为生成子(generator)——使得所有其他的有理数点，都可以按照一种简单、清楚的过程，借由它们产生。只需要用到简单的代数，连同做出与曲线相切，或者与它相交于三个点的直线。因此，即使在有无穷多个有理数点的情况下，还是会有一个结构——一个模式——来处理它们。

当然,亏格 1 的情况,如果目标不是要证明费马大定理,它本身则不怎么有趣,毕竟在不算指数 $n=3$ 的情况下,该定理只和亏格大于 1 的方程式有关。不过,由于莫德尔在 1922 年的研究,他做了一个和费马大定理非常相关的观察:没有人找得到一个亏格大于 1 的方程式拥有无穷多个有理数解!特别是,丢番图所研究的许多方程式亏格不是 0 就是 1。莫德尔提议这并不只是意外,而是亏格大于 1 的方程式没有一个能有无穷多个有理数解。

特别的是,莫德尔的猜想意味着,对于指数 n 大于 2 时,费马的方程式

$$x^n + y^n = 1$$

最多可以有有限个有理数解。因此,莫德尔猜想的证明虽然无法证明费马大定理,却可以朝那目标迈进一大步。

莫德尔的猜想终于在 1983 年,由一位年轻的德国数学家基德·法尔廷斯(Gerd Faltings)证明了。法尔廷斯必须结合一些深刻的想法来提出他的证明。这些关键想法中的第一个,在安德烈·韦伊(André Weil)1947 年的研究中出现,当时韦伊正在研究相对于有限算术(finite arithmetics)中的方程式之整数解。韦伊的基本问题是,给定一个质数 p,那么,在模数 p 条件下的方程式会有多少个整数解?这问题很明显和费马大定理有关,因为如果在模数 p 时没有解,那么,一般说来也就不可能有解了。利用拓扑学中的某些结果类推,韦伊构造了一些和这个问题有关的专门技术性猜想。这些猜想涉及称为代数簇(algebraic variety)的这种学问——粗略来说,解集合不是对单一方程式,而是一整个方程组。韦伊的猜想终于在 1975 年被皮埃尔·德利涅(Pierre Deligne)证明。

第二个证明莫德尔猜想的重要贡献,是由系数为数字的寻常方程式,类推 266
到系数为有理函数的方程式——$p(x)/q(x)$ 形式的函数,其中 $p(x)$ 和 $q(x)$ 为多项式——所产生。这个类推非常有力,而且许多数论的概念和结果,都在这些函数体(function field)中有类推(的对应)物。特别的是,莫德尔猜想也有一个类推(的对应)物。当苏联数学家尤里·曼宁(Yuri Manin)在 1963 年证明了这个类推物时,它提供了额外的证据,指出莫德尔猜想可能是真的。

法尔廷斯证明的第三个成分，就是萨发勒维奇猜想。在曼宁得出他的结果不久之前，他的同胞伊戈尔·沙法列维奇（Igor Shafarevich）构造了一个猜想，说明一个方程式的整数解信息，可以由某些其他方程式的解拼凑出来——也就是说，当原来方程式按 mod p 有限算术来诠释时，对不同质数 p 所导致的方程式。在 1968 年，巴辛（A. N. Parshin）证明，沙法列维奇猜想蕴含了莫德尔猜想。

同时期，第四个贡献是在 1966 年，美国人约翰·泰特（John Tate）提出有关代数簇的另一个假想时给出的。这个猜想的诞生，正是对于这个问题的新兴结构逐渐理解的反应。通常来说，数学家只会在他们有某种直觉可以支持时，才会将猜想公之于世。在这个情况下，所有不同的猜想都朝同一个方向进行。在法尔廷斯 1983 年对于莫德尔猜想的证明之前，他先证明了泰特的猜想。结合这个证明和德林对于韦伊猜想的结果，他才能证实沙法列维奇猜想。由于巴辛在 1968 年的结果，这就立刻证明了莫德尔猜想，从而证明了下列事实：没有任何一个费马方程式可以有无穷多的解。这个程序是一个令人惊叹的实例，说明逐渐增加的抽象和寻找更深刻的模式，可以导出一个具体结果的证明——在这情况里，是一个有关简单方程式的整数解。

三年后，我们对于费马大定理的理解又前进了一大步。和证明莫德尔猜想一样，一系列错综复杂的猜想也牵涉其中，而且再一次地，椭圆曲线在这个故事中扮演了非常重要的角色。

1955 年，日本数学家谷山丰（Yutaka Taniyama）提出了介于一个椭圆曲线和另一种很好理解——但无法简单描述——的模曲线（modular curve）之间的联结。根据谷山的看法，在任何椭圆曲线和模曲线之间都会有一个联结，而这个联结应该控制了椭圆曲线的许多性质。

267 谷山的猜想在 1968 年被韦伊修饰得更加精确，韦伊更说明如何决定哪条模曲线应该链接到一条给定的椭圆曲线。1971 年，志村五郎（Goro Shimura）证明了韦伊的程序可以用于一组非常特别的方程式。谷山的提案之后被称为志村-谷山（或者有时称为志村-谷山-韦伊〔Shimura-Taniyama-Weil〕）猜想。

到目前为止,这个非常抽象的猜想和费马大定理没有明显的联结,而且大部分数学家都怀疑这两者之间会有任何联结。但是,在 1986 年,德国萨布吕肯(Saarbrucken)的数学家葛哈德·弗雷(Gerhard Frey)出人意料地找到了两者之间一个高度创新的联结。

弗雷领悟到,如果有整数 a、b、c 和 n 使得 $c^n = a^n + b^n$,那么,就不太可能有人可以理解按谷山提出之方式给出的如下方程式

$$y^2 = x(x - a^n)(x + b^n)$$

所代表的椭圆曲线。追随在由让-皮埃尔·塞尔(Jean-Pierre Serre)针对弗雷观察所做的一个适当的重新构造式子,美国数学家肯尼斯·里贝(Kenneth Ribet)决定性地证明了,费马大定理反例的存在,事实上将会导致一个非模曲线的椭圆曲线的存在,也因此会和志村-谷山猜想相抵触。因此,只要证明志村-谷山猜想,就立刻意味着费马大定理成立。

这是非常重大的进步。现在有一个明确的结构可以研究了:志村-谷山猜想和我们已知非常多的几何物体有关——足够让我们有好理由相信这个结果。这里还有一个如何寻找证明的暗示。至少,一个叫安德鲁·怀尔斯的英国数学家看到了前进的方法。

怀尔斯从小——当他试图利用高中数学解决这问题时——就对费马大定理非常着迷。之后,当他成为剑桥大学的学生时,在得知恩斯特·库默尔的研究后,又以这位德国人的老练方法试了一次。但是,当他得知有多少数学家尝试而无法解决这问题时,他最后还是放弃了,并且专注在主流的当代数论上,尤其是椭圆曲线的理论。

那是个幸运的选择。因为在里贝证明了他那惊人的、完全没人预料到的结果之后,怀尔斯发现针对费马大定理的证明来说,他自己正是一个拥有令人难以捉摸的钥匙所需要的技巧的世界级专家。在接下来的七年中,他将所有 268
的精力倾注于证明志村-谷山猜想。1991 年,他利用由巴里·梅热(Barry Mazur)、马蒂亚斯·弗拉赫(Matthias Flach)、维克多·考利瓦根(Victor Kolyvagin)等人研发的强力新技巧,确信他做得到。

两年后,怀尔斯确定他已经成功获得了证明;接着,在 1993 年 6 月英国剑桥的一个小型数学会议中,他宣布他已经成功。他说,他已证明了志村-谷山猜想,因此,也终于证明了费马大定理。(严格来说,他声称已证明了的该猜想的特例,并无法应用在所有的椭圆曲线上,而是一种特殊的椭圆曲线。不过,他所证明的椭圆曲线,的确包含需要证明费马大定理的必需信息。)

他错了。当年的 12 月,他必须承认他的论证里的一个关键步骤行不通。虽然每个人都同意他的成就是 20 世纪数论中最重要的发展之一,但是,他似乎注定要跟随那些伟大数学家的脚步,里面也许包含了以如此挑逗方式将这挑战写在边页上的费马本人。

几个月寂静地过去了,这段时间怀尔斯退避到自己位于普林斯顿的家中,试图找出使他的论证行得通的方法。1994 年 10 月,他宣布在一位前剑桥大学的学生理查德·泰勒(Richard Taylor)的帮助之下,他成功了。他的证明——这一次大家都同意是正确的——以两篇报告提出:一篇名为“模椭圆曲线与费马大定理”(“Modular Elliptic Curves and Fermat's Last Theorem”)的长篇报告,里面包含了他大部分的论证;另一篇较短,是和泰勒合著的《某些 Hecke 代数的环理论性质》(“Ring Theoretic Properties of Certain Hecke Algebras”),里面则提供了一个他在证明里用到的关键步骤。这两篇论文发表在有名的研究期刊《数学年鉴》(*Annals of Mathematics*)1995 年的 5 月号上。

费马大定理终于是定理了。

费马大定理的故事,是人类无止境追寻知识和理解的一个令人惊叹的例证。但它可不只是这样。数学是科学里唯一一支在 17 世纪被构造的精确技术性问题,且拥有古希腊的根源,直到今天还是和以前有关联。它在科学中是很独特的,因为它的一个新发展不会使之前的定理无效,而是会建立在前面的知识之上。这一条漫长的道路,从勾股定理到丢番图的《算术》、费马的页边注
269 释,然后到我们今天所拥有的丰富和强大的理论,终于在怀尔斯的最终证明时达到最高点。许多数学家对这个发展都有贡献。他们遍布世界,他们说各种语言,他们大部分没见过面,将他们集合起来的是他们对数学的热爱。这些年

来,每个人都帮助了其他人,就如同新世代的数学家继承并改写前辈们的想法一样。尽管被时间、空间、文化所分隔,他们全部都在为同一项事业做奉献。也许,在这方面,数学可以被当成全人类的范例吧。

第七章　数学家如何决疑

271 每年都会有三千万人聚集到内华达沙漠中央的一个小镇。他们这趟旅行的目的——而这也是拉斯维加斯这座城市不是一个寂静、充满灰尘的小村庄的原因——就是赌博。在今日美国，赌博是 400 亿美元的生意，而且它增长的速度几乎比其他所有企业都要快。经由了解概率的模式，赌场确保他们可以在每一美元的赌注上平均赚得三分钱。而结果呢，就是他们每年高达 160 亿美元的利润。

仔细思考今日夸大炫耀——有时甚至下流——的赌场世界，我们很难想象这整个赌博行业，是由两个法国数学家在 17 世纪中期的一系列通信交流而来。

一样依赖那个 17 世纪数学的，是赌博比较受人敬重的兄弟——保险业。（事实上，保险在以前的年代并不被认为是一个受人敬重的行业。一直到 18 世纪中后期，发行人寿保险在英国以外的所有欧洲国家都是非法的。）

按数学术语来说，这两个法国人建立了今天的概率论——一个研究概率模式的数学分支。

谁得到了天堂

人们一直以来都为概率着迷。根据古希腊神话,这世界是从三兄弟宙斯
(Zeus)、波塞冬(Poseidon),以及哈迪斯(Hades)掷骰子分配宇宙的时候开始
的。据说在那个时候,宙斯赢得头奖天堂,波塞冬得到二等奖海洋,哈迪斯只 272
得心不甘情不愿地接受了剩下来的地狱。

早期的骰子通常是从羊或鹿的踝关节取出,一种称为踝骨(astralagi)的小型正方指关节骨。我们在埃及古墓的墙上和希腊花瓶上都看得到使用踝骨的骰子游戏的画像,并且也在世界各地的考古遗址内找到过磨光的踝骨。

然而,尽管我们对骰子以及其他和机会有关的游戏深深着迷,这些游戏的数学却一直要到 17 世纪才有人弄懂。也许令人惊讶的是,希腊人甚至没尝试发展这样一个理论。既然他们对数学知识非常关注,这应该是因为他们不相信在这些机会事件中可以找到秩序。对希腊人来说,机会就是完全的无秩序状态。亚里士多德写道:“从数学家口中接受或然的推论,以及向雄辩家要求示范性的证明,显然是一样愚蠢的。”

某种程度上,希腊人是正确的: 在隔离状态下发生的纯粹机会事件,的确是没有秩序的。为了要在机会中找到秩序——发现数学的模式——你必须看看当同类的机会事件重复多次之后,会发生什么事。概率论研究的秩序,就是从一直重复的机会事件中产生。

算出可能性

发展机会理论(theory of chance)的第一步,是由 16 世纪的意大利医生吉罗拉莫·卡尔达诺——同时也是个狂热的赌徒——踏出的。他曾叙述如何将掷一次骰子可能出现的结果赋予数值。他将观察结果写在 1525 年出版的著作《机会游戏之书》(*Book on Games of Chance*)中。

假设我们掷个骰子吧,卡尔达诺说道。假定这骰子是“诚实的”,那么,它

的数字 1 到 6 朝上的机会都会是均等的。因此,每个数字 1 到 6 面朝上的机会为六分之一,或者 1/6。今天,我们称这个数值为概率(probability):我们会说数字 5 被丢出来的概率是 1/6。

更进一步,卡尔达诺推论掷出 1 或 2 的概率一定是 2/6,或者 1/3,因为所求结果是总数六个之中的两个可能性之一。

再更进一步——虽然还无法成为一个真正的科学性突破——卡尔达诺计算了重复掷一个或两个骰子所得到的特定结果的概率。

273 比如,骰子连续掷出两次出现一个 6 的概率是多少呢?卡尔达诺推论答案应该是 1/6 乘以 1/6,即 1/36。你将两个概率相乘,因为第一次掷骰子里的六种可能结果,可能会在第二次掷骰子的六种可能结果中出现,而产生全部三十六种可能的组合。同样地,在两次连续投掷中,出现一个 1 或一个 2 两次的概率,是 1/3 乘以 1/3,即 1/9。

那么,掷两个骰子,要朝上的数字加起来假设是 5 好了,其概率是多少?卡尔达诺如此分析这个问题:对于每个骰子,都会有六种可能的结果。因此,掷两个骰子的时候,总共会有三十六种(6×6)可能的结果:一个骰子会出现的六种结果中任一种,都可能会出现在另一个骰子的六种结果中。这些结果中哪些加起来会等于 5 呢?将它们列出来:1 和 4、2 和 3、3 和 2,以及 4 和 1。这样总共是四种可能。因此,在可能的三十六种结果之中,给我们总合为 5 的会有四种。所以,得到总和为 5 的可能性是 4/36,即 1/9。

卡尔达诺的分析为一个谨慎的赌徒提供了刚好足够的洞察,以便在掷骰子这件事上聪明下注——或者也许领悟到该完全不碰这游戏。但是,卡尔达诺在发现引导到现代概率论的关键步骤之前停下来了。伟大的意大利物理学家伽利略也一样,他在赞助者,那位想要在赌桌上面有更好表现的托斯卡纳大公(Grand Duke of Tuscany)要求之下,在 17 世纪早期重新证实了卡尔达诺大部分的分析;但是,他也没有继续进行这项研究。使卡尔达诺和伽利略两人停下来的原因,在于他们俩都没有研究是否有一种方法,可以使用它们的数量——它们的概率——来预测未来。

这关键的一步,就留给本章一开始提到的两位法国数学家——布莱士·

帕斯卡以及皮埃尔·费马——来发现了。1654 年,这两人有了一连串书信往来,而现代大部分的数学家都会同意,这些信件就是现代概率论的起源。虽然他们的分析是以一个赌博游戏里的特定问题来措辞,但是,帕斯卡和费马发展出一个一般性的理论,可以应用于各式各样的情况,预测事件的各种历程中可能的结果。

帕斯卡和费马在他们信件中检视的问题,已经存在了至少两百年:两个赌徒在他们的游戏玩到一半被打断时,要如何决定赌注总额该怎么分呢?比如,假设这两个赌徒正在玩一个五战三胜的骰子游戏。玩到一半,有一个玩家二比一领先,而他们得放弃这场游戏。如此一来,他们要怎么分配赌注总额呢?

如果当时两人平手,就不会有问题了。他们可以简单地平分赌注。但是, 274
在这个被检视的例子中,两人并非平手。为了公平起见,他们分这个赌注时,必须要能反映出一个玩家有二比一的优势。他们必须算出如果游戏继续进行最大可能会发生什么事。换句话说,他们必须预测未来——或者,就这例子来说,一个没有发生的假设性未来。

这个未完成游戏的问题,看起来似乎是在 15 世纪第一次出现,由教导列奥纳多·达·芬奇数学的修士卢卡·帕齐利(Luca Pacioli)提出。帕斯卡是因为一个喜欢赌博和数学的法国贵族薛巴立尔·德米尔(Chevalier de Méré),才注意到这个问题。由于无法解决这个问题,帕斯卡向费马——普遍被认为是当时最权威的数学知识分子——求教。

为了找出帕齐利谜题的答案,帕斯卡和费马检视了这游戏如果继续会发生的所有可能情况,并且观察了在这些例子中获胜的玩家。比如,假设帕斯卡和费马就是这两个玩家,而且费马在第三场比赛之后获得二比一的优势。现在就有四种可能的结果出现:帕斯卡可能会赢第四和第五场;或者帕斯卡赢第四场然后费马赢第五场;或者费马可能会赢第四和第五场;或者费马赢第四场然后帕斯卡赢第五场。当然,实际上在费马赢得第四场的两个例子中这两位就不会继续玩了,因为费马已经赢了这场比赛。不过以数学来看,我们必须考虑这两人玩完全部五场比赛的可能结果(这是帕斯卡和费马带给该问题解答的一个关键洞见)。

在可能完成整个比赛的四个可能结果当中，费马会在其中三个里面赢得这场比赛（费马唯一会输的情况为帕斯卡赢得第四和第五场）。因此，如果继续比赛，费马赢得整个比赛的概率为3/4。所以相应地，他们应该将赌注总额的3/4分给费马，然后剩下的1/4分给帕斯卡。

因此，这两个法国数学家使用的大概方法，就是列举（并且计算）游戏可能会出现的所有可能结果，然后观察（并且计算）这里面的哪些结果会引导至一个特定的结果（如某个玩家获胜）。费马和帕斯卡领悟到这个方法可以应用在许多其他的游戏以及一连串的概率事件上；他们对于帕齐利问题的解答，加上卡尔达诺的研究，就构成了现代概率论的起源了。

机会的几何模式

275 虽然帕斯卡和费马通信联系，合作建立了概率论——这两人并没有见过面——他们却以各不相同的方法处理这个问题。费马选择了他在数论里使用的非常有效的代数技巧，帕斯卡则在机会的模式底下寻找几何秩序。随机事件的确会展现出几何模式，这在现在我们称为*帕斯卡三角形*（见图7.1）的模式中，得到了非常戏剧化的证明。

在图7.1中显示的数字对称排列，是按以下的简单过程构造的。

- 在最顶端以1开始。
- 在这线的下面放两个1。
- 在两个1线的下面两端各放一个1，中间则放上面两个数字的和，即1+1=2。
- 在第四列上，一样在两端各放一个1，然后，在第四列对应第三列两个数字中间的每个点上，放上这些数字的和。因此，在第二位要放1+2=3，而第三位则放2+1=3。
- 在第五列上，一样在两端各放一个1，然后，在第四列两个数字中间，放上这些数字的和。因此，在第二位放1+3=4，第三位放3+3=6，第四位放3+1=4。

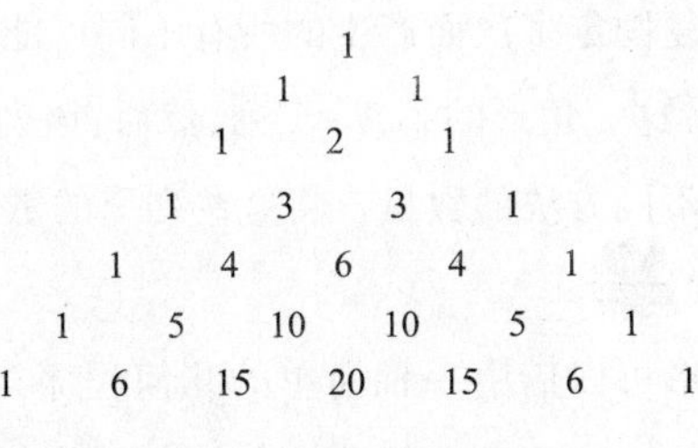

图7.1　帕斯卡三角形

你尽可连续进行这种方式，就会得到帕斯卡三角形。每列数字的模式常常在概率计算中出现——帕斯卡三角形在机会的世界中，展现了一种几何模式。

举例来说，假设一对夫妇有一个孩子，那么，这个孩子是男孩或女孩的机会各自为一半（这实际上并不精准，不过，很接近就是）。那么一对夫妇的两个 

孩子都是男孩的概率是多少？一男一女呢？两个女孩呢？答案分别是1/4、1/2和1/4。理由如下：第一个孩子可能是男孩或女孩，第二个孩子当然也一样。因此，我们有以下四种可能性（依出生顺序）：男—男、男—女、女—男、女—女。这四种可能性的机会是一样的，所以，这对夫妇有两个男孩的概率是1/4，男女各一的概率为2/4，而两个女孩的概率是1/4。

这里就是帕斯卡三角形出场的时候了。三角形第三列的数字为121。这三个数字的和为4。将这列里的每个数字除以总和4，我们会得到（依顺序）1/4、2/4（=1/2）、1/4，即不同家庭组成的三种可能性。

假设这对夫妇决定要生三个孩子。那么，他们生三个男生的概率是什么？二男一女？二女一男？三个女生呢？帕斯卡三角形的第四列给了我们答案。第四列的数字为1331。这些数字的总和为8。因此，不同的概率分别为1/8、3/8、3/8、1/8。

同样地，如果这对夫妇有四个孩子，那么，各种可能的性别组合概率为1/16、4/16、6/16、4/16、1/16。将这些分数简化之后的概率为1/16、1/4、3/8、1/4、1/16。

一般说来，对于任何可能会有个别、相同概率结果的事件，帕斯卡三角形可以给出当该事件重复固定多次而产生的所有不同可能组合的概率。如果该事件重复 N 次，你就看这三角形的第 $N+1$ 列，然后，该列的数字就会给我们每种特定组合会发生的不同方法的数量。将这些列里的数字除以这些数字的总和，就会得到这一概率。

因为帕斯卡三角形可以借由一种简单的几何程序产生，这就表示概率的问题底下存有几何结构。这个发现非常伟大。当不同个体产生的结果全都相等时，帕斯卡三角形可以用来预测。但是，这会产生一个明显的问题：如果不同个体所产生的结果不相等时，还有可能在不同的情境下，做出类似的预测吗？假如答案是肯定的，那么，人类就有处理风险的根据了。

我们信仰数学

我们不需要踏进赌场才能赌博。许多声称反对赌博的人仍然会定期地下
277 注——以他们的价值观、他们的房子、他们的车子，以及他们的其他所有物为根据，因为这就是我们买保险时所做的事情。保险公司估计比如我们的车子会在一场意外中遭到严重损坏的概率，然后，提供我们这种事不发生的可能性。如果没有意外，保险业者就可以得到你所付的相当小的一笔保费。如果有意外，保险业者则付出修理费或者一部新车的费用。

这个系统有效的原因在于，保险业者利用数学来计算我们发生意外的可能性。根据衡量（或估计）意外的发生频率，保险业者可以决定卖出的保险费用，使得所获的保费总额会大于（以一个适当的额度）可能要付出的总额。如果某一年有比预料中更多的索赔，保险业者就必须付出的比预料中更多，因此，利润也会减少。而在索赔比预料中更少的一年，保险公司的利润就会比平常还要高。

这和计算赌博游戏结果的概率有点不太一样。对于机会的游戏，你可以决定每一种特殊结果的精确概率，如卡尔达诺对于掷骰子游戏所做的一样。不过，对于汽车意外或者死亡事件，用纯推理来决定概率是不可能的。我们必须收集一些真实的数据。

比如,人寿保单建立在平均寿命表上,其中列出一个人可能会活的岁数,依他们的现在年龄、住处、工作、生活方式等来决定。

平均寿命表借由制作人口统计调查而制定。第一次这样的调查发生在1662年的伦敦,由一个叫约翰·葛兰特(John Graunt)的商人进行的。他对伦敦在1604到1661年之间的出生与死亡的数据进行了详细分析,并且在一本叫作《基于死亡周报表的自然与政治观察》(*Natural and Political Observations made upon the Bills of Mortality*)的书中出版了他的结果。他的主要数据源,是伦敦市于1603年开始收集的死亡周报表(Bills of Mortality)。死亡周报表记录了城市里每周所有通报的死亡和死因,并且列出每周受洗的孩童数。葛兰特对死因这项更是非常注意,其中瘟疫由于当时无法控制,成了致死的主要原因。现代的城市居民可能会关注葛兰特所分析的,伦敦1632年一整年只有七宗谋杀案。同一年,葛兰特也发现一个通报的死因为"被疯狗咬死",以及另一个"被吓死"。

没有人知道葛兰特究竟为何要进行这项研究,这可能纯粹是种知识上的
好奇罢了。他写道,他"从这些受到鄙视的死亡周报表上,在解读许多深奥及 278
意料之外的推论结果中,找到了许多乐趣"。另一方面,他看起来似乎又有点生意上的目标。他写道他的研究使他可以"知道就性别、身份、年龄、宗教、行业、地位、阶层等来说,究竟各有多少人。一旦确认各有多少人之后,贸易界与政府政策将会更加明确且合乎规则。这是因为要是我们了解之前所说的人们时,就可能知道这些人会做出的消费;因此,要是这些信息都无法掌握,贸易将不可能如其所愿"。不管他的动机是什么,葛兰特的研究是最早的现代统计抽样和市场调查的几个例子之一。

在葛兰特出版他的发现三十年后,英国天文学家埃德蒙·哈雷——因为发现了以他为名的彗星而闻名——进行了一个类似却更为彻底的死亡率分析。哈雷格外详细的资料是从德国的布雷斯劳(Breslau)镇(现在为波兰的乌络兹劳〔Wrozlaw〕)得来的,以每个月为单位,从1687年收集到1691年。

利用葛兰特和哈雷所研拟的资料收集和分析方法,现代保险产业的发展已经准备万全了。举例来说,由死亡数据开始,有可能算出每个人的范畴(按

年纪、性别、财产、职业等区分)，以及这个人在下一个年度可能会死亡的概率。这表示数学家可以利用概率论来预测未来的事件，比如说特定人士在下一年的死亡。因为非常依赖收集到的数据，在这种情况下使用的概率论，无法与应用于赌桌上的时候一样可靠。因为一个特定的掷骰子结果，是可以精确算出来的。不论如何，对未来事件的预测的确可以做到充分可靠，而成为有利可图的保险产业的发展根基。不过，主要由于道德上的反对，保险公司一直要到18世纪才开始出现。

第一家美国的保险公司很适当地叫作第一美利坚(First American)。它是本杰明·富兰克林(Benjamin Franklin)于1752年建立的火灾保险公司。美国第一份人寿保险是由长老教会部长会议基金(Presbyterian Ministers' Fund)于1759年发行。而英文中保单(policy)这个字，很偶然地，源自意大利文polizza，也就是"承诺"的意思。

最早的几个国际保险公司中，至今还在营业的一家就是有名的伦敦洛伊(Lloyd's of London)，它在1771年由79个个体保险业者合作协议创办。他们为新公司所取的名字，就是他们迄今为止谈生意——通常是运输保险——的
279 地方：爱德华·洛伊(Edward Lloyd)在伦敦朗巴德街(Lombard Street)上所开的咖啡馆。洛伊本人在此项发展中也极为活跃：1696年，在他开了这家咖啡馆五年之后，他开始着手"洛伊名单"(Lloyd's List)——一份有关货船到达和离港，以及海上和国外状态的实时数据的编辑物——对于任何想要帮船只或货物投保的人来说，这是非常重要的信息。

今天，保险公司提供可以照顾到所有可能发生事件的保险：死亡、伤害、汽车意外、失窃、火灾、水灾、地震、飓风、家用品意外损害、机上遗失行李等。电影明星投保他们的美貌，舞者投保他们的双腿，歌手则投保他们的声音。我们甚至可以买烤肉天下雨险或者婚礼上的意外险。

不过，我们有点超前了。在葛兰特所做的统计研究和现代保险产业的建立之间，有非常大量的数学进展。

惊人的伯努利家族

18 世纪时，有关机会的数学发展，大多要归功于史上最伟大家族之一的两位成员。“惊人的伯努利家族”听起来像是个马戏团的团名。不过，伯努利家族可不是在高空秋千或钢索上表演他们令人赞叹的技艺，而是在数学上。

这个家族里在数学上表现杰出的成员一共有八个。该家族的大家长，是 1623 到 1708 年居住在瑞士巴赛尔（Basel）的富商尼可莱·伯努利。他的三个儿子雅各布、小尼克莱与约翰都成了一流的数学家。

雅各布对数学最重要的贡献之一，就是他的“大数法则”（law of large numbers），一个概率论里非常重要的理论。其他对这个关于机会的新数学有贡献的家族成员，还有因为发现了可以使飞机停留在空中的“伯努利定律”而著名的丹尼尔（约翰的儿子），以及雅各布的侄子小尼克莱（这家族总共有四个尼克莱）。雅各布和丹尼尔对于本质上是同一问题的两面感兴趣：概率论要如何离开可以计算精确概率的赌桌，应用在更混乱的真实世界中呢？

雅各布研究的特定问题，已经在葛兰特稍早研究的死亡率中出现了。葛兰特非常清楚，他手边的数据虽然很庞大，但伦敦的人口毕竟只是整个人口的一部分罢了。而且，就算是伦敦的人口，这些也只是特定时间内的数据。不 280
过，这些数据本身相当有限的特性，并没有阻止他做出超越数据的延拓。借由外推死亡周报表的数据而获得整个国家以及更广泛时期的结论，葛兰特是早期几个做出我们现在称为统计推论（statistical inference，以小样本的数据为根据，推断出大母体的结果）的分析家之一。为了得到可靠的结论，这个过程所使用的样本必须“代表”整个母体。那么，要如何选定一个具代表性的样本呢？

另一个相关的问题是：一个更大的样本能保证更可靠的结果吗？而且，如果是的话，这个样本到底要多大？雅各布在 1703 年写信给他的朋友莱布尼茨（发现微积分的那一位）时，就提到了这个特定的问题。

在他悲观的回答中，莱布尼茨提到“大自然已经建立了源自事件的回归模式，但是，只有大部分而已”。似乎正是这句“只有大部分而已”，阻挡了许多

“现实生活”概率的数学分析。

没有受莱布尼茨令人泄气的语调所影响，伯努利继续着他的研究。在他生命剩下的最后两年中，他做出了相当多的进展。1705 年去世后，他的侄子小尼克莱·伯努利将叔叔的结论整理成可出版的形式，不过，这任务非常具有挑战性：他花了八年，也就是到 1713 年，才出版了这本作者为雅各布，名为《猜测的艺术》(*The Art of Conjecture*)的著作。

雅各布是通过认识到他问莱布尼茨的问题真的可以分成两个部分，即概率的两个不同概念，而开始他的研究。由雅各布称为*先验概率*(a priori probability)的在事实发生前的概率，是否有可能在事件发生前就算出精确的结果呢？在有关机会的游戏例子中，答案是肯定的。但是，如莱布尼茨正确地指出，预先计算对于像是疾病或死亡之类事件的概率，其可靠性“只有大部分而已”。

雅各布对于另一种概率给的名字是*后验概率*(a posteriori probability)——事件发生后计算的概率。给定母体的一个样本，如果为这个样本计算概率，那么，这个概率代表整个母体的可靠性有多高呢？举例来说，假设你有一个塞满红色和蓝色弹珠的不透明罐子。你知道里面总共有 5 000 颗弹珠，但是，却不知道每个颜色各有几个。你随机从罐子中拿出一个弹珠，发现它是红色的。将它放回去，把罐子摇一摇，然后，再拿出一个。这次拿到的是蓝色的。你重
281 复这个摇、拿和放回去的步骤 50 次，然后，发现拿到红色弹珠有 31 次，蓝色弹珠 19 次。这让你猜测大约有 3 000 颗红弹珠以及 2 000 颗蓝弹珠，因此，随机拿到一个红弹珠的后验概率是 3/5。但是，你对于这个结论有多少信心？你如果取更多的弹珠样本——比如，100 颗——会让你更有信心吗？

伯努利证明了只要取够大的样本数，计算的概率增加就可以到你想要的可信赖程度。更准确地说，由于增加了样本数，只要这个概率是针对真正概率的*任意规定数量内*(within any stipulated amount)来计算，你就可以增强自己的信心到任何想要的程度来看待其结果。这就是称为*大数法则*的结果，而它也是概率论里的中心定理。

在罐子里有 5 000 颗弹珠的例子中，如果刚好有 3 000 颗红弹珠以及 2 000

颗蓝弹珠,伯努利计算了你必须要取多少样本,才能在千分之一内,确信你在这个样本中找到的分配,会和真正的比 3:2 只有百分之二的误差。他得到的答案是要拿出 25 550 次。这远比一开始原来弹珠的总数(5 000)还要多上许多。因此,在这个例子中,直接数所有的弹珠反而还比较有效率!不过,伯努利的理论结果的确证明了取一个够大的样本,概率可以由该样本计算,使得对任意程度的确定性(除了绝对确定性之外)来说,这个算出来的概率与真正概率的误差,都会在任意要求程度的正确性内。

即使你已经算出一个后验概率,那么,这个用来预测未来事件的概率,到底是多可靠的一个导引呢?这并不真是一个数学上的问题。这里的议题反倒是,过去可以用来指示未来吗?答案可能是会变化的。如同莱布尼茨在他寄给雅各布的信中悲观地写道:"新的疾病在人类中蔓延,所以,不管你在尸体上做了多少实验,你并没有因此在事件的本质上设限,使得它们在未来不会变化。"不久之前,一位刚去世,从麻省理工学院跳到华尔街的金融界先驱费希尔·布莱克(Fischer Black),也做了一个利用数学分析过去以便预测未来的类似评论:"从哈德逊河岸来看,比起从查尔斯河岸来看,市场效率没有大幅提高。"

飞行的恐惧

身为莱布尼茨的朋友,雅各布·伯努利是最先知道微积分非凡新方法——运动和变化的研究——的数学家之一。这个主题的许多早期发展,的 282
确都是由伯努利所进行的。

丹尼尔·伯努利也在微积分上做过许多开拓性的研究。他和叔叔雅各布不同,他将微积分的方法应用在流动的液体和气体上。他的许多发现之中最重要的一个,现在称为"伯努利方程式",也就是可以使飞机浮在空中的方程式,并且成为所有现代飞行器设计的依据。

虽然丹尼尔的方程式被 20 世纪航空业应用还要再等两百年,但是,这位伟大的瑞士数学家的其他研究,与空中旅游这个领域,还是密切相关的。丹尼尔对于使我们了解概率的贡献,高度关联到我们熟悉以及常常提到的事实,也就是,航空旅行虽然是最安全的旅游方式,但是,许多人还是会在登机时感到无比紧张。对于一些人来说,飞行的恐惧的确会大到让他们永远不上飞机。

这些人并非不知道可能性是多少。他们可能知道牵涉到意外的概率非常之小——甚至比搭乘车子来旅行还小。问题反倒在于他们认为的飞机坠机和这个事件的重要性——无论这有多么不可能发生。

对于闪电的恐惧,也是一个类似的现象,其中被闪电击中的微小数学概率,远比很多人对这个事件认为的重要性要小得多。

丹尼尔·伯努利恰恰对这个概率论本质上的人性面向很感兴趣:是否有可能对人们实际评估风险的方式做出特定的观察呢?在1738年,他出版了关于这个议题的一篇具发展性的论文,称为《圣彼得堡皇家科学院论文》(*Papers of the Imperial Academy of Sciences in Saint Petersburg*)。在那篇论文中,他引进了一个全新而关键的功利概念(concept of utility)。

要领会伯努利的功利概念,我们必须了解概率论涉及的另一个想法:期望(expectation)。假设我现在跟你挑战掷骰子。如果你丢出一个偶数,该数字多少我就给你多少美元。如果丢出的是奇数,你就得付我2美元。你对这游戏的期望,就是你"预估"可以赢多少的一个衡量(measure)。如果你一直玩下去,这个衡量就是你每场游戏可以赢得的平均数。

为计算你的期望,你将每个可能结果的概率乘以在该情形会赢得的数量,
283 然后,将这些数量加总起来。因此,由于输2美元可以被视为是"赢得"-2美元,你对这游戏的期望便是:

$$\frac{1}{6}\times 2+\frac{1}{6}\times 4+\frac{1}{6}\times 6+\frac{1}{2}\times(-2)=1(\text{美元}),$$

其中,总和里面的个别项分别对应到你赢的数量2美元、4美元、6美元以及输的2美元。

以上的计算告诉你,如果你一直重复玩这个游戏,你平均一场会赢1美元。显然,这个游戏对你是有利的。如果我改变规则要求你每次掷出奇数都得付我4美元,那么,你的期望就会变成零,而这游戏对我们来说,就是平等的

了。如果你掷出一个奇数得付出4美元以上，不管长期或短期，你输钱的可能性都很高。

考虑到概率和收益两者的问题，期望会衡量一个特定风险或赌注对于个体的价值。期望愈大，风险当然就愈吸引人。

至少，理论上是这样。而且对于许多例子来说，期望看起来都是非常有效的。但是，其中有一个问题，在丹尼尔的表兄弟尼可莱提出一个令人纠结的谜题时，得到了最戏剧性的说明。这个谜题之后被称为圣彼得堡悖论（Saint Petersburg paradox），如下所述。

假设我向你挑战一个重复丢掷硬币的游戏。如果在第一掷出现正面，我就付你2美元，然后游戏就结束了。如果第一掷出现反面，然后第二掷正面，我就付你4美元，然后游戏结束。如果连续丢出两个反面，然后再正面，我就付8美元，然后游戏结束。我们按这样的方式重复，直到你掷出正面为止。每次当你掷出反面时，游戏就继续，然后，我就加倍你掷出正面时所能赢得的金额。

现在，想象某个人出现并且想付你10美元，取代你来玩这个游戏。你会同意还是拒绝呢？如果他付你50美元呢？或者是100美元？换句话说，你判断这个游戏的价值对你来说到底是多少？

这就是期望应该要精确衡量的东西。它在这个例子中计算出来的结果是什么呢？原则上，这游戏可以一直进行下去——会有无穷多个可能的结果：正、正反、正正反、正正正反、正正正正反……而这些结果的概率分别为1/2、1/4、1/8、1/16、1/32……因此，期望为

$$\frac{1}{2}\times 2+\frac{1}{4}\times 4+\frac{1}{8}\times 8+\frac{1}{16}\times 16+\frac{1}{32}\times 32+\cdots。$$

这个无穷和可以改写成 284

$$1+1+1+1+1\ \cdots。$$

因为该总和会无限进行下去，所以，这个期望就是无穷的。

根据理论，面对一个无穷的期望时，你不应该为了任何数量的金钱而放弃

玩这个游戏的机会。但是,大多数人——包括有见识的概率论学家——都会忍不住想出价 10 美元,而且几乎会毫不考虑地出价 50 美元。不过,在这个游戏中赢那么多似乎不太可能了。然则这个例子中期望的概念到底是哪里出错了呢?

深思这个问题,以及他用期望看到的许多其他问题,导致丹尼尔·伯努利以一个非常不具形式的想法——功利(utility)——来取代这个高度数学化的概念。

功利的概念用来衡量你为特定事件所赋予的重要性。就其本身而论,功利是个非常个别的事物。它依靠的是一个人对于一个特定结果所给予的价值。你的功利和我的有可能是不一样的。

乍看之下,将期望这个数学上精确的概念,取代为功利这个非常个人化的想法,会使之后更进一步的科学分析变得不可能。但是,实际上并非如此。即使是对一个人,要分派特定的数值给功利,也几乎是不可能的。然而,对于功利,伯努利还是做出了一个具有意义,甚至可说是有深度的观察。他写道:"由财富任何的小小增加所获得的功利,会和之前所拥有的财产数量呈反比。"

伯努利的功利法则解释了为什么一个算是有钱的人,会认为失去他一半的财产所带来的痛苦,会比将其财产加倍的快乐要大上许多。因此,我们之中只有少数几个会将自己一半的财产赌在使它翻倍的机会上。只有在我们能真正说出"我又能输得了什么?"的情况之下,我们才会赌一把大的。

比如,假设我和你的财产净值都是 10 000 美元。我提供你掷一枚铜板的机会。正面我就付你 5 000 美元,反面你就付我 5 000 美元。赢家总额会变成 15 000 美元,输家则是 5 000 美元。因为收益相等,而且我们两人获胜的概率都是 1/2,我们的期望都是零。换句话说,根据期望理论(expectation theory),我们不管玩或不玩这个游戏,都不会有什么分别。但是,我们之中应该很少人会玩这游戏。我们会将它视为是"冒无法接受的风险"。这个输掉5 000美元(我们财产的一半)的 0.5 概率,要大大地超过赢得 5 000 美元(增加 50%)的 0.5 概率。

285 功利法则可以解决圣彼得堡悖论。这游戏只要进行愈久,你掷出正面时所能赢得的总额就会愈多(如果游戏进行到掷铜板六次,你就会赢得100美元以上。掷九次则会赢得超过1 000美元。如果掷五十次,你会赢至少一千万亿美元)。根据伯努利的功利法则,一旦达到在你眼中代表获利的最低限度阶段,玩愈久所获得的利益就会开始递减。那就决定了你准备将自己在游戏中的位置卖掉的金额。

这么多的期望,根据它你应该尽可能久地留在这个游戏之中。事实上,当下一代的数学家和经济学家更细心地观察人类行为之后,一个类似的命运也会降临在伯努利的功利概念之上。但是,这并不会改变以下事实:丹尼尔·伯努利第一个坚持,如果你想将概率论的数学应用在现实世界的问题上,你就必须将人为因素考虑进去。就它们本身来说,观察掷骰子或者掷铜板所获得的机会模式是不够的。

在钟形曲线中敲响

雅各布·伯努利用他的大数法则证明了该如何决定所需要的观察数量,以确保母体样本的概率会在真正概率的明确数量之内。这个结果具有理论上的趣味,对实际应用没什么多大的用处。首先,它要求我们必须先前就知道真正概率。再来,如同伯努利本人在罐子里的弹珠一例中显示的,为了达到一个合理准确度的答案,所需要的观察数量可能非常巨大。或许有非常大用处的,是一个相反问题的答案:给定特定数量的观察,你能计算出它们落在指定的真正值范围的概率吗?这个问题的答案就允许一个母体的概率在已知的准确度内,根据一个样本所计算的概率来求得。

第一个研究这个问题的人,是雅各布的侄子尼可莱,他是在完成刚去世叔叔的研究,并准备将其出版的那段时间内进行的。为了说明这个问题,尼可莱提出一个关于出生的例子。假设男孩子和女孩子诞生的比率是18比17,那
么,在总数14 000个新生儿中,男孩子预估的出生数会是7 200。针对男婴实 286
际数会介于7 200-163和7 200+163之间,也就是7 037和7 363之间此一前提,他计算这个可能性是43比1。

尼可莱并没有完全解决这个问题，但取得了足够的进展，使他可以在1713年出版他的发现结果，这也是他去世叔叔的书终于出版的那一年。几年之后，他的想法被一个身为新教徒、为逃避天主教迫害而于1688年逃到英国的法国数学家亚伯拉罕·棣莫弗（Abraham de Moivre）延续了下来。因为无法在他选择的这个新国家之中获得一个正当的学术教职，棣莫弗以教授数学和当保险代理人概率事务的顾问维生。

棣莫弗得到了尼可莱·伯努利所处理问题的完整解答，并且在1733年将其出版于他的《有关机会的学说》（*The Doctrine of Chances*）第二版中。运用微积分以及概率论的方法，棣莫弗证明了一大堆随机观察具有在它们平均值附近分配本身的倾向。

现在，棣莫弗的贡献被称为正态分布（normal distribution）。当正态分布以图表的形式表征时，将观察数据绘制于水平轴上，并将每个观察的频率（或概率）画在垂直轴上，得到的曲线看起来就会像是一个钟（见图7.2）。因此，它通常被称为钟形曲线（bell curve）。

如同钟形曲线所显示的，最多观察资料的数量倾向聚集在中间，位于所有观察的平均数附近。从中间移开，这曲线会对称地往下斜，两边的观察数量会相等。曲线一开始会慢慢倾斜，接着会更加倾斜，最后以扁平状态贴近两边。特别的是，离平均数愈远的观察，其发生频率会比离平均数愈近的观察低很多。

棣莫弗是在检视随机观察时发现了钟形曲线。它优雅的对称形状，证明了在随机之下蕴藏着一种优雅的几何。从数学的观点来看，单单这点就是一
287 个很重要的结果了。不过，故事并没有在这里结束。八十年后，高斯注意到当他绘制大数量的地理和天文测量时，所得到的曲线和棣莫弗的钟形曲线都非

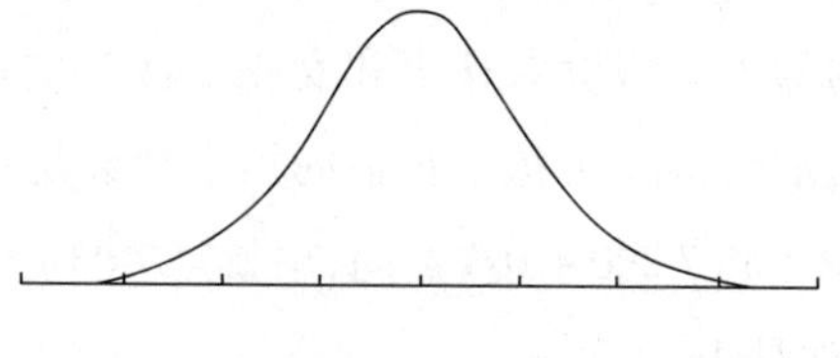

图7.2　钟形曲线

常相像。举例来说，地球表面上一个特别距离，或者是天文距离等的不同测量，会在中央值——个别测量的平均数——附近形成一个钟形的聚集。测量时出现的无可避免的误差，看起来都会导致数值的正态分布。

在我们考虑钟形曲线不是随机性的一种几何特色，而是测量时误差无可避免的结果时，高斯领悟到他可以利用正态分布来评价数据的价值。特别是在使用钟形曲线时，有可能为观察分派（适当的）数值概率，就像它们可以被分派给掷骰子的结果一样。在测量结果的钟形曲线上，一个特别的资料值愈接近平均数时，这个数值为正确的概率就愈高。由帕斯卡、费马、伯努利家族，以及其他人所发展的概率论技巧，这时终于可以从赌桌上转移到生活的其他领域上了。因为高斯的贡献，正态分布有时也会称为高斯分布（Gaussian distribution）。

高斯在此使用钟形曲线时所需要的关键技术性概念，是一个由棣莫弗本人引进的测量，在今天它被称为*标准偏差*（standard deviation）。这个棣莫弗的测量允许我们判断一组观察是否足够代表整个母体。标准偏差会衡量在平均数附近观察的分散情况。对于一个正态分布，大约有68%的观察会落在一个平均数的标准偏差内；同时，95%会落在平均数的两个标准偏差内。因此，当报纸和杂志出版调查报告的结果时，它们通常会包含一个误差声明。如果没有，你就应该要怀疑这个结果的可靠性。切记，一个头在烤箱里、脚在冰箱里的人也可以被说成平均上感觉良好。但是，这个数据点的偏差可真大啊！

由于统计学在20世纪生活中扮演了主要的角色，钟形曲线正是当下这个世代的偶像。它允许我们为事件分派数值概率，从而将概率论的方法应用到生活中的许多领域上去。一般来说，当一个可以产生数据的大型母体存在时，在每个该母体的成员所产生的数据独立于其他成员时，就会产生钟形曲线，进而高斯的方法就可以用来提供该资料可靠性的一个测量。

追随高斯的引导，保险业者现在都使用钟形曲线来制定他们的利率，企
业领袖使用它来计划新市场的扩张，政府官员用它来决定公共政策，教育家 288
用它来给学生测验评分，民意调查专家用它来分析他们的资料并进行预测，医疗研究者用它来测试各种不同治疗方法的有效程度，经济学家用它来分

析经济成果，生物学家用它来研究植物的生长，心理学家则用它来分析人类的行为。

教士贝叶斯

在今天这个资料丰富的社会，统计（或者是概率）推论在我们每天的生活中扮演着一个非常重要的角色。它大多躲在我们看不到的地方，既不受我们的控制，我们也无法对它做出反应。但是，对于我们知道的统计资料呢？我们对于这些每天通过报纸、杂志、广播、电视以及我们的工作场所一直轰炸我们的大量统计资料，到底能有多充分的理解呢？当我们发现必须在评估统计资料之后，做出和我们健康、房子或工作相关的重要决定时，我们又能做得多好呢？

答案是，当我们要在统计资料中理出头绪时，我们通常表现得非常差。几十万年的演化给了我们许多有用的心智能力——我们用来避开危险情况的直觉和我们使用的语言，就是两个明显的例子。然而，演化并没有给予我们处理统计或概率数据——最近才进入我们生活的成分——的能力。当量化数据被考虑时，如果我们要做出明智的决定，通常就得依赖数学。多亏高斯对钟形曲线的研究，我们便能利用概率论的方法了。当我们这么做时，我们常常会发现自己的直觉错得离谱。

举例来说，假设我们必须接受一个相当稀有癌症的医学检验。这个癌症在人口中有1%的发生率。大量的试验证明这个检验的可靠性为79%。更精确地说，虽然这个检验在癌症真的存在时所给出的结果绝对正确，但是，它在其他21%癌症不存在的情况中所给的结果，还是阳性反应，也就是"假阳性"的情形。当你接受检验时，得到的结果是阳性的。你真正得癌症的概率到底是多少呢？

如果你和其他人一样，会假设因为这个检验有大约80%的可靠性，而你得到的结果又是阳性，那么，你真的有癌症的概率大概也就是80%。这样想是对的吗？

答案是否定的。给定刚才描述的情况,你得到癌症的概率只是小小的 289
4.6%。当然,这个概率还是挺值得担心的。但是,几乎不是你一开始想象的,那可怕的 80%。

我们如何得到这个数字呢?我们需要用到的数学知识,是由一位 18 世纪的英国牧师托马斯·贝叶斯(Thomas Bayes)发展出的。

特别的是,贝叶斯的方法告诉我们要如何根据证据(在我们的例子中,医学检验的结果),来计算特定事件 E(在以上的例子中,是指得癌症)的概率,只要知道:

1. 在缺乏任何证据时的概率 E;
2. E 的证据;
3. 该证据的可靠性(比如,该证据正确的概率)。

在我们的癌症例子中,概率(1)是 0.01,证据(2)是结果为阳性,而且概率(3)必须要由给定的 79% 来计算。这三个数据都非常重要,而且为了计算你得癌症的概率,你必须以正确的方式将它们合并在一起。贝氏的方法告诉我们要怎么做。

不过,在我们详细叙述之前,这里有另一个情况,其中我们的直觉会误导我们;但是,贝叶斯的数学再度告诉我们事情其实并非那样。

某个城镇有两家出租车行——蓝线和黑线。蓝线有 15 部出租车、黑线有 85 部。有天晚上发生了一件出租车肇事逃逸的意外。城镇中所有的 100 部出租车在意外发生时都在街上。一个目击者看到了该起意外,并声称是一部蓝线的出租车。在警察的要求之下,这个目击者进行了和当晚相同情况的视力测试。对于一直以随机方式出现的蓝色出租车和黑色出租车,他都能够在五次之中顺利识别出该出租车的颜色四次(剩下的一次,他误将黑的看成蓝的,或者将蓝的看成黑的)。如果你正在侦查这个案子,最有可能涉案的出租车行是哪家呢?

面对一个证明他在五次中有四次正确的目击者,你可能会认为他看到的
是蓝线的出租车。我们甚至可能认为该出租车为蓝色的概率是 4/5(也就是 290

0.8 的概率),即目击者在任何情况下正确的情形。

贝叶斯的方法证明了事实与此大不相同。根据提供的资料,这件意外是由蓝线出租车犯下的概率只有 0.41。没错——连一半都不到。这起意外更可能是由黑线出租车犯下的。

人类直觉时常忽略而贝叶斯的方法却会适当考虑到的,是这城镇里任何出租车都可能会是黑色的 0.85 概率(100 台之中有 85 台)。

在没有目击者证词的情况下,导致事故的车辆为黑色出租车的概率会是 0.85,也就是该城镇黑色出租车的比例。因此,在目击者对于颜色作证之前,犯案出租车为蓝色的概率只有 0.15 这么低。这数值(列表上的第一项)被称为*古典概率*(prior probability)或是*基础率*(base rate):这是只根据情况本身所得到的概率,而非依据该案件有关的特定证据。

当目击者对颜色作证时,这证据会从犯案出租车为蓝色的先验概率 0.15 开始增加,但不会达到目击者测出来的 0.8 准确度。更确切地说,目击者的证词(0.8)必须要和先验概率(0.15)合并,以获得真正的概率。贝叶斯的方法给了我们一个做这件事的精确方法,它告诉我们正确的概率是由以下总和得到的,其中 $P(E)$ 代表的是事件 E 发生的概率:

$$\frac{P(\text{蓝色出租车})\times P(\text{目击者正确})}{P(\text{蓝色出租车})\times P(\text{目击者正确})+P(\text{黑色出租车})\times P(\text{目击者错误})}。$$

将不同的数字填入,这式子就会变成

$$\frac{0.15\times 0.8}{0.15\times 0.8+0.85\times 0.2}。$$

经过计算,就会成为

$$\frac{0.12}{0.12+0.17}$$

$$=\frac{0.12}{0.29}$$

$$=0.41。$$

这公式到底是怎么得到的呢?

目击者声称他看到的出租车是蓝色的。他正确的概率为8/10。假设他在 291
同样的情况下鉴别每部出租车,他会鉴别出多少蓝色出租车呢?

在15辆蓝色出租车中,他会(正确地)辨认出百分之80,也就是12部。(在这个假想的论证中,我们假设出租车的实际数量会正确反映在概率上。对于此类论证,这是个合理的假设。)

在85部黑色出租车中,他会(不正确地)辨认出20%,也就是17台为蓝色的。(同样地,我们在此假设概率给出的是真正的数值。)

因此,在全部出租车中,他会将29部辨认为蓝色的。所以,根据目击者的证据,我们要检查的是一个有29部出租车的组合。

在我们检查的29部之中,有12部的确是蓝的。

所以,结果就是:以目击者的证词为根据,讨论中的出租车是蓝色的概率为12/29,即0.41。

现在,让我们回到稀有癌症的例子上吧。切记这癌症在人口中有1%的发生率,而且,检验可靠性是79%——更精准地说,如果患有癌症,它一定验得出来;但是,在没有癌症的21%的例子里,它会给一个假阳性的结果。

让我们仿效出租车的例子一样进行论证吧。为了使算术简单,我们假设人口是10 000人。因为我们最终关心的还是百分比,这个简化并不会改变最后的答案。和出租车的例子一样,我们也假设各种不同的概率会精确反映在实际的数字上。所以,在总人口10 000人之中,100人会得癌症,其他的9 900不会。

在检验不存在时,你对于自己是否会得癌症唯一能说的,就是有1%的可能性。

然后,你做了检验,并得知结果是阳性的。你要如何修改得癌症可能性的概率呢?

首先,在总人口中会有100人得癌症,而对于他们所有人而言,这个检验的结果都会是阳性的结果,因而辨认出这100人患有癌症。

再来看没有癌症的9 900人,对于他们之中的21%,这个检验会给出一个假阳性的结果,因此,会错误地辨认出有 9 900 ×0.21 =2 079 人患有癌症。

所以,这个检验会辨认出总共 100 +2 079 =2 179 个人患有癌症。因为得
到阳性反应的结果,你也是这群人中的一员(这正是检验的证据告诉你的事)。
292 问题是,我们是在真正患有癌症的子群组中,还是检验结果是假阳性的群组
中呢?

对于被检验辨认出来的 2 179 人之中,100 人是真正患有癌症的。所以,你在该群组的概率为 100/2 179 =0.046。

换句话说,我们真正患有癌症的概率是 4.6%。当然,这还是个让人烦恼的概率。但是,它们完全没有坏到和一开始我们认为的 79% 那样可怕。这个计算应该可以指出为什么考虑先验概率——在这情况中,是指整个人口发生癌症的概率——十分重要。

平均人登场

在统计学世代的黎明还出现了一个新生物:“平均人”(the average man)。你当然不会在街上碰到这个人——他并不会在我们之中生活、呼吸和移动。就和同样属于虚构、拥有 2.4 个小孩的“平均美国家庭”一样,平均人是统计学家的产物,钟形曲线的孩子。他第一次出现在 1835 年一本由比利时学者朗伯·凯特勒(Lambert Quetelet)撰写,称作《有关男人与其才能发展之论著》(*A Treatise on Man and the Development of His Faculties*)的书中。

凯特勒是统计学这个新科学的早期热衷者。他写了三本关于这一主题的书,并且协助建立了许多统计学学会,包括英国皇家统计学会(Royal Statistical Society)以及国际统计研讨会(International Statistical Congress)。平均人是凯特勒为这个数值化的创造物所赋予的名词,这个创造物提供给一般大众一个统计学家进行社会分析时的拟人概念。

棣莫弗经由分析随机数据而发现钟形曲线,高斯展现了它如何被应用在天文和地理测量上,然而,凯特勒将它带进人类和社会的领域之中。他在钟形曲线的中点找到了他的平均人。在收集了大量的资料后,他列出了平均人在

各种不同群组——以年龄、职业、种族背景等分选——不同的身体、心智和行为特性。

凯特勒的努力,是由两个动机所促成。首先,他对统计学有永不满足的爱好。他从来无法抗拒可以计算和测量的机会。他从年龄、工作、地点、季节、监狱以及医院来检视死亡率。他收集了醉态、精神错乱、自杀、犯罪的统计资料。某次,他记录了 5 738 名苏格兰士兵的胸围。还有一次,他将 100 000 名被征召的法国士兵的身高制成表格。

再者,他希望能影响社会政策。他想要利用统计学,来鉴定为何人们会在 293
一个群组而非另一个群组。为了这个目的,当他收集到新数据时,他会着手组织这些数据,以便展现在他确信的钟形曲线上。

事实上,凯特勒非常确信钟形曲线的普遍性,以至于他偶尔会制造出实际上并不存在的正态分布。就和现在的统计学家非常了解的一样,只要充分地操弄数据,通常便可以制造出你想要的任何模式。但是,客观性在此过程中一定是第一个受难的。为了支撑一个已获支持的想法或已经决定的行动方针而收集资料,是充满危险的。

不过,搁置他的方法论失误,单讲将正态分布应用在社会数据上,并且试图使用数学来决定社会因素的原因,凯特勒是第一人。就其本身而论,他是按统计信息而制定公共政策决策——20 世纪社会的一个风貌——的先驱。

紧追在凯特勒脚步之后的,是一个对统计学有相同热情的英国人——约翰·高尔顿(John Galton),查尔斯·达尔文的表兄之一。1884 年,高尔顿建立了目的为测量人体每个细节的人类学测量实验室(Anthropometric Laboratory)。正是因为这个实验室对于指纹的研究——特别是高尔顿在 1893 年写的有关这主题的著作,才使得警察开始广泛地使用指纹印。

和他之前的凯特勒一样,高尔顿也对钟形曲线优雅的对称性留下了极深的印象;同时,他也认为钟形曲线无所不在。在一个实验中,他绘制了 7 634 个剑桥大学学生的数学期末考分数,并得到了一个完美的钟形曲线。他在桑赫斯特(Sandhurst)的皇家军事学院(Royal Military College)的入学考成绩中,也找到了一种正态分布。

和凯特勒一样,高尔顿也是朝向一个特定——虽然不同——的目标,来进行他的统计学研究。高尔顿是才能卓越的达尔文家族成员之一。他的祖父是伊拉斯谟斯·达尔文(Erasmus Darwin),一位受尊敬的物理学家和学者。他在1796年出版的《动物学》(*Zoonomia*,或 *Theory of Generations*)里面,包含了许多被他更有名的孙子查尔斯在六十三年后出版的《物种起源》发扬光大的想法。在他成长时,他被自己视为智力精英的人包围,而且,由于接触到祖父关于遗传的想法,高尔顿相信特别的才能是会遗传的。他开始研究遗传的特性,并且在1869年出版的《遗传的天才》(*Hereditary Genius*)中,列出了他的第一组发现。
294 1883年,他为自己追求的研究杜撰了"优生学"一词,虽然该名词之后因为被用作种族政策(比如纳粹党所追求的)"科学上"的借口,而有了令人不快的意义。

事实上,为了促进"优秀民族"的发展而使用的优生学,和高尔顿本人所发现的最重大结果,是互相违背的。他称呼这个发现为"返祖"(reversion)。今天它则被称为*回归平均*(regression to the mean)。

回归平均就是俗语"上去的,一定会下来"(What goes up, must come down.)的统计学同义词。它是时间经过时,任何母体成员会被钟形曲线的中央——算术平均数——吸引的倾向。

比如,在某一个研究中,高尔顿发现286个法官的男性近亲,有高比率是法官、海军将官、将军、诗人、小说家和物理学家;但是,在另一个研究中,他观察到这类群组的才能,在未来几代并没有出现。举例来说,在一个有关名流的研究中,他发现他们的儿孙只有分别36%和9%成名。看起来,这个钟形曲线所代表的比较像是一个陷阱,而不是优生学的处方。

在另一个研究中,高尔顿测量了几千颗甜豆的重量和长度,最后找到七个不同直径的十个物种。他将这些物种分成十组,每组包含每种尺寸的一个豆子。然后,他自己保留一组,将其他九组寄给住在不列颠群岛各处的朋友,并交代他们要在小心的特定状态之下种植这些豆子。当这些豆子成熟时,这些朋友要将新种出来的豆子寄还给高尔顿,好让他能拿这些新豆子和它们各自的母体来做比较。

虽然他的确发现了比较大的母体倾向产出更大的幼苗,但高尔顿的结果中最重要的特征是,它们确认了回归平均。高尔顿原本的豆子样本尺寸是一英寸的 15%—21%。他收回的豆子则小了许多,为一英寸的 15.4%—17.3%。

高尔顿在之后一个 205 对家长的 928 个成年孩子的研究之中,也得到了类似的结论。

回归平均是个事实,这已经不容怀疑了。但是,它为何会产生呢?虽然他不知道其中机制,高尔顿怀疑随机效应就是原因。为了测试这个猜疑,他设计了一个今天称为高尔顿板(Galton board)的实验仪器。

高尔顿板是一个由木板和玻璃所组成的夹心装置,可以往其中丢小球。小球的路径会被钉在背板上规则分布的小桩阻碍。当一个小球碰到小桩时,它往左或往右弹的概率是相同的。然后,它会撞到另一个小桩,并且再往左或 295
右边弹。这个小球会持续这样直到滚到底部。

高尔顿板制造了一系列完美的随机事件,其中小球会以均等的概率向左或向右弹。当你放进一颗球时,我们不知道它会出现在哪里。但是,当放进一大堆球时,你能够以惊人的准确度,预测大部分的球会出现在哪里。事实上,我们可以预测这堆球会形成的曲线形状。如同高尔顿所发现的,我们会得到一个钟形曲线。

高尔顿得到他的答案了。回归平均是由随机事件引起的,比家长将他们"特别的(也就是离平均数很远的)"特征传给下一代的倾向还要大许多。同样地,演出的各种随机变化,也会导致足球队命运和棒球运动员,或是交响乐团的演奏以及天气等的回归平均。

机会的抽象模式

今天,统计学家已经将收集数据的艺术和科学,发展到可以常常做出高度可靠预测的地步——由过去发生的事件来预测未来事件,以及用小样本的数据为根据,预测整个母本特性。在如此做的同时,如同 16 和 17 世纪将一定精确性带进与机会有关之游戏的数学家一样,他们将这种精确性,带进了我们这个高度不可测的活生生世界之中。

在此同时，纯数学家正在检视概率论本身的模式，试图为概率论写下公理，有如欧几里得为几何做的事情一样。

第一个大多数人普遍都接受的公理化，是由俄罗斯数学家柯尔莫果洛夫(A. N. Kolmogorov)在20世纪30年代早期提出的。柯尔莫果洛夫将概率定义为由集合到0和1之间的实数之函数。这个被定义函数所在的集合之集体，亦即这个函数的定义域(domain of definition)，必须组成一个称为集合体(field of sets)的东西。这表示所有的集合都是某个单一集合 U 的子集合，而 U 本身也在集体之中；该集体中任两个集合的并集和交集也在集体里，而集体中相对于 U 的任何集合之补集，也在这个集体之中。

要成为一个概率函数，柯尔莫果洛夫要求该函数必须满足两个条件：第一，赋予空集合的值为0，且赋予 U 的概率为1。第二，如果集合体中的两个集合没有共同的元素，那么，它们的并集概率就是这两个集合的概率和。

296 在柯尔莫果洛夫所达成的抽象程度上，概率论很明显地非常相似于数学的另一个领域：测度论(measure theory)。测度论是由艾弥尔·波莱尔(Émile Borel)、亨利-里昂·勒贝格(Henri-Léon Lebesgue)以及其他人所引进的一个有关面积和体积的高度抽象研究。他们的动机是要了解和延拓牛顿及莱布尼茨在17世纪发展的积分学。因此，一个试图帮助赌徒在赌场赢钱的数学研究领域，根本上完全等同于我们在世界和宇宙中所见之运动与变化的研究领域——这是数学抽象的不可思议力量之显著证明。

且让我们就只检视一种方法，其微积分和概率论可以帮助我们做出有关未来事件的决策。

使用数学做出你的优选

1997年，诺贝尔经济学奖由斯坦福大学的金融荣誉教授迈伦·斯科尔斯(Myron Scholes)与哈佛大学的经济学家罗伯特·莫顿(Robert C. Merton)两人分享。要不是费雪·布莱克不幸提早过世，该奖项毫无疑问也会与他分享。

这奖项是颁给在 1970 年发现的单一数学公式：布莱克-休斯公式（Black-Scholes formula）。

由休斯和布莱克发现，并且由莫顿发展，这个布莱克-休斯公式告诉投资人要在衍生性金融商品上投入多少。一个衍生性金融商品（financial derivative），是一个本身没有价值的金融工具；它是由其他资产的价值衍生（derive）出来的。一个普遍的例子是认股权，它提供购买者在指定日期前，以同意的价格购买股票的权利——但并非义务。衍生性金融商品相当于“侧边赌注”（side bet），是用来抵消在这个情势每天都会改变的世界里做生意所带来的风险。

布莱克-休斯公式提供一个方法，用来决定要给特定的衍生性金融商品标上什么价钱。将一个猜测游戏变成一门数学科学，布莱克-休斯公式把衍生性金融商品市场变成了现在非常赚钱的行业。

这个能使用数学来标价衍生性金融商品的想法如此地具有革命性，以至于布莱克和休斯一开始在出版他们的研究成果时困难重重。当他们在 1970 年首次尝试时，芝加哥大学的《政治经济学期刊》（*Journal of Political Economy*）和哈佛大学的《经济学与统计学评论》（*Review of Economics and Statistics*）都没
有进行审查，就将这篇论文驳回了。直到 1973 年，在芝加哥大学教授团一些 297
有影响力的成员对编辑施压之后，《政治经济学期刊》才发表了这篇论文。

企业的眼光比起象牙塔里目光短浅的学究要好得多。在布莱克-休斯的文章出版的六个月之内，德州仪器（Texas Instruments）已经将这个最新的公式放入他们最新的计算机里，并且在《华尔街日报》中买下半页的广告，发布这项新功能。

现代的风险管理，包括保险、股票买卖及投资，都依赖着我们能用数学预测未来这个事实。当然，这无法有百分之百的准确度，但已经准确到能让我们对钱要投资在哪里做出明智的决定了。本质上，当我们提出购买保险或者股票时，我们真正处理的就是风险。金融市场底下的特质就是，冒的险愈大，可能获得的利润就愈大。利用数学并无法完全移除这个风险，但是，它可以告诉我们所冒的风险到底有多大，并帮助我们决定合理的代价。

布莱克和休斯所做的，就是找出一个决定合理的价钱，以收购像认股权这样的衍生性金融商品。认股权是这样运作的，在某个固定的未来日期前，你以同意的价格购买股票的权证。如果股票的价值在到期之前升到比同意的价格要高，你就可按同意的价格买下股票并且获利。如果你愿意，你甚至可以直接把股票卖掉兑现。如果股票没有升到同意价格之上，那么，你就不需要购买，不过，你会损失一开始购买这个权利的金额。

认股权吸引人的地方是，购买者一开始就知道最大损失——也就是这个权证的费用——是多少。因此，可能的利润理论上是无限的，如果股价在到期之前狂升，你就可以大赚一笔。认股权在一个一直经历大量和迅速波动的市场，比如说计算机和软件业中，特别地吸引人。

问题是，我们要如何决定某一特定股认股权的合理价格呢？这正是休斯、布莱克和莫顿在 20 世纪 60 年代末期研究的问题。布莱克是一个刚从哈佛拿到博士学位的数学物理学家，当时已离开物理学，并且在阿瑟·D. 理特(Arthur D. Little)的一家位于波士顿的管理顾问公司工作。休斯刚从芝加哥大学拿到金融博士学位。莫顿则在纽约的哥伦比亚大学拿到数学工程理学学
298 士学位，并且在麻省理工学院得到了一份经济系助教的工作。

这三位年轻的研究者——都还只是二十几岁——开始试图用数学寻找一个答案，就和物理学家或工程师处理问题一样。毕竟，帕斯卡和费马已经示范了用数学来决定某个未来事件赌注的合理代价，而且，之后的赌徒都利用数学来算出他们在这个机会游戏中成功的可能性。同样地，保险精算师也使用数学来决定一张保单的适当费用，而这也是一个对于未来可能会或可能不会发生的事情下的赌注。

但是，一个数学的进路可以在这个新的、高度易变的、方兴未艾的权证交易(options trading)世界中适用吗(刚好在布莱克-休斯的论文出版前一个月，1973 年 4 月，芝加哥期货交易所才开始营业)？许多资深的市场商人都认为这个进路不可能行得通，而且权证交易不是数学可以处理的问题。如果真的是那样，那么，权证交易就完全是个狂野的赌注，专门为有勇无谋的人而设。

这些老卫兵毕竟是错的。数学可以应用在权证的标价上——在这例子

中，是一个称为随机微分方程式（stochastic differential equations）的概率论和微积分的混合物。布莱克-休斯公式取了四个输入变量——权证期限、价格、利率、市场变动率——然后得出一个权证该有的价格。

这个新公式不止有效，它甚至完全改变了这个市场。当芝加哥交易所在1973年开始营业时，第一天交换的权证在1 000笔以下。到1995年，每天都会有百万个权证易手。

这个布莱克-休斯公式（以及莫顿对其所做的延伸）在新期权市场的成长中所扮演的角色，大到当美国股市于1978年破产时，富有影响力的商业杂志《福布斯》（*Forbes*）还把责任完全归咎在这一公式上。休斯本人则答辩说，不应该将责任怪罪在这个公式上，而是市场商人还无法有效地使用它。

诺贝尔奖颁给休斯和莫顿，说明了现在全世界都知道，这个数学公式的发现对于生活造成的重大影响，并且，再一次地强调了，数学可以改变生活的方式。

第八章　发掘宇宙的隐藏规律

天空的漫游者

299 不论现代科技如何发达,很少有人能够在晴朗的夜里凝视星空而不震慑于宇宙的奇妙。即使我们知道天空中一闪一闪亮晶晶的星星,是自然界的核子炉,是和太阳类似的星体,也丝毫不会降低那壮观的感觉。现在我们还知道,许多天体的星光要花费数百万年才能到达地球,而这只会让我们更加深刻地感受到宇宙的广袤。

考虑到现代人自身的反应后,我们不难体会,老祖宗们心中也会有类似的惊奇,使得他们在一开始尝试理解大自然的模式时,会从观察星空开始。

古埃及人与古巴比伦人会观察太阳与月球,知道这两个星体会有规律地运动,并且利用这样的知识来建立历法,以便监测季节的变化,来帮助农业的发展。但这两个古文明都没有足够的数学工具,以发展出一套首尾连贯的理论,来解释他们观察到的许多星体。这一步是由希腊人在约公元前 600 年跨出。泰勒斯(在本书前面提过,那位被认为想出“数学证明”此一概念的仁兄)

与毕达哥拉斯似乎很认真地去理解了——用数学理解——某些星体复杂的运
动轨迹。事实上,我们现在知道那些拥有复杂运动轨迹且最为困惑古人的星 300
体不是恒星,而是我们太阳系中的行星。“行星”(planet)一词来自古希腊人观察到的复杂运动轨迹:希腊文的 planet 意为“旅行者”或“漫游者”。

在没有明确证据的情况下,毕式学派宣称地(球)必定为一个球体,这个看法逐渐为其他希腊思想家接受。关于大地是球形的数学验证,最后在约公元前 250 年由埃拉托色尼提出。借由测定两个不同地点的太阳仰角,埃拉托色尼不但提出强有力的证据,支持大地为球形的说法,而且还计算出它的直径——现在我们知道他的计算结果有 99% 的准确率。

在埃拉托色尼之前,柏拉图的学生欧多克斯提出了一个宇宙模型,这个模型有着一系列的同心球面,地球在它们不动的中心,而每个星体都在某个球面上运转。我们并不清楚欧多克斯如何说明行星的复杂运动,他的著作已经失传。我们也不了解欧多克斯如何说明行星的明暗随时间变化的现象。如果一颗行星在某个固定的球面上运转,而球面的不动中心是地球,则此行星的亮度应该要维持不变才是。然而,不论这个模型有多少技术上的缺点,欧多克斯的理论之所以值得注意,是因为他尝试提供一个数学架构来描述宇宙。

事实上,在公元前 5 世纪中叶,赫拉克利特就提出了两个革命性的概念,对行星的亮度变化与复杂的运动轨迹进行可能的说明:第一,地球会绕着自己的中心轴转动;第二,金星与水星的奇特运动轨迹,是因为它们环绕太阳运行。在欧多克斯之后不久,约在公元前 300 年,萨摩斯的阿里斯塔克斯(Aristarchus of Samos)比赫拉克利特更前卫一些,他推测地球也绕太阳运行。

两人的想法都没得到普遍的认同。当希帕克斯在约公元前 150 年使用欧多克斯的圆周模型时,他也假设地球是不动的中心。希帕克斯超越欧多克斯的地方,是他假设行星看似复杂的运动轨迹,是因为它们所绕行的圆周中心点,也在绕着另一点做圆周运动,就如同今天我们知道月球绕地球转,而地球又绕太阳转动。

这种静态地球中心观,同样可能被古希腊最伟大的天文学家托勒密接受。

他在公元2世纪出版了十三卷的《天文学大成》(*Almagest*),自此,本书主导欧
301 洲天文学1400年。托勒密将欧多克斯的圆周运动进路变成精确的数学模型,并使之契合于古希腊文明后期日益精确的天文观测资料。

减少圆周的数量

在公元500年至1500年的后希腊时代,欧洲人的智识生活为天主教会主导,所以,对任何想要用科学方法说明宇宙运作的人,此时并没有太多诱因鼓励他们这么做——事实上,这么做还有很多不利因素存在。根据教会的教条,人不该质疑上帝对宇宙真正的设计,那是属于上帝自己的事。相反地,教会教导我们,人应该努力了解上帝的旨意。一群16世纪的思想家看到了这个要求的漏洞。他们提出一种新的教条,认为上帝是根据数学的法则来构造宇宙的,因此,他们努力去理解这些数学法则不但是可能的,而且也是上帝的旨意。

现在,这条用数学研究天文的道路再度开放通行,那些文艺复兴早期的思想家得以让古希腊人的想法重见天日,并且以当时更为精准的测量数据支持这些想法。基于教条的神秘臆测,逐渐被理性的数学分析取代。数学家与天文学家坚称他们只是尝试要理解上帝的旨意,而这样的说法,也保护了他们对宇宙的探究,直到他们的探究成果违反了教会最重要的核心信条之一:地球在宇宙的中心位置。身处这场风暴中心的,是一位运气不好的信使——尼古拉·哥白尼(Nicolas Copernicus,1473—1543)。

等到哥白尼出场时,为了符合当时日益精准的观测资料,托勒密的模型已经被人修改为要用到大概77个圆周才能描述日、月与行星的复杂运动。哥白尼知道阿里斯塔克斯与其他希腊人曾提出日心说(以太阳为中心)的宇宙模型,于是,哥白尼自问:若把太阳放在宇宙的中心,是否能找出一个更简单的模型?这项工程还需要一些原创的想法,来造出符合已知数据的模型,哥白尼最后将地心模型所需的77个圆周数量,降低至日心模型所需的34个圆周。

302 从数学的角度来看,哥白尼的日心模型远胜于之前的各种说法,但它招致了教会的强烈反对。教会宣称这个新理论"比达尔文与马丁·路德的著作,或

所有其他异端邪说更为恶劣，且对基督教的伤害更大”。丹麦天文学家第谷·布拉赫（Tycho Brahe）花了很大的力气取得了精确的观测数据，想要以此推翻哥白尼的理论，但最终他所得到的资料，反而证实了日心模型的优越性。

事实上，因为第谷详细且全面性的测量，与他合作的学者开普勒可以推导出一个结论：行星并非以圆形轨道，而是以椭圆轨道绕太阳运行。开普勒给出的三大行星运动定律（我们已经在第四章提过），为当时他所参与的那场科学革命展现出的科学精确性，提供了最佳的例证：

1. 行星以椭圆轨道绕太阳运行，太阳则位于椭圆的两焦点之一。

2. 行星在轨道运行时，太阳与行星的连线，在相同的时间扫过相同的面积。

3. 行星绕太阳周期的平方与行星距太阳的轨道平均半径的立方成正比。

用如此简单的叙述捕捉到行星运动的模式，开普勒的模型看来远胜于哥白尼的圆周模型。此外，开普勒定律也相对地简化了预测任一时间行星位置的工作。

开普勒模型的最后验证——也是压垮教会支持的地心模型的最后一根稻草——就是当伽利略用新发明的望远镜观察行星后，所给出的极度精确数据。

虽然伽利略的作品从1633年至1822年被教会列为禁书（当时教会的“官方”立场仍认为地球是宇宙中心），几乎所有的后文艺复兴科学家都确信哥白尼的日心说是正确的。是什么让他们如此肯定？毕竟，我们日常生活的经验告诉我们，脚下的地球是固定的，而日月星辰在天上运行。

答案是数学：使用日心模型的唯一理由是，当太阳在太阳系中心时，宇宙
模型所需的数学，比地球在中心时要简单得多。哥白尼革命是历史上第一次， 303
数学——更精确地说，应该是对简洁数学说明的需求——迫使人们否定亲眼所见的证据。

让数字说话的人

确证开普勒三大定律只是伽利略的主要科学成就之一。伽利雷·伽利略1564年生于意大利佛罗伦萨,他在十七岁时进入比萨大学(University of Pisa)习医,但阅读欧几里得与亚里士多德的著作,使他将注意力转向科学与数学。这是个重大的转变,不仅对伽利略而言是如此,对全人类亦是如此。因为伽利略与他同时代的笛卡尔启动了科学革命,直接导向了今日的科学与技术。

笛卡尔强调奠基于实验证据的逻辑推理之重要性,伽利略则将重点放在测量上。伽利略的如此作为,改变了科学的本质。自从古希腊时代,“科学”的目的就在于寻找各种自然现象背后的原因,伽利略则寻找不同测出量之间的数值关系。举例来说,他不说明为何从高塔放下重物时它会落下,而是尝试找出其落下时,物体位置与时间的关系。要做到这件事,他从一个很高的位置(很多人说是在比萨塔,但我们无从证实)让一个小且重的物体落下,然后,测量在落下过程中到达不同位置所需的时间。他发现物体落下的距离与掉落时间的平方成反比。使用现代代数术语,他所发现的是 $d=kt^2$,将落下距离 d 与落下时间 t 联结起来,而 k 为常数。

今日,我们太习惯于这种数学定律,以至于很容易忘记这种看待自然的方法只使用了400年,而且它完全是人造的。为了得到像伽利略所用的公式,你必须找到自然界中某些可测量的特征,然后,寻求这些特征之间有意义的关联。这种进路可用的特征是时间、长度、面积、体积、重量、速率、加速度、惯性、力、动量与温度等。必须忽略的特征,则是颜色、材质、闻到与尝到的味道。如
304 果你停下来想想,你会发现第一组特征——那些伽利略的进路可以应用的特征——完全是数学上的发明(mathematical inventions)——只有从赋予不同现象的数值来看时,它们才有意义(即使是那些有非数值意涵的特征,为了应用伽利略的进路,也必须数值化)。

一条数学公式关联了两个或多个数值化特征之间的关系,这就提供了关于自然界的某种描述(description),但它没有对现象给出任何说明

(explanation),意即他没有告诉你原因。这的确是替"做科学"带来了革命性的改变,且在初期招致了颇为强烈的反对。甚至笛卡尔也有怀疑,并曾一度说出:"伽利略说的所有关于物体在空间中落下的话,都是没有基础的;他应该先确定重量的本质。"但新进路的天才之处,则因其巨大的成功所以显而易见。大多数现在用数学研究的"自然的模式",都是在伽利略那个看不见的、量化的宇宙中出现的。

苹果如何落下

伽利略死于1642年。就在同一年,牛顿生于英格兰的小镇乌尔索普(见第三章)。牛顿是最早拥护伽利略量化进路的科学家之一。在牛顿有关力与重力的理论中,我们可以看到那个进路人为且抽象本质的戏剧化例证。我们来考虑牛顿著名的有关力的定律:

> 一物体所受之合力为其质量与加速度之乘积。

这个定律提供了三个高度抽象现象之间的精确关系:力、质量与加速度。它常被表示为如下的数学方程式:

$$\boldsymbol{F} = m \times \boldsymbol{a}。$$

方程式中的粗体字,是数学家表示向量(vector quantity)的标准用法。所谓向量就是同时具有方向与大小的量。在牛顿的方程式中,力 F 与加速度 $\boldsymbol{a}$ 均为向量。在此方程式中,力与加速度均为纯数学概念,而当你仔细理解之后,你会发现质量其实也不如我们预期的"具体"。

另一个例子,就是牛顿有名的重力的平方反比定律:

> 两物体之间的引力,与两者质量的乘积成正比,与两者距离的平方成反比。

305 若以方程式将其写出，这个定律就是：

$$F = k \times \frac{M \times m}{r^2}。$$

其中 F 表示引力的大小，M 与 m 是两物的质量，r 为两者间的距离。

牛顿的定律后来被证明非常有用。举例来说，1820 年，天文学家发现天王星的轨道有无法解释的变动。最有力的解释，就是它的轨道被当时尚未发现的行星重力所牵扯。那颗未知的行星被命名为海王星。但是，它真的存在吗？

1841 年，英国天文学家约翰 · 库奇 · 亚当斯（John Couch Adams）运用牛顿定律进行了详细的数学分析，并计算出那颗未知行星的质量与精确轨道。虽然亚当斯的结果一开始遭到忽略，但在 1846 年，德国天文学家伽勒（Galle）得到了这些分析结果，且在数小时之内就用望远镜找到了海王星。当时的望远镜相对来说十分原始，所以，若没有牛顿定律帮助下的精确计算结果，天文学家不太可能发现海王星。

再举些当代的例子。牛顿的定律帮助现代人发展出控制系统，让通信卫星进入环绕地球的固定轨道，并让我们能送出有人或无人的长程太空载具。

然而，无论牛顿的万有引力定律如何精确，它完全没有告诉我们重力的本质，也就是重力到底是什么。牛顿定律给了我们重力的数学描述。到今日为止，我们仍没有其物理的描述（physical description）。（感谢爱因斯坦，我们现在有关重力的部分物理描述，就是时空曲率〔curvature of space-time〕的展现。但爱因斯坦的解释所需的数学，比牛顿定律用的简单代数要复杂许多。）

人与人之间看不见的牵绊

在今日，与地球另一端的人通电话，通过现场直播看数十万米外的球赛，或者在收音机里听到城市另一边的人所演奏的音乐，对我们而言都是稀松平常之事。身为地球公民，我们已经被现代通信科技紧紧地联系在了一起。这
306 些科技之所以让我们能将信息传送至远方，是因为一些看不见的"波"（"波"

被加上引号的原因,会在后文解释),称为无线电波(radio waves)或是电磁波(electromagnetic waves)。

事实上,电磁媒介通信科技在过去三十年的快速成长,几乎确定是人类生活形态的第四次重大转变。数十万年前人类学会了语言,是为第一次转变,这让我们早期的祖先可以从一个人对另一个人,或一代对下一代,传递大量的信息。

大约七千年前文字的发明,使人类得以创造相对永久的信息纪录,并且以书写数据作为跨越长距离或长时间的沟通工具。印刷术在16世纪的普及,提供了个人同时对大众广播信息的工具。每一次的发展,都把人与人之间的距离拉得更近,并且使我们可以共同进行愈来愈大的计划。

最后,当电话、收音机、电视,以及最近的各种电子通信设备问世之后,人类社会似乎快速发展成了一个新的社会,其中这么多人的行动可以互相配合到这样的程度,以至于真正的集体智慧得以实现。只要举一个例子就好,若是我们不能让数千人组成单一的团队,且大多是同时互相合作,我们就不可能把宇航员送上月球,并让他们平安归来。

现代人的生活几乎完全被那些快速与我们擦身而过——或是穿过我们——的隐形电磁波牵连在了一起。我们知道那些波存在(我们至少知道有某些东西存在),因为我们可以看见并利用它们带来的好处。但它们到底是什么?而我们又是如何如此精确地利用它们,并达到巨大的效果呢?对于第一个问题,我们还没有答案。就如同重力一样,我们并不清楚电磁辐射是什么。但对于为何我们能对其做如此有效的运用,答案却没有争议:那是因为数学。

因为数学,我们能够“看见”、创造、控制并且利用电磁波。数学提供了我们对电磁波的唯一描述。事实上,就我们所知,电磁波之所以是波,乃是因为
数学视之为波。换句话说,我们用来处理所谓电磁辐射现象的数学,是一种波 307
动理论。我们使用那种数学理论的唯一正当性,是因为它说得通。我们并不知道,真实的现象中是否的确包含了某种介质里的波动。现有的证据只告诉我们,这张波动的图像最多只是电磁辐射现象的粗略描述,而我们也许永远无法完全理解它。

看到今日无处不在的通信科技,你或许很难想象这背后的科学理论,大约是仅仅一个半世纪前被提出的。第一道无线电波被送出与接收是在 1887 年。其所依赖的理论,则仅仅是在那之前的二十五年被发现的。

麦克斯韦的大宅门

很多人说今日的通信科技已经让世界变成了一个村落——地球村——而且很快地,全人类就会像住在一座地球大宅门内的一家人一样。考虑到当代社会的问题与不断的冲突,这个大宅门的比喻只能代表一个功能异常的家庭。但有了在世界任一角落都可用的实时通信——同时有声音与影像——从社会与通信的角度来看,我们的世界真的开始像一座宅邸。要兴建这座宅邸所需的科学理论,是由英国数学家詹姆斯·克拉克·麦克斯韦(James Clerk Maxwell,1831—1879)发展出来的。

1820 年的一次意外实验,引发了麦克斯韦发展他的电磁理论的灵感。某日,丹麦物理学家汉斯·克里斯蒂安·奥斯特(Hans Christian Oersted)在实验室工作时,注意到当电流通过一条导线时,位于附近的磁针偏离了正常指向。传闻当奥斯特告诉他的助手这件事时,助手只有耸耸肩回答说这是很常见的事。无论这段对话是否曾发生,奥斯特认为这个现象很有意思,所以,他必须要向丹麦皇家科学院报告。这是史上头一遭磁与电互动的展示。

次年,磁与电更进一步的联系被发现。法国学者安德烈-马里·安培(André-Marie Ampère)观察到,当电流通过两条平行且靠近的导线时,这两条
308 导线会有如同磁铁的行为。若通过两条导线的电流方向相同,则两条导线会相吸;反之,若电流方向相反,则导线会相斥。

十年之后的 1831 年,英国书本装订商迈克尔·法拉第(Michael Faraday)与美国教师约瑟夫·亨利(Joseph Henry)独立地发现了与前一段基本上相反的现象:若一线圈处于一交流磁场(alternating magnetic field)中,此线圈内会产生感应电流。

就是在这个时候,麦克斯韦登上了电磁领域的舞台。从约 1850 年起,麦

克斯韦就开始寻找科学理论，来说明不可见的电磁现象之间的奇异联结。他受到英国大物理学家开尔文勋爵威廉·汤姆森(William Thomson，Lord Kelvin)的影响。汤姆森也倡议要找出电磁现象的机械解释。精确来说，在他发展出流体波动的数学理论之后，汤姆森提出一个想法，认为有可能将电与磁解释为以太中的某些力场(force field)。以太是一种古人所设定的介质，但从未被侦测到；热与光便是借其传导。

力场(或简称为场)的概念，是高度抽象的，而且，只能用纯数学的方法描述(为一种被称为向量场的数学对象)。你可以将一张卡片放在磁铁上方，并于卡片洒上铁粉，就可以看到磁场的“磁力线”。当你轻拍卡片时，铁粉就会排列成曲线的优雅模式，这些曲线就表征了看不见的磁力线(见图8.1)。

同样地，你也可以“看见”电场。你可以让一条通电的导线穿过卡片上的洞，将铁粉洒在卡片上，然后轻拍卡片，铁粉就会围绕着导线排列成一连串同心圆(见图8.2)。

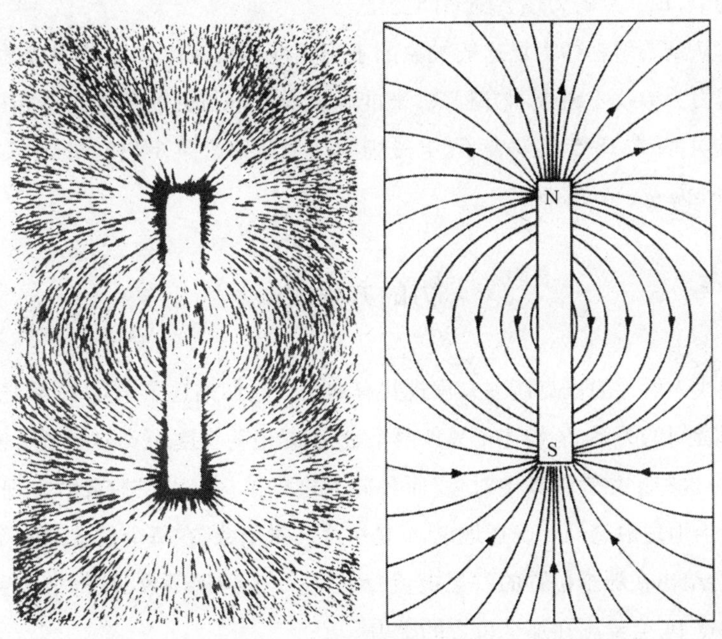

图8.1　磁铁上方卡片上的铁粉会排列成磁场中的磁力线

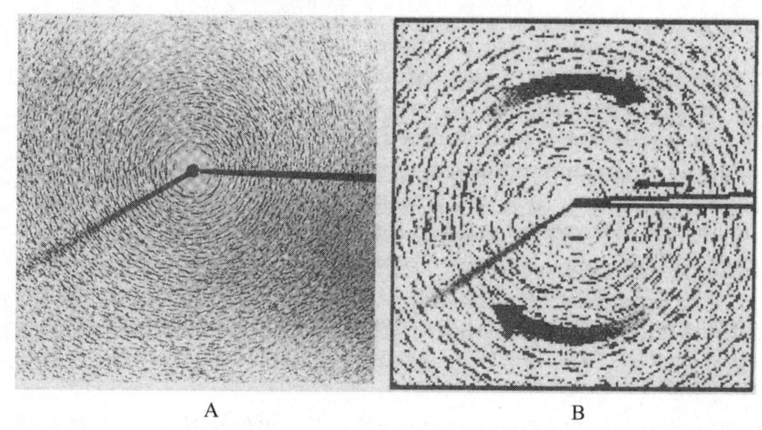

图 8.2　卡片上通电导线周围的铁粉会排列成电流生成之磁场中的磁力线

对数学家来说，力场是一个区域，其中每一点都有力作用于其上。当你在此区域中移动时，力的大小与方向随着位置而变化，且通常是以连续不断的方式变动。如果你在这种力场中移动，你所受力的大小与方向就会变化。在很多力场中，每一点的力也会随时间变化。

体认到要解释如力场这般抽象的事物只能如伽利略一样使用数学，麦克斯韦努力去寻找一组数学方程式，来准确地描述电与磁的行为。他获得了巨大的成功，并在 1865 年发表了《电磁场的动力学理论》(*A Dynamical Theory of the Electromagnetic Field*)。

力的方程式

310 现代人所称的麦克斯韦方程式共有四条。它们描述了电场 E、磁场 B，以及这两者间的关系，还描述了另外两个量，就是电荷密度 ρ(rho)与电流密度 j。请注意，这些量均为纯数学对象，而我们也只有在它们出现的数学方程式中，才能恰当地理解它们。确切地说，E 是一个向量函数，在每个位置与每个时间点上，会给出在那个位置的一道电流；B 也是一个向量函数，在每个位置与每个时间点上，会给出在那个位置的磁力。

麦克斯韦方程式是*偏微分方程*(partial differential equations)的一种。举例来说，E 与 B 均随位置与时间变化。这两个量在某一点（相对于时间）的变化率，就是它们对 t 的偏导函数，分别以

$$\frac{\partial E}{\partial t}$$

与

$$\frac{\partial B}{\partial t}$$

表示。

（对一个双变量〔或多变量〕的函数而言，如 E，我们可以对两个变量分别定义导函数。这两个导函数的真正定义，就与我们在第三章考虑的单变量函数相同；在微分时无关的另一个变量就被视为常量。为了表示还有其他变量，数学家会用不同的符号表示导函数，如写$\frac{\partial E}{\partial t}$而不写$\frac{\partial \boldsymbol{E}}{\partial \boldsymbol{t}}$。这种导函数称为偏导函数〔*partial derivatives*〕。）

取最简单的情形，就是真空中的电磁，并且忽略一些常数，则麦克斯韦的四条方程式如下（笔者在此只是为了记录它们而写出，白话文的解释就在后面）：

1. $div\ \mathrm{E} = \rho$ （高斯定律）
2. $curl\ \mathrm{B} = \mathrm{j} + \frac{\partial \mathrm{E}}{\partial \mathrm{t}}$ （安培-麦克斯韦定律）
3. $curl\ \mathrm{E} = -\frac{\partial \mathrm{B}}{\partial \mathrm{t}}$ （法拉第定律） 311
4. $div\ \mathrm{B} = 0$ （磁单极子不存在）

div（*divergence*，散度）与 *curl*（旋度）来自于向量微积分——就是你在某个场中想计算变化率时所得到的微积分。对任何场 F，从某个给定体积中流出之 F 的通量，就是对从那个体积流出的场线的一种测度——大致来说，就是测量那个体积附近的力 F 有多强，或是 F 有多少从那个体积流出来。在场中的每一

点，*div* F所给出的量，就是每单位体积从那个点周围的球面所流出的通量。F在某一点的旋度所测量的，则是那个点附近的小区域空间旋涡的旋转向量——大致来说，就是在那点附近场的方向旋转得多厉害。

如果用叙述性（意即非量化）与口语的方式来描述，麦克斯韦方程式可以大略写成如下的内容：

> 1. 在一个有限体积中流出的电场通量，与此体积中的电荷成正比。
> 2. 电流或交变电通量会产生磁涡流。
> 3. 交变磁通量会产生电涡流。
> 4. 在有限体积中的总磁通量永远为零。

麦克斯韦的方程式蕴含了如果我们让电流在一导体（如导线）中前后波动，则其所产生之随电流在不同时间交变的电磁场，会从导体中挣脱，并以电磁波的形式流入空间中。此电磁波的频率就与产生它的电流频率相当（这是收音机与电视讯号传输的基础）。使用他的方程式，麦克斯韦能够计算挣脱出的电磁波速度：约每秒300 000千米。

为什么要把这个快速移动的东西看成是波动的呢？严格来说，这里的数学给你的只是一个数学函数——麦克斯韦方程式的一个解。然而，这个函数类似于你研究气体或液体波动时所遇到的方程式。所以，在数学上称其为波动十分自然。但请记得，当我们使用麦克斯韦方程式时，我们是在大脑中创造出来的伽利略世界里使用它。方程式中不同数学对象之间的关系，能够很好地描述我们
312 想要研究的真实世界现象里的对应特征（如果各种条件都设定得很好）。所以，数学能给我们的可能是十分有用的描述——但它不会给我们真正的说明。

数学之光

麦克斯韦兴奋地指出，无论电磁是否为波，他计算出的传播速度有些似曾

相识之处。那个数字很接近当时已经相当准确地被测量的光速——两者接近的程度令人怀疑它们有可能根本相等。（早期有一次关于光速的计算是在1673 年，依赖观测木星的卫星埃欧〔Io〕被木星蚀的现象。当地球离木星最远时，观测到埃欧被木星蚀的现象，比地球离木星最近时要晚约 16 分钟。假设延迟的时间是因为光线需要多走的距离——大概是地球公转轨道的直径，约三亿千米——这样计算出来的光速大概是每秒 312 000 千米。19 世纪末测出的较准确数字是略低于每秒 300 000 千米。）

事实上，麦克斯韦想的是，也许光与电磁辐射不只速度相同。或许两者根本是同一种东西，而他在 1862 年就这么说了。也许光线只是某种电磁辐射的特殊形式——例如，某种特殊频率的电磁辐射？

在当时，关于光的本质有两派互相抵触的理论。其一，是由牛顿在约 1650 年提出的微粒理论，认为光是由不可见的微粒（corpuscle）组成；光的微粒是由所有会发光的物体射出，以直线行进。另一个理论，是由惠更斯大约于同时提出的，认为光是由波动组成。（我们现在知道，无论是微粒理论或波动理论，都不完全"正确"，因为每一个理论在某些现象上都能解释得比另一理论好得多。）

到了麦克斯韦的年代，大多数物理学家都更倾向波动理论；所以，当麦克斯韦提出光应该只是某种形式的电磁辐射时，应该会受到学界欢迎。但事实并非如此。问题出在麦克斯韦的理论用了太多的数学。例如，在 1884 年的一场演讲中，开尔文爵士说麦克斯韦对光的研究令人不尽满意，而物理学家们应该继续寻找一个机械化的模型，来说明光的现象。麦克斯韦自己对这些批评当然也无法充耳不闻，所以，他也做了数次尝试要提出机械化的说明，但没有一次成功——事实上，到今天为止，这样的说明仍不存在。

虽然缺乏直观的说明，麦克斯韦的理论在科学上相当有力，而且极度有 313
用。在今日，他的理论被认为是电磁辐射的标准数学描述。早在 1887 年，德国物理学家海因里希·赫兹（Heinrich Hertz）成功地在一个电路里造出一道电磁波，并由远处的另一个电路接收到它。简单来说，他造出了世界上的第一道无线电波。数年之后，无线电波被用来把人的声音传送到愈来愈远的地方，而仅仅在赫兹实验的八十二年之后,即 1969 年,站在月球表面的人类一员,便通过无线电波与他在地球家乡的同事通话。

今天,我们知道光的确是电磁辐射的一种形式,也知道其他各种根据波长而有不同的电磁辐射,在波谱上从高端频率的波长 10^{-14} 米,到低端频率的波长 10^{8} 米。用来传送收音机与电视讯号的无线电波,比光波的频率要低得多,属于电磁波谱的低端。

比收音机信号波频率高,但比可见光频率低的是红外线,它不可见但会传送热能。我们所说的光线,构成了电磁辐射波谱中可见的部分,其中红光在低频端而紫光在高频端,其他我们熟知的彩虹颜色——橙、黄、绿、蓝、靛——则排列于二者之间。比紫光频率稍高的辐射称为紫外线。虽然人眼不可见,但它可以使照相底片变黑,用特殊仪器也可以看见它。

越过紫外线,接下来的辐射是不可见的 X 光,它不止能使底片变黑,也可以穿过人体血肉。这两者的结合使之在医学上有广泛的应用。

最后,在波谱最高端的是伽马射线(gamma rays),由放射性物质在其衰变时射出。近年来,伽马射线也广泛应用于医学领域中。

人类视觉、通信、医疗——甚至微波烹调——都大量地运用到电磁辐射。运用的方法都依赖麦克斯韦的理论,而这些应用也见证了他那四条方程式的正确性与精准度。然而,就像前面所提到的,这些方程式并未提供电磁辐射的任何说明。他的理论完全是数学。这也提供了另一个令人惊奇的例证,告诉世人数学如何让我们“看到那不可见的”。

随风而逝

314 麦克斯韦的电磁理论还留下了一个明显的问题没有解决:电磁波传导的介质,其本质为何?物理学家称这种未知的介质为以太,但对其本质完全不解。科学家总是希望理论愈简单愈好,所以,他们假设神秘的以太在宇宙中处处静止,是日月星辰移动时恒定的背景,也是光与其他电磁辐射波动传导的介质。

为了验证这个恒定以太的假设,1881 年,美国物理学家阿尔伯特·迈克尔逊(Albert Michelson)设计了一个巧妙的实验,来尝试侦测以太。如果以太静止不动,而地球移动于其中,则迈克尔逊认为,从地球上观察者的角度来看,地球运行的相反方向会有一阵“以太风”(ether wind)吹来。迈克尔逊尝试去侦测这阵风,或者更精确地说,他要去侦测这阵风对光速的影响。他的想法是在同一瞬间造出两道光线,一道是沿着地球在以太中移动的方向,另一道则垂直于这个方向。为了做到这件事,他首先造出单一道光线,射到一块与光线夹角或 45 度的部分镀银玻璃片上;此时,玻璃片会将这道光线分为互相垂直的两道光线。这两道光线会分别射到两面与玻璃片距离相同的镜子上,然后再给反射回到一个侦测器上。整个实验仪器的示意图如图 8.3。

因为两道光束之一先朝迎面而来的以太风而去,然后,再与以太风一起回来,而另一道光束移动时均与以太风方向垂直。两道光束到达侦测器的时间 315
应该有细微的差别:先往以太风迎面而去的光束应该比另一道略慢。请想象两位技术体能均相当的游泳选手,其中一位逆水游泳一段距离之后,再返回起点;另一位在垂直方向游了相同距离再折回。第一位选手应该会比第二位晚回到起点。事实上,如果第二位选手整趟来回的方向都垂直于水流方向,他应

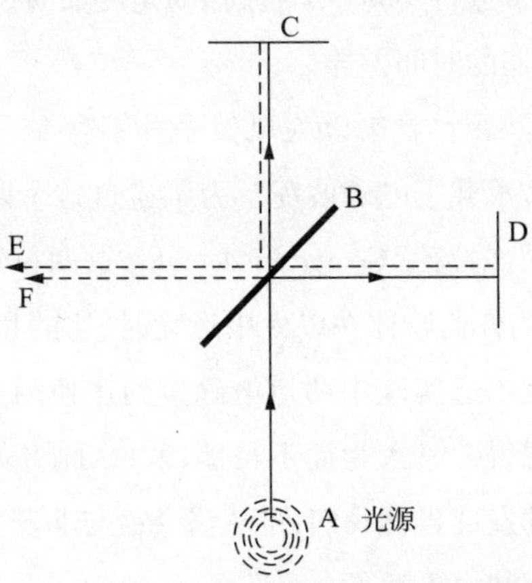

图 8.3 迈克尔逊的实验。一道光束从光源(A)射出,被部分镀银的玻璃片(B)分成两道。两道光束在分别被镜面 C 与 D 反射后,合成一道由光束 E 与 F 组成的光束。BC 与 BD 的距离相等。迈克尔逊观察到 E 与 F 两道波之间没有干涉现象

该不会游回起点，而会被带着往水流的方向飘移。同样的情形，也会发生在迈克尔逊的实验中，但因为光的速度极快——约每秒300 000 千米——与地球通过以太的速度相比——地球的公转速度约是每秒 30 千米——光的飘移可以忽略而不被仪器侦测到。

迈克尔逊的想法是测量两道光束到达侦测器的时间差。但要如何做到这件事？即使到今日，我们仍无法造出一个定时器，来测量每秒 30 千米的“以太风”，对每秒 300 000 千米的波动所造成的细微影响。迈克尔逊别出心裁的解决方案，是让光线自己来侦测出差异。因为两道光束的来源相同，所以，当它们被玻璃片分成两道时，两者的波动应该完全同步，波峰对波峰，波谷对波谷。若它们速度有差异，则当两者回到侦测器时，它们应该会不同步，亦即最后的合成光束会与光源产生的光束不同——这是实际上可以被观察到的差异。

然而，与众人的希望和期待相反，迈克尔逊在返回的合成光束中，侦测不到任何的变化。两道光束在进行完不同的旅程之后，仍是完美地同步。迈克尔逊不信这个结果，所以，在接下来的几年数次重复了这个实验。他想除去的其中一个可能性是，实验进行的时间或许是地球刚好在相对于以太为静止的轨道位置。另一种可能性，是实验仪器与以太风的夹角刚好是 90 度。但是，不管在一年的哪个时节进行实验，不管仪器的角度如何设置，他仍然无法侦测到两道光束到达侦测器的时间差异。

到底是什么出了问题？看来以太风似乎并不存在——所以，就是没有以太。那么，到底是什么承载了电磁波呢？为了避过这个两难，洛仑兹（Hendrik
316 Antoon Lorentz）与菲茨杰拉德（George FitzGerald）这两位物理学家独立地想到了一个激进的看法：当任何物体在以太中运动时，它的长度会缩短，而缩短的程度，正好会抵消迈克尔逊实验中两道电磁束到达侦测器时间的差异。这样的想法不仅激进，且想得太过人为而不自然，所以，刚开始时招致了强烈的怀疑。但事实上，后来的发展告诉我们，虽然洛仑兹与菲茨杰拉德的说明看来不像是事实，他们离真相却也不远了。

不可测的以太风谜题，最后在 1905 年，由爱因斯坦提出他著名的相对论而获得解决。

史上最有名的科学家

如果在西方世界的街头询问行人，请他随便说出一位科学家——甚或说出一位“天才”——的名字，他几乎一定会说到爱因斯坦。不知为何，这个德国出生，曾在瑞士专利局（Swiss Patent Office）工作，后来成为普林斯顿学者的人，已变成至少是大众文化里科学天才的代名词。

1879年生于德国乌尔姆（Ulm）的爱因斯坦在慕尼黑度过了他大部分的童年，并接受教育。1896年，因为厌恶德意志的军国主义，他放弃了德国公民身份而成为无国籍人士，直到1901年才取得瑞士籍。那时，他已经搬到苏黎世，并从瑞士联邦理工学院（Swiss Polytechnic Institute）毕业。1902年1月，因为无法留校取得教职，他在伯尔尼的瑞士专利局找到了工作，职称为三等技术员（Technical Expert，Third Class）。

三年之后，即1905年，爱因斯坦发展出他最有名的狭义相对论（theory of special relativity），这是科学上的重大突破，而他也在数年之内因此而享誉全球。1909年，他辞去专利局的工作，接受苏黎世大学杰出物理学教授（Extraordinary Professor of Physics）的职位。犹太裔的爱因斯坦为了避开纳粹，在1935年逃离欧洲，接受了新成立的新泽西州普林斯顿高等研究院（Institute for Advanced Study）的职位，并在那里工作到退休。他在1940年成为美国公民，在1955年逝于普林斯顿。

要对相对论有初步的理解，请想象你在一架飞机里，飞机在夜晚飞行但窗户是紧闭的，所以，你无法看到外面。假设没有遇到气流，因此，你其实不知道
飞机正在移动。你从座位站起来走动。飞机服务员帮你倒一杯咖啡。你将一 317
包花生米从一只手丢起来，用另一只手接住，纯粹只为打发时间。一切都很正常，跟你在地面一样。但你其实是在空中以每秒500英里的速度飞驰。为什么当你站起来时，没有被抛到机尾去呢？为什么飞机服务员倒咖啡时，以及你丢花生米时，它们不会洒到你的胸前呢？

这个问题的答案是，这些运动——你身体、咖啡与花生米的运动——都是

相对于飞机的运动。飞机的内部事实上提供了一种固定的背景——物理学家称之为参照系(frame of reference)——而你的身体、咖啡与花生米都相对于其而运动。从你或是任何机内乘客的观点来看,所有事物的行为都跟飞机固定在地面上的情形相同。只有当你打开窗户向外望,看到地面上的灯火向后方闪过,你才能意识到飞机的移动。你能这么做,是因为你可以比较两组参照系:飞机与地面。

这个例子告诉我们,运动是相对的:一物相对于另一物而运动。我们所看到并且认为是“绝对”的运动,其实是相对于当时我们所身处并且知道的参照系的运动。但是,有没有一组“最佳的”参照系?如果你喜欢,也可以称之为大自然自身的参照系。亚里士多德认为有这种东西:在他的观点中,地球是静止不动的,所以,所有相对于地球的运动都是“绝对运动”。哥白尼认为所有的运动都是相对的。牛顿相信“固定”空间的存在,而在其中所有物体不是绝对静止,就是在绝对运动。洛仑兹也假设自然界有一个最佳的、固定的参照系,而在其中所有物体不是静止就是在运动。这个参照系即以太。因此,对洛仑兹而言,相对于以太的运动就是绝对运动。

更进一步,洛仑兹提出,如果物体的质量与各物体间的作用力,会随着那些物体通过以太的速度而改变,同时(他假设)物体的量纲也会改变(就是前文提到的他的激进主张,被称为洛仑兹收缩〔Lorentz contraction〕),那么,在移动标架与静止标架中的自然现象就会相同,只要各项测量都是用各标架自身的尺度来当标准。所以,给定两位观察者,一位(相对于以太)在运动,一位静止,那么,要判断何者移动与何者静止是不可能的。

洛仑兹提案的一个特别结果,是物体的质量会随物体速度增加而增加。
318 洛仑兹的数学分析中所预测的增加量,在相对低速时微小到无法测量;但当速度接近光速时,质量的增加就变得显著。近年来,在放射性物质衰变时释出的β高速运动粒子,其质量的增加已经被测出,且测定结果与洛仑兹的预测完全相符。

基于洛仑兹的理论,爱因斯坦往前更迈进了一步。他完全抛弃静止以太的概念,从而宣称所有的运动都是相对的。根据爱因斯坦,最佳参照系不存在。这就是爱因斯坦的狭义相对性原理(principle of special relativity)。

为了搞定狭义相对性原理中的数学,爱因斯坦必须假设电磁辐射有一个很特别——而且完全违反直觉——的性质。爱因斯坦说,无论你的参照系为何,当你测量光线或任何形式的电磁辐射速度时,你的结果都是一样的。所以,对爱因斯坦而言,那个绝对的东西不是电磁波传导所经过的物质(substance),而是电磁波本身的速率(speed)。

时间不绝对

借由设定光速在所有参照系中均相等,爱因斯坦得以能解决另一个麻烦的问题:“两件事情同时发生”究竟是什么意思?当事件彼此之间的距离甚远时,同时性(simultaneity)就成为很棘手的问题。

对爱因斯坦而言,时间并非绝对,而是因着参照系不同而变化。光线是同时性的关键。为了让读者了解爱因斯坦的想法,请想象一列高速前进的火车。在火车前后两端各有一道门,若要开启这两道门,可以从火车正中央向它们送出光线讯号使之开启(这是典型的“想象实验”〔thought experiment〕,你必须假设所有的测量都非常准确,两道门同时开启,等等)。假设你是火车上的乘客,坐在火车正中央光线讯号操作台旁(这列行进中的火车就是你的参照系)。当光线送出时你会看到什么?你看到的是两道门同时开启。它们会同时开启,因为光线要行进到两道门所需的时间相同。

现在,假设你不在火车上,而是站在轨道旁50米远的地方,看着火车过
去。现在光线被射出去了。接下来,你会看到什么?后门会先开启,接着前 319
门再开启。下面即是原因。因为火车在运动(相对于你的参照系而言),在光线生成的那一瞬间与它到达后门的瞬间之间,后门向前移动了一点小小的距离(朝向光源的方向),且在光线生成的那一瞬间与它到达前门的瞬间之间,前门也移动了一点小距离,但是朝远离光源的方向。所以,从你在火车外的参照系而言,光线要到前门的距离比后门远。但爱因斯坦说,光线在任何标架朝任何方向的速率均为定值。所以(从你的角度看),光线先到达后门

才到达前门。

因此,从火车上观察者的角度看,两扇门同时开启;但对站在地面上的观察者而言,后门比前门先开启。那么,根据爱因斯坦的想法,时间不是绝对的;它与观察者所处的立足点有关。

把重力加入考虑

虽然给出很有力的结果,但是,爱因斯坦的狭义相对论,只能应用于两个或以上的参照系彼此做等速运动时。再者,虽然狭义相对论对时空本质提出了讨论,它却并未触及宇宙的另外两个基本组成因素:质量与重力。1915 年,爱因斯坦找到了延拓他的相对论的方法,来解释这两者。这个新的理论称为*广义相对论*(theory of general relativity)。

这个新理论的基础是*广义相对性原理*(principle of general relativity):在所有参照系中的所有现象,都以同样的方式发生,不论参照系有无加速度。在广义相对论中,一个被重力影响的自然过程,在没有重力且整个系统加速的情况下也会发生。

这里举一个广义相对论的特别范例。请你再次想象你处在夜间飞行的飞机中,而且所有窗户均紧闭。如果飞机突然加速,你会感觉到有一股力量将你往机尾拉。如果你刚好站在走道上,你可能真的会被抛到机尾。同样地,当飞机急遽减速(就像着陆时),你会受到一股力量牵引你往飞机前方。在这两个例子中,加速与减速被你视为力的作用。既然你无法看到窗外,你就不知道飞
320 机是在加速或减速。在不知情的状况下,你会倾向将你突然向前或向后的运动,解释为某种神秘力量作祟。你甚至可能称这种力叫“重力”。

证实爱因斯坦相对论的证据之一,是一宗关于水星奇特行为的悬案。根据牛顿的重力理论,行星以固定的椭圆轨道绕太阳运行,与开普勒的观察吻合。然而,随着开普勒之后天文观测的日益精准,数据显示水星的轨道并非完全固定;它的变动很细微,但仍可被侦测到。它以每世纪 41 秒弧的量偏移。这个与牛顿预测值的差异,虽然以人类的尺度来说十分微小,但对科学家来说

却是个大问题：是什么造成了这个偏差？

在爱因斯坦提出他的广义相对论前，科学家并没有看似合理的说明。但爱因斯坦的广义相对论的确预测了不止水星，而是所有行星的轨道都会变动。而且，他的理论还给出了每个行星轨道变动的精确数值。对水星以外的行星，预测值都太小，以至于无法测量验证。但对水星而言，理论值与天文学家观测到的数据完全吻合。

对水星轨道的说明，为爱因斯坦的新理论带来了不少的支持。但真正决定性的事件，是发生在 1919 年进行的一项戏剧性的天文观测。乍看之下可能令人惊奇，但广义相对论的其中一个结果，就是光线的某些行为表现得仿佛它有质量。特别的是，光波会受到重力吸引。如果一道光波经过巨大质量，例如恒星的附近，此恒星质量的重力场会使光波偏折。1919 年的日食让天文学家有机会验证这个预测，而他们的发现与爱因斯坦的理论完全吻合。

要做到这个观测，天文学家其实需要靠一些运气。很幸运，在那次的观测中，太阳、地球与月球的尺寸与相对位置，使得当月球正好在地球与太阳中间时，月亮看来恰恰与太阳一般大。所以，对地表适当位置的观察者来说，月球可以刚好遮蔽太阳。两组天文学家被派到适当的位置去观察这次日食。在日食当天，当月球正好遮住所有的太阳光时，天文学家们就往太阳的周围观察，去测量那附近的遥远恒星。那些恒星的位置，与太阳在其他方位时它们所处 321
的位置，差异甚大。更精确地说，本来日食那一刻应该在太阳正后方的恒星（如图 8.4），竟可以被望远镜清楚地观察到。这正是爱因斯坦根据相对论所

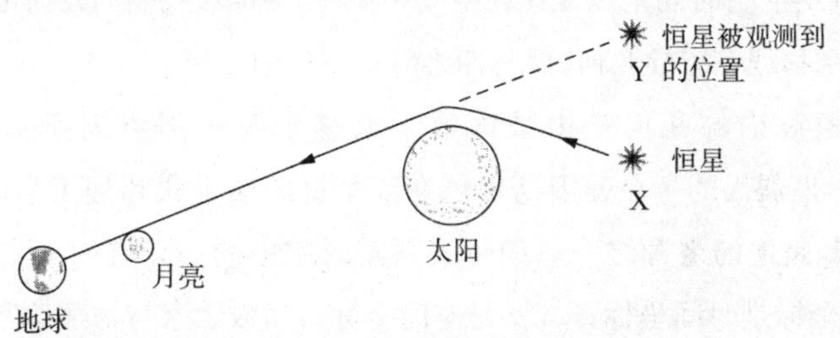

图 8.4：当遥远恒星散发的光线经过太阳附近时，它被太阳的重力场偏折。这个现象在 1919 年的日食首度被观测到。恒星 X 看起来好像是在 Y 的位置一样

预测的。根据相对论，当光线经过太阳附近时，它们会被太阳的重力场偏折。所以，一颗应该被太阳遮住的恒星就可以被看见了。

再者，那些“受遮蔽恒星”被天文学家观测到的位置，与爱因斯坦的理论预测值完全符合，这是使相对论被接受的决定性因素。牛顿的重力与行星运动理论，足以应付如制定历法与计算潮汐表等日常所需，但涉及精确的天文学时，牛顿的位置已被爱因斯坦取代。

时空的几何

从我刚刚的陈述中，读者或许不易看出，爱因斯坦的狭义与广义相对论，本质上是几何理论——这两个理论告诉我们宇宙的时空结构。而且，相对论里的数学基本上是几何学。那里的几何学不是常见的欧氏几何。更准确来说，延续我们在第四章所见到的，那个由投影几何的发展开始，并继之以高斯-波里耶-罗巴切夫斯基与黎曼的非欧几何的传统，在相对论里又见到了另一种非欧几何。严格地说，狭义相对论与广义相对论各有一种几何，而前者是后者的
322 的特例。从后见之明来看，黎曼掌握非欧几何，差一点就比爱因斯坦更抢先一步发现广义相对论。

让我们从狭义相对论开始。这个理论告诉了我们有关宇宙的什么事呢？第一件值得注意的事就是，时间与空间是紧密相连的。物体的长度随速度而变化，而同时性与光波的传送有密切关系。在同时性的考虑之下，或是说到“当一件事发生”，时间是以光速在空间中运行。所以，我们的几何不是五官可感知的三维物理宇宙的几何，而是四维时空宇宙的几何。

狭义相对论的几何是由俄国数学家赫尔曼·闵可夫斯基（Hermann Minkowski）发展出的。在爱因斯坦还在苏黎世的瑞士联邦理工学院就读时，闵可夫斯基是他的老师之一。闵可夫斯基时空中的一点有四个实数坐标 t、x、y、z。t坐标是时间坐标；x、y、z 是空间坐标。当数学家与物理学家画时空坐标图时，他们通常把 t 轴画成铅直向上（所以时间在页面上是向上流动），然后用透视法把 x、y、z 轴画出（有时只画出三者其二），如图 8.5。

因为光（或一般的电磁辐射）在相对论中扮演的特别——且基本——的角色，t 方向的测量可视为时间或距离：时间长度 T 的时间间隔可被视为（空间）长度 cT 的空间间隔，其中 c 为光速（cT 则为光在 T 这段时间所走的距离）。323
为了要让闵可夫斯基时空中四个轴向的分量可用相同单位表示，t 轴方向的测量几乎总是用空间单位，带入乘数因数 c。举例来说，图 8.6 为一对称四维双圆锥，轴线为 t 轴，中心在坐标原点，圆锥面与 t 轴成 45°角。此圆锥面的坐标方程式为

$$(ct)^2 = x^2 + y^2 + z^2。$$

这个方程式其实不过是勾股定理的四维版本。要注意的是，t 轴分量单位是用 c 的单位。

图 8.6 所示之圆锥在相对论的几何学中特别重要。它被称为光锥（light cone）。请想象有一光线信号从光源 O 射出。随着时间的流逝，光波会向外辐射成一不断增大的球面。这个不断增大的三维空间球壳，在闵可夫斯基宇宙中成为光锥（壳）的上半部。若要了解这件事，请想象光线信号旅程开始之后的某个时刻 T。此时光线信号已经旅行了 cT 的距离。所以，信号在三维空间

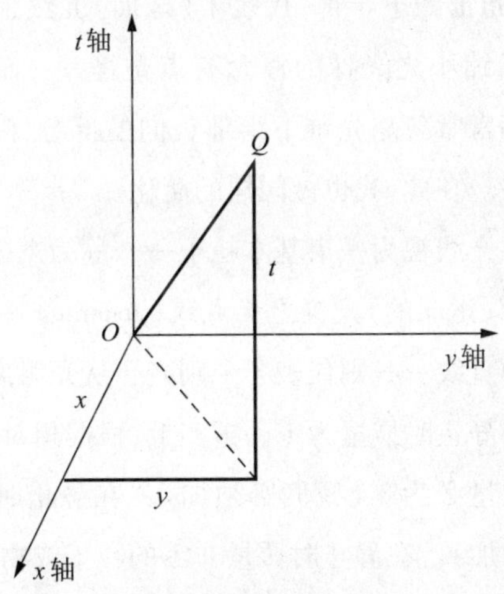

图 8.5　闵可夫斯基时空。时间轴为铅直向上。空间轴有三：x,y,z 轴；为了清楚起见，这里只画出其中两个坐标轴：x 轴与 y 轴。在闵可夫斯基时空中的任意点 Q 可用四个坐标 t,x,y,z 来表示

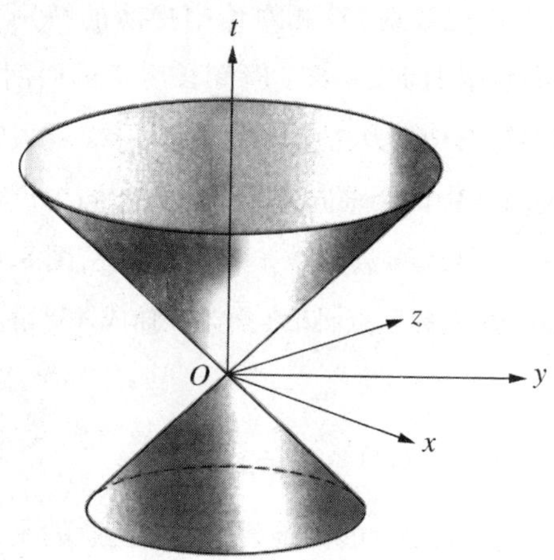

图 8.6　在闵可夫斯基时空中的一个光锥

中会到达圆心在 O、半径为 cT 的球面。此球面方程式为

$$(cT)^2=x^2+y^2+z^2。$$

324 而这是光锥在 $t=T$ 时的截面。因此,在三维空间观察者看来是扩张光球的物体,在时间之外并将时间视为第四维度的观察者看来,却是光锥的上半部。

在 $t<0$,也就是光锥的下半部,代表了(球面)光线信号聚集到时间 $t=0$ 之原点的历史。不断缩小之光球的概念有点奇怪——而且纯粹是理论的产物——物理学家的确常常忽略光锥下半部负向的部分,因为它鲜少可对应到我们时常遭遇的事件。在此,我也做同样的简化。

物理学家有时将光线视为一束基本粒子——称为光子(photons)。有了这样的观点,则(上半部,正向的)光锥之生成线(generator)——也就是图 8.7 中光锥表面通过原点的直线——则代表了个别光子从光源离开之后的路径。

我们假设光子在静止时质量为零。事实上,根据相对论,任何能以光速行进的粒子在静止时质量必为零(我们必须加入"在静止时"这样的限制条件,因为质量会随速率增加)。在静止时质量非零的粒子或物体无法以光速行进;它们的速度比光慢。任何有质量的粒子或物体,从 O 开始以非加速运动在时空中旅行的路径,会是通过 O 而在光锥内部的直线。图 8.7 中有几条这样的路径。

物体通过闵可夫斯基时空的路径有时称为物体的世界线(world line)。每个物体都有一条世界线,即便静止的物体也有,就是 t 轴。(固定的物体会存在一段时间,但它的 x,y,z 坐标不会改变。)

一个物体若由 O 出发而速率不固定,则它的世界线就不是直线。然而,这种物体的世界线会完全落在光锥内部,且在所有点上与 t 轴的夹角都会小于 325
45 度(见图 8.8)。

双光锥的内部,其实可视为对固定在 O 点的观察者而言,这个宇宙中可接触到(或者你也可称之为这个宇宙中存在)部分的一种描绘。双光锥上半部 $t>0$ 的部分,对固定于 O 点的观察者而言,代表宇宙的未来;双光锥下半部 $t<0$ 的部分,对同样的观察者而言,代表宇宙的过去。用稍微不同的话来说,双光锥内部 $t<0$ 的点,可被视为在观察者过去时空中的点;双光锥内部 $t>0$ 的点,可被视为在观察者未来时空中的点。

点 O 自身代表观察者现在的时刻。对于在点 O 的观察者而言,任何在双光锥以外的事物都是不存在的——它们都落在此观察者的时间标架之外。它们不存在于观察者的过去或未来。

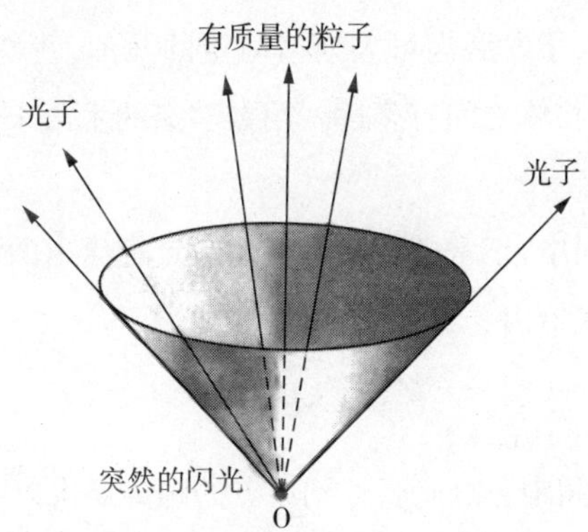

图 8.7　上半光锥。光锥的生成线就是从 O 点发出之光子的时空路径(世界线)。从 O 点出发,以等速运动行进之有质量的粒子,会沿着一条完全在光锥内部的时空路径前进

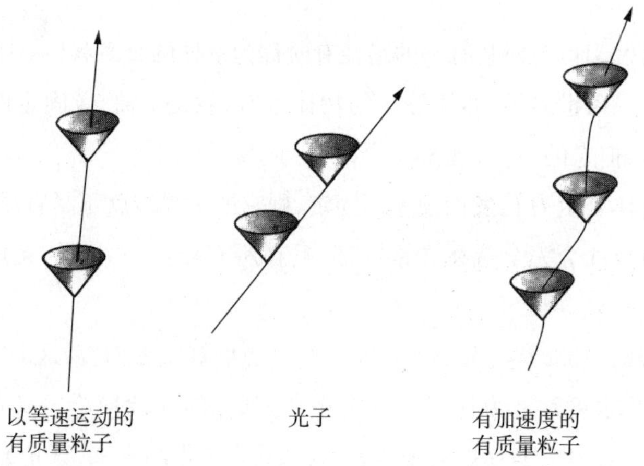

图8.8 一个有质量的粒子在加速度之下会描绘出一条弯曲的世界线，但每个点都严格地落在正向光锥的内部

找距离

借由将时间表示成空间坐标，闵可夫斯基的几何为我们提供了一种时空
326 的可视化途径——至少是部分的可视化，唯一的限制就是人类无法完全将四维的世界可视化。为了发展闵可夫斯基时空的几何，我们需要知道在这个宇宙中，如何测定两个物体之间有多远。用数学家的术语来说，我们需要一个距离（metric）。

在二维欧氏空间中，正常的距离是由勾股定理给出的。点(x,y)到原点的距离d则由以下方式给出：

$$d^2 = x^2 + y^2。$$

同理，在三维欧氏空间中，点(x,y,z)到原点的距离d由以下方式给出：

$$d^2 = x^2 + y^2 + z^2。$$

而在更高维度的欧氏空间，距离的求法也类似。用勾股定理导出的距离称为毕氏距离（Pythagorean metrics）。

如果我们在闵可夫斯基时空中使用毕氏距离,那么,点(ct,x,y,z)到原点的距离d就会由以下方式给出:

$$d^2=(ct)^2+x^2+y^2+z^2。$$

闵可夫斯基聪明的地方在于,他意识到这不是适合相对论用的距离,而且,他还发现了另一个可用的距离。点(ct,x,y,z)到原点的闵可夫斯基距离(Minkowski distance)d_M是由以下方程式决定:

$$d_M{}^2=(ct)^2-x^2-y^2-z^2。$$

对任何熟悉欧氏几何的人来说,乍看之下这个闵可夫斯基距离的定义十分诡异。但是,若将定义重写为

$$d_M{}^2=(ct)^2-(x^2+y^2+z^2),$$

则我们可看出在空间坐标的距离仍是欧氏距离。耐人寻味的是那个减号,它迫使我们将时间坐标视为与空间坐标完全不同的东西。我们来看看要如何看待这个奇怪的定义。

对光锥表面任意点(ct,x,y,z)来说,我们可知$d_M=0$。这可以解释为,在光锥上任一点发生的事件,与在原点发生的事件是同时的。

如果点(ct,x,y,z)在光锥内部,则$(ct)^2>x^2+y^2+z^2$,因此$d_M>0$。在这种情况下,我们可将d_M解释为在O点的事件与在(ct,x,y,z)的事件之间的时间
间隔,由世界线为O到(ct,x,y,z)间线段之时钟所测量。此距离有时候被称 327
为O到(ct,x,y,z)的原时(proper time)。

对位于光锥之外的点(ct,x,y,z),$(ct)^2<x^2+y^2+z^2$,则此时d_M为虚数。我们已经讨论过,对位在O点的观察者而言,在光锥之外的点不存在(而且对此观察者,那一点在过去不曾存在,在未来也不会存在)。

两点$P=(ct,x,y,z)$与$Q=(ct',x',y',z')$之间的闵可夫斯基距离d_M是由以下方程式决定:

$$d_M{}^2=(ct-ct')^2-(x-x')^2-(y-y')^2-(z-z')^2。$$

如果 P 在 Q 的光锥内，且 Q 也在 P 的光锥内，则上式会给出一个实数的 d_M。在这种情况下，d_M 代表事件 P 与事件 Q 之间的时间间隔，由世界线为 PQ 线段之时钟所测量。PQ 线段如图 8.9 所示——P 与 Q 间的原时。若两事件在物理空间中的同一位置发生，则 $x=x'$，$y=y'$ 且 $z=z'$；如此，上述方程式会化简为

$$d_M{}^2=(ct-ct')^2。$$

因此，$d_M=c\,|t-t'|$，即 c 与实际逝去时间之乘积。换句话说，对某个特定物理位置而言，闵可夫斯基时间等同于在此位置的平常时间。

328 闵可夫斯基距离有一项很有趣的特征。在欧氏几何中，从点 P 到点 Q 的直线是 P 到 Q 的最短路径。相反的是，在闵可夫斯基几何中，从 P 到 Q 笔直而非加速的世界线，有 P 到 Q 之间最大的闵可夫斯基距离（也就是说，有最大的原时间隔）。这为所谓的孪生子悖论（twin paradox）提供了基础，如图 8.10。

请想象在点 P 的一对孪生子。其中一位名叫“爱嘉”（Homer），待在地球上的家中。另一位名叫“乐行”（Rockette），到遥远的星球旅行之后返家，而其

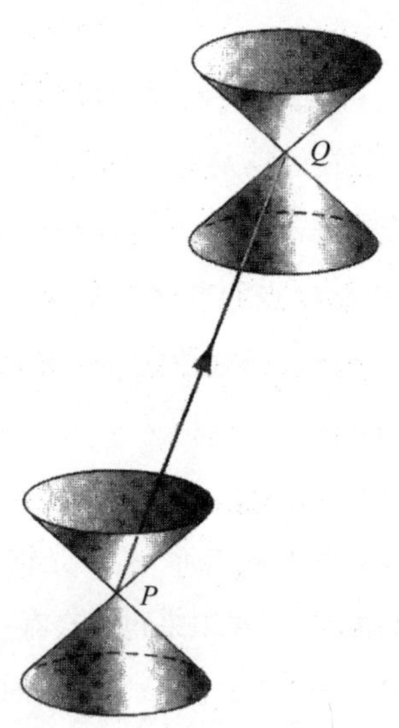

图 8.9　闵可夫斯基时空中有质量粒子从点 P 到点 Q 的世界线，是一条严格落在 P 的正向光锥与 Q 的负向光锥内部的线段

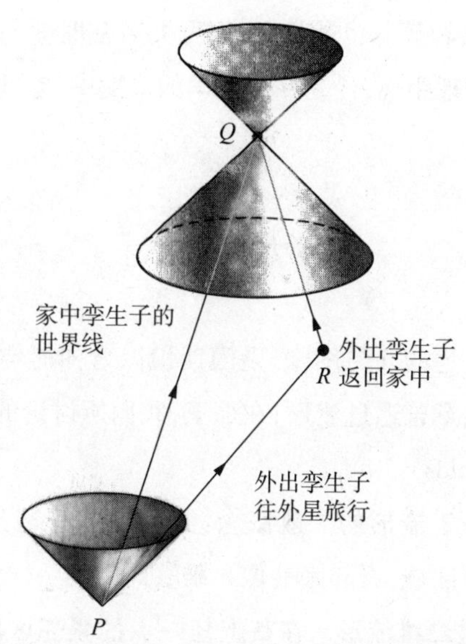

图8.10　孪生子悖论。一对孪生子一起在(时空中的)点 P。一位外出至 R 再返家,与另一位(时空中的)Q 相会。在闵可夫斯基时空中,PQ 的闵可夫斯基距离大于 PR 与 RQ 的闵可夫斯基距离之和,所以当二人于 Q 再度相会时,出门回来的孪生子所经过的时间会比在家守候的孪生子要少

所搭乘的宇宙飞船速度接近光速。当乐行回家后两人在 Q 点相会。在此时此地,乐行会比爱嘉年轻。对乐行来说,逝去的时间会比爱嘉要少。会出现这种情形的原因在于,从 P 到 R 到 Q 的两阶段路径,相较于从 P 到 Q 的直线路径而言,是比较短的世界线(请记得,后者比所有 P 到 R 的世界线长度都要长)。路径 PRQ 代表乐行所活过的时间,路径 PQ 则代表爱嘉所活过的时间。

我还要提一点,虽然闵可夫斯基距离十分诡异,但有不少证据支持它测量时间的准确性。一些证据来自地球大气层上方出现之宇宙放射粒子的衰变,还有一些来自飞行器内部时间的精确测量,以及高能加速器中粒子的运动。

在孪生子悖论中,为了得到可测出的时间差距,乐行所行的距离要够远, 329
且行进的速度要接近光速。所以,孪生子悖论基本上是个想象实验。在人类实际有可能到达的距离——例如,载人宇宙飞船到月球的航线——其所造成的时间差距微乎其微。这是因为 c 非常大:在闵可夫斯基距离中的 $(ct-ct')^2$ 比起 $(x-x')^2+(y-y')^2+(z-z')^2$ 要大得多。在这种情况下,闵可夫斯基距

离 d_M 与 $c|t-t'|$约略相等。也就是说,闵可夫斯基时间与正常的时间约略相等。只有在很长的物理距离,或是在天文学的尺度中,空间距离才大到足够可以影响时间。

重力的模式

要把重力并入上述的几何图像,爱因斯坦以弯曲时空流形取代闵可夫斯基时空。我们在第六章曾遇过流形;在那里,我们所讨论的流形或许可称为空间流形(spatial manifolds)。

你可能还记得关于流形的一般概念: n 维(空间)流形是一种结构,在此结构上任一点的紧邻区域,看起来就像 n 维欧氏空间一样。例如,(空心)球面与(空心)轮胎面都是二维流形。在其上任一点的紧邻区域,二者看来都像欧氏平面。但两者的整体结构使它们看起来不同于彼此(也不同于欧氏平面)。它们以不同方式弯曲,因此,它们是相异的流形。两个流形都是平滑的——也就是,附在每一个点上的微分结构,互相衔接得天衣无缝。

认识到重力可被视为时空弯曲的展现,爱因斯坦将宇宙背后的数学结构看成平滑的四维时空流形(space-time manifold)。这意味着,在任一点的紧邻区域,宇宙看起来就像闵可夫斯基时空。在数学上要建构出这样的物体,爱因斯坦首先取一个平滑的四维流形 M。接着,他在 M 上定义一种距离,使得在任意点紧邻区域,这种距离可被闵可夫斯基距离逼近。这个逼近的闵可夫斯基距离,会在那一点产生一个光锥。爱因斯坦定义的新距离可用来描述时间的逝去、光束的传播,以及粒子、行星等物体的(加速或非加速)运动。

330 既然爱因斯坦尝试要描述重力,他必须将宇宙背后的几何——他用流形 M 来表示——与宇宙中物质的分布联结起来。他将后者,也就是物质的分布,以一种称为能量-动量张量(energy-momentum tensor)的数学结构表示。要描述这个颇为复杂的物体,需要说太多的题外话。它对应到了牛顿(过度简化)的重力理论中的物质密度,而且,从某种方式来看,它也是牛顿物质密度的一般化。牛顿理论的关键步骤是形成一个微分方程式(泊松方程式[Poisson's

equation]），使其将物质密度与他称为引力势（gravity potential）的东西结合，后者就对应到爱因斯坦的距离。类似地说，爱因斯坦写下的一个方程式（爱因斯坦方程式），联结了能量-动量张量与他的距离所导出之曲率。

根据爱因斯坦方程式，物质的存在导致时空中的一种距离曲率，而此曲率会影响宇宙中的物体。牛顿有关重力的物理力之概念，被时空中曲率的几何概念所取代。

爱因斯坦相对论的另一个结果，就是物质与能量可以互换，且它们的关系就是下面这个有名的方程式：

$$E = mc^2。$$

爱因斯坦说对了吗？时空真的是弯曲的吗？严格来说，去问一个科学理论是否正确，是没有意义的。我们能要求的，就是一个理论比其他理论更符合观察——也能做出更准确的预测。从这个角度看，爱因斯坦的广义相对论，比牛顿的早期理论要更精确。近年来，十分精准的测量技术，被用来侦测由重力场所引起，与平直的闵可夫斯基空间不同的微小偏差。例如，在 1960 年，庞德（Robert V. Pound）与雷布卡（Glen A. Rebka）测量一座 22.6 米的高塔顶端与底部两个时钟之速度间的关系。得到的比值不是如牛顿理论所预测的 1，而是 1.000 000 000 000 002 5。这正好是广义相对论所预测的比值（既然时钟的速度能测量时空几何，我们可以把庞德-雷布卡的结果，视为平直闵可夫斯基时空与真实时空之间偏差的直接测量值）。

物质是什么

虽然广义相对论描述了宇宙的几何结构，并且告诉我们物质与此结构如
何互相影响，它并没有回答一个问题：到底什么是物质？要回答这个问题，物 331
理学家得转向另一个理论：量子论（quantum theory）。

到 20 世纪 20 年代早期为止，科学界对物质的标准看法是：物质的基本组成分子为原子——那是像太阳系一样的物体。每个原子都有一个很重的原子

核（原子的“太阳”），还有一个或多个轻得多的电子在周围环绕（原子的“行星”）。原子核自身被认为是由两种基本粒子组成：质子与中子。每个质子带有正电荷，电子带有负电荷，而正是它们之间的电磁吸引力提供了“重力”，维持电子在原子核的轨道上。（这种原子的图像仍然是有用的，虽然科学家现在知道它过于简略。）

但是，那些组成原子的基本粒子——电子、质子与中子——到底是什么呢？这是 1920 年左右波尔、海森堡（Werner Heisenberg）、薛定谔（Erwin Schrödinger）以及其他物理学家面临的问题。为了解释某些实验中令人困惑的结果，他们所提供的答案——量子论——中的基本元素包含了随机性，而这个动作激怒了爱因斯坦，使他一度说出：“上帝不掷骰子。”（量子论能解释的其中一个诡异现象是，光的行为在某些情况下像连续的波动，在另一些情况下却又像离散的粒子。）

在量子论中，一个粒子，或是任何实际的物体，都可被一个概率分布描述，这个概率分布可表示这个粒子或物体在某种状态的倾向。以数学术语来说，一个粒子是被一波动函数 ψ 描述，此函数将每个爱因斯坦时空 M 上的点 x 对应到一个向量 $\psi(x)$，而此向量的大小代表振动的振幅，方向代表它的相位。$\psi(x)$ 长度的平方代表这个粒子接近 M 上 x 的概率。

当量子论被用作基本架构时，物质粒子占据周围空间这样的经典图像便消失了。取而代之的是*量子场*（quantum field），这是在空间中处处存在的基本连续介质。粒子只是在量子场中的局部密集——即能量的集中。

现在我们先暂停一下，来回顾刚刚那似乎简单的太阳系比喻。我们知道电子持续环绕原子核的原因：带有正负电荷粒子间相互吸引的电磁力。但是什么将原子核中的质子绑在一起？毕竟同性会相斥。为什么原子核不会自动
332 内爆？一定还有一种力——很强大的力——将原子核绑在一起。物理学家称之为*强核力*（strong nuclear force）或*强相互作用力*（strong interaction）。强相互作用必定强到足以将原子核绑在一起。另一方面，它一定只能在很小的范围内发生作用，就是在原子核大小的范围，因为它不会将两个不同原子中的质子拉在一起——如果会的话，人类本身与整个宇宙就会自动内爆。

强相互作用被假设为自然界的基本力,与重力及电磁力相同。事实上,物理学家认为存在有第四种基本力。为了解释与核衰变有关的其他核子现象,他们提出了第二种核力:*弱核力*(weak nuclear force)或*弱相互作用力*(weak interaction)。

到这里,怀疑论者可能会倾向于认为自然界中还有尚未被发现的基本力存在。虽然这种可能性无法被完全排除,但物理学家并不这么认为。他们相信重力、电磁力、强核力与弱核力就是所有的基本力。

假设物理学家是对的,即自然界仅有这四种基本力,那么,有关物质的完整理论就必须包含这四种。物理学家很努力地去寻找单一的数学理论来包含这四种力,但迄今尚未成功。他们认为,最后能帮助他们找到这种理论的关键数学概念是对称。

我们在第五章时首度遇到对称的概念。当时我们所说的是,若一个物体经过某种变换之后,它完全没有改变,我们就说它是对称的物体。我们谈到了几何这门学科可视为物体或图形移动之后不变性质的研究。我们也注意到一个物体的各个对称会形成一种称为群的数学结构——即此物体的对称群。

20 世纪初,物理学家开始了解到,许多物理上的守恒定律(例如电荷守恒定律)来自宇宙结构中的对称。举例来说,许多物理性质在平移与旋转之后不 333
变。实验的结果不受实验室位置或仪器方向的影响。这种不变性蕴含了经典物理中的动量与角动量(angular momentum)守恒定律。

事实上,德国数学家埃米·诺特(Emmy Noether)证明了每条守恒定律皆可视为某种对称的结果。因此,每条守恒定律都有一个相关的对称群。例如,经典电荷守恒定律有一个对称群。近代量子力学中的“奇异性”(strangeness)与“自旋”(spin)守恒定律也会有相应的对称群。

1918 年,赫尔曼·韦尔(Hermann Weyl)开始统整广义相对论与电磁学。他的起点在于观察到相对于大小尺度的改变,麦克斯韦方程式是不变(亦即对称)的。他尝试运用这个事实,将电磁场视为沿着封闭路径(例如圆)行进时相对论式的长度扭曲。要做到这件事,他必须将四维时空中的每一点对应到一个对称群。韦尔将这种新进路称为*规范理论*(gauge theory)——当然,规范就是某种测量的工具。时空中每一个点所对应到的群称为规范群(gauge group)。

韦尔起初的进路并不完全成功。当量子理论出现,重点置于波动函数之后,问题出在哪里,就显而易见了。麦克斯韦方程式中重要的不是尺度,而是相位。韦尔研究了错误的对称群!就他所重视的尺度来看,在规范理论中他研究的群会是正实数群(群运算为乘法)。在焦点从尺度转为相位后,对应的规范群则是圆的旋转。

一旦找到了正确的对称群,韦尔迅速地发展了他的新电磁理论。这个理论被称为量子电动力学(quantum electrodynamics,或简称 QED)。自此之后,这个理论就变成许多数学家与物理学家发展最新研究的对象。

在韦尔设置好舞台之后,物理学家就以规范理论为主要工具,着手寻找物质与宇宙的大统一理论(grand unified theory)。他们大致的想法是,要找出能捕捉到四种不同基本力的规范群。

20 世纪 70 年代,阿布杜斯·萨拉姆(Abdus Salam)、谢尔顿·格拉肖(Sheldon Glashow)与斯蒂芬·温伯格(Steven Weinberg)成功地统一了电磁力与弱核力,至于其规范理论用的规范群,则是一个二维复数空间中的旋转群,称为 $U(2)$。他们三人因着这项成就而获颁诺贝尔物理奖。

下一步是十年之后,由格拉肖与霍华德·杰奥尔格(Howard Georgi)迈出。他们使用一个后来称为 $SU(3) \times U(2)$ 的规范群,成功地将强核力也包含进去。

要包含重力的最后一步,目前看来八字还没一撇,而且仍然保持着物理学
334 界圣杯的地位。近年来,物理学家把眼光放到比规范理论更一般的其他理论,想要完成这最后一步。目前为止最常见的是弦理论(string theory),而其研究的带头大哥则是爱德华·威滕。

在弦论中,基本的物体不再是时空流形中沿着世界线移动的粒子,而是开放或封闭的细微弦;每条弦会扫出一个二维曲面,称为世界曲面(world surface)。要让这个方法成功,物理学家必须适应在至少十维的时空流形上工作。如果维度降低,世界曲面就没有足够的自由度可以适当地被扫出。

如果你觉得十维很多,你应该去看一些需要二十六维的弦论。虽然物理

学家的目的是要理解我们居住与熟悉的三维世界,他们却不断被引导至愈来愈抽象的数学宇宙。不管用“数学宇宙”来描述我们的宇宙是否正确,我们能尝试理解宇宙的唯一方法,就是通过数学。

反之亦然

人人都知道物理学家要用到很多数学知识。牛顿发展了自己的数学——微积分——且以之研究宇宙。爱因斯坦利用非欧几何与流形理论,发展他的相对论。韦尔发展了规范理论去支持他的 QED 理论。这类例子还有很多。数学在物理上的应用是具有悠久历史的优良传统。

比较不为人知的是另一个方向的工作:将物理中的概念与方法应用到数学上,并取得新发现。但这正是过去一二十年间不断发生的事。这种戏剧化的贡献反转,源自 1929 年维尔对规范理论的发展。

因为韦尔所用的群——圆的旋转——是*阿贝尔群*(亦即交换群,详见第五章),他所得到的理论称为*交换规范理论*(abelian gauge theory)。起源于纯粹臆测的动机,20 世纪 50 年代的一些物理学家着手探究一个问题,那就是,如果把像球面或其他更高维度的对称群换掉,会发生什么事。他们得到的理论就是*非交换规范理论*(nonabelian gauge theory)。

杨振宁与罗伯特·米尔斯(Robert Mills)是其中两位受好奇心驱使,而去探究非交换规范理论的物理学家。1954 年,他们计算出了模拟于麦克斯韦方程式的一组基本方程式。如同麦克斯韦方程式描述电磁场且对应于一个交换
群,杨-米尔斯方程式也描述了一个场,但此时这个场提供的,是描述粒子互动 335
的工具,而且,它所对应的群是非交换群。

在这个时间点,一些数学家开始注意到这些物理的新发展。虽然物理学家是在量子论的架构下使用杨-米尔斯方程式,但这组方程式也有一个古典(即非量子)的版本,即以一般四维时空为其底蕴的流形。数学家一开始便是专注于这个方程式版本。

数学家能够解出杨-米尔斯方程式的一个特例(所谓的“自对偶”[selfdual]特例),并将其解称为瞬子(instantons)。虽然这对物理学家也是有趣的研究,这些新的结果到目前为止,仍然纯粹是数学家的游戏。但接下来,年轻的英国数学家西蒙·唐纳森出现了,我们在第六章已经提过他。

唐纳森将瞬子与自对偶杨-米尔斯方程式,应用至一般四维流形上,借此为数学开了一扇大门,带领大家进入了令人惊艳的新景象。这个新景象的第一幕,就是四维欧氏空间的非标准微分结构,我们在第六章也提过这个令人惊讶的发现。

唐纳森的研究工作中,我在这里想强调的面向,是有关概念贡献方向的逆转。就像我们刚刚看到的,数学家与物理学家习惯于在物理学中应用数学。但唐纳森的工作却使得反向的贡献变得可能,同时也预告了一个新时代;在这个时代中,几何学与物理学以前所未有的密切关系发展。

唐纳森理论的重要结果之一就是,它提供了生成四维流形不变量的方法。突然间,抗拒数学家解谜方法的四维流形分类问题出现了新的进路。但前面的路并不好走:数学家必须花费很大的力气,才能将唐纳森的理论处理成能够产生所求的不变量。

唐纳森的老师迈克尔·阿蒂亚很确定,这个难题的解决方法——以及其他物理学家所遇难题的解决方法——基本上在于数学与物理的整合。受阿蒂亚的建议启发,在1988年,普林斯顿物理学家威滕成功地将唐纳森理论诠释为一种量子杨—米尔斯理论。然而,除了让物理学界理解唐纳森的工作之外,到1993年之前,威滕的研究并没有太多其他的结果。此时物理学家纳森·赛博格(Nathan Seiberg)出场,而事情就有了戏剧化的进展。

336 赛伯格聚焦在超对称(supersymmetry),这是20世纪70年代出现的理论,它假定一种在两类基本粒子间的大型对称架构,而这两类基本粒子就是费米子(fermions,包含电子与另一类称为夸克〔quarks〕的粒子)与玻色子(bosons,包含光子——光的粒子——与另一类称为胶子〔gluons〕的粒子)。赛伯格发展出一些方法,可以处理量子规范理论在超对称特例下的困难。

1993年,赛伯格与威滕开始合作研究与唐纳森理论有关的特例。在威滕后来所称"一生中最令我讶异的经历"中,他们两人找到了一对新的方程式,取代原来由唐纳森理论导出的方程式。在物理学上及四维流形分类的漫漫数学长路上,这都算是重大的突破。

唐纳森理论与赛伯格-威滕理论的基本差异,同时也是后者的威力来源,是数学上的紧致性(compactness)。紧致性是拓扑空间的性质。其意义从直观上来说就是,如果空间中每个点都告诉你它邻域的一些信息,你便可以只从有限多个点收集到所有你所需的信息。唐纳森理论的相关空间不是紧致空间,赛伯格-威滕的空间则是紧致空间。紧致性改变了一切。

赛伯格-威滕的发现不只迅速应用于物理学上,数学领域也同样如此。虽然威滕的主要兴趣在物理方面,但他在四维流形上也有了新发现。他推测新方程式所生成的不变量,与唐纳森理论所生成的相同。

威滕的理论被哈佛数学家克利福·陶布斯等人应用,而且很快地,戏剧化的事情发生了。我们还不知道新方程式生成的不变量是否与唐纳森不变量完全相同。但是,新方程式至少跟旧的一样好,而且更重要的是,它们容易使用得多。使用新的方程式,数学家可以在几周内轻松地重新做出旧方法几年才能完成的事,并且解出过去无法解开的问题。至少,数学家感觉到,在理解四维流形上有了真正的进展。在接受数学三百年来高质量的服务之后,物理学终于有机会投桃报李了。

到此我要停笔,但数学家不会歇息,而是继续他们永无止境的追寻,去理解宇宙隐藏的规律与宇宙中存在的生命。

索 引

（索引页码为原书页码，原书页码请参照各行首尾处）

A

B

C

D

E

F

G

H

I

J

K

L

M

N

O

P

Q

R

S

T

U

W

Y

Z

后 记

东西还有很多,真的很多。本书各章所讨论的主题,仅包含了当代数学的一小部分。我们几乎完全没有谈到计算理论、计算复杂度理论、数值分析、逼近理论、动态系统理论、混沌理论、有关无限的理论、对局论、投票制度理论、冲突理论、作业研究、优化理论、数理经济学、财务数学、剧变论,以及天气预测,等等。我们也几乎完全没触及数学应用于工程、天文、心理学、生物学、化学、生态学,以及航天科学等的情况。任何一个主题都可以写成本书中的一章。其他很多我在上面没提到的主题也是如此。

在任何一本书的写作上,作者都必须有所取舍。写作本书时,我希望让读者感受到的是数学本质上的某种意义,包含当代数学及其在历史中的演进。但我不想制作一道数学大拼盘,让其中每个主题都只有几页。虽然数学有许多面向,也在许多学科与日常生活中有不少应用,但数学本身其实是个单一的整体。对任何一个现象的数学研究,都有许多与对任何其他现象的数学研究相似。一开始要简化问题,找到关键概念,并将其独立出来。然后,这些关键概念会被愈来愈深入地分析,此时相关的模式会被发现与探究。数学研究里也会有公理化的过程。抽象的层次会增加。定理被提出并证明。与其他数学分支间的链接被发现或推测。理论被延拓，导致数学家发现更多与其他数学分支间的相似性与联系。

这是我想传达的整体结构。我所选择的主题都是数学上的重要分支，因为它们或多或少都包含在大部分大学数学系的课程中。从这个观点来看，这样的选择是很自然的。但事实是，我可以选择任何其他七八个主题，但说出同样的故事：数学是研究模式的科学，而那些模式会在任何你想找的地方出现，在物质宇宙、生物界，甚至在我们人类的心灵之中。而且，数学帮助我们看见那些不可见的。

书先不要印！

数学不断地往前进。正当本书英文原版付梓之际，消息传来，开普勒的球体填充问题（第 209 ~ 210 页）被解决了。经过六年的努力，密西根大学的数学家托马斯 · 黑尔斯（Thomas Hales）终于证明开普勒的猜想是对的：面心格子的确是所有三维球体填充的最密堆积。

黑尔斯的证明奠基于一位匈牙利数学家拉兹洛 · 托斯（Laszlo Toth），他在 1953 年证明了这个问题如何简化成牵涉许多特例的复杂计算。这让计算机有了用武之地。1994 年，黑尔斯沿着托斯的建议，给出了一个五步骤的解题策略。与他的研究生萨谬尔 · 弗格森（Samuel Ferguson）一起，黑尔斯师徒二人展开了这个五步骤计划。1998 年 8 月，黑尔斯宣布大功告成，并将他的整个证明贴在网络上。

黑尔斯的证明有 250 页文字，约三千兆位组（Gigabytes）的计算机程序与数据。任何想要读懂海尔斯证明的数学家，不只要读他的文字，还要下载程序来跑。

结合了传统数学证明与牵涉数百个特例的大量复杂计算机计算，海尔斯的证明让我们想起第六章讨论到的，阿佩尔与哈肯在 1976 年的四色问题证明。